"双一流"建设高校规划教材

大学化学基础实验系列教材

物理化学实验

第二版

张军锋　庞素娟　肖厚贞　主编

化学工业出版社

·北京·

内 容 简 介

《物理化学实验》(第二版)根据工科课程体系的特点编写,内容包括热力学、动力学、电化学、胶体和表面化学、结构测定等共29个基本实验。为了培养学生发现和解决实际问题的能力,增强学生的创新意识和探索精神,本教材还编入了12个研究创新型实验。此外,为了提升学生科学分析和处理实验数据的能力,第2章详细介绍了实验误差的分析和数据的处理方法。在每个实验后分别介绍了与此实验相关的仪器设备的原理及使用方法。为方便使用,文后收录了有关物理化学中的常用数据。同时,扫描识别封底二维码可观看相关实验操作视频。

《物理化学实验》(第二版)可作为高等院校化学、化工、材料、生命科学、医学、药学、环境、冶金、生物工程等本科专业的物理化学实验教材,亦可供从事相关研究的人员参考使用,对相关专业复习考研的学生也有很好的帮助。

图书在版编目(CIP)数据

物理化学实验/张军锋,庞素娟,肖厚贞主编. —2版.
—北京:化学工业出版社,2021.3(2025.3重印)
ISBN 978-7-122-38352-5

Ⅰ.①物⋯ Ⅱ.①张⋯②庞⋯③肖⋯ Ⅲ.①物理化学-化学实验 Ⅳ.①O64-33

中国版本图书馆CIP数据核字(2021)第017584号

责任编辑:马泽林 徐雅妮　　　　装帧设计:李子姮
责任校对:王 静

出版发行:化学工业出版社(北京市东城区青年湖南街13号 邮政编码100011)
印　　装:北京天宇星印刷厂
787mm×1092mm 1/16 印张15¼ 字数371千字 2025年3月北京第2版第4次印刷

购书咨询:010-64518888　　　　　　　　售后服务:010-64518899
网　　址:http://www.cip.com.cn
凡购买本书,如有缺损质量问题,本社销售中心负责调换。

定　　价:39.00元　　　　　　　　　　　　　　　　　版权所有　违者必究

大学化学基础实验系列教材
编委会

主　　任　罗盛旭

副 主 任　冯建成　范春蕾　朱　文　张军锋

编　　委（按姓氏笔画排序）

王　江　王小红　王华明　牛　成　尹学琼
甘长银　卢凌彬　冯建成　巩亚茹　朱　莉
朱　文　朱文靖　任国建　刘　江　许文茸
劳邦盛　杨建新　杨晓红　肖开恩　肖厚贞
吴起惠　张才灵　张军锋　张绍芬　陈红军
陈俊华　苗树青　范春蕾　林　苑　林尤全
罗明武　罗盛旭　庞素娟　赵晓君　胡广林
南皓雄　胥　涛　贾春满　郭桂英　梁志群
梁振益　智　霞　赖桂春　熊春荣　黎吉辉
潘勤鹤

《物理化学实验》(第二版)
编写人员

主　　编　张军锋　庞素娟　肖厚贞

参　　编　劳邦盛　赵晓君　卢凌彬
　　　　　熊春荣　林尤全　巩亚茹
　　　　　郭桂英

序

实验教学是大学本科教育的重要组成部分，是培养学生动手能力、实践能力、创新能力的关键环节。围绕高校本科人才培养目标，改革实验教学课程体系，完善实验教学内容，优化实验课程间的衔接并形成系列，是做好实验教学的重要方面。大学化学基础实验，包括无机化学实验、分析化学实验、有机化学实验和物理化学实验等，是高等院校化学化工及相关的理、工、农、医等专业的重要基础课程。通过四大化学实验课程的学习，不仅可加深学生对大学化学基础理论及知识的理解，还可正确和熟练地掌握基础化学实验基本操作技能，培养学生严谨、实事求是的科学态度，提高观察、分析和解决问题的能力，为学习后续课程及将来从事科研工作打下扎实的基础。

海南大学是海南省唯一的一所世界一流学科建设高校，海南大学化学学科融合了原华南热带农业大学和原海南大学的学科优势，具有较鲜明的特色。经过两校合并以来的发展，其影响力不断提升，根据基本科学指标数据库（ESI），至 2020 年 5 月，海南大学化学学科进入全球前 1%。同时，海南大学理学院在学校抓源头、抓基础、抓规范、抓保障、抓质量的"五抓"建设中，不断提高人才培养的标准与质量，使大学化学基础实验教学达到了新的高度。本次再版的大学化学基础实验系列教材，是在我校原大学化学化工基础实验系列教材的基础上，按照全面对标国内排名前列大学的专业培养方案要求，修编完成。保持了原四大化学实验内容的主干和衔接性，增加了一些新的实验项目，尤其是实验内容与要求提高至一流高校的标准，加强信息化技术的应用，力求在内容及结构编排上保持科学性、系统性、适用性、合理性和新颖性，兼备内容的深度与广度，循序渐进，帮助学生系统全面地掌握化学基础实验知识及操作技能。

本系列教材第二版由海南大学理学院博士生导师、海南大学教学名师工作室负责人罗盛旭教授组织修编，《无机化学实验》由冯建成教授负责、《分析化学实验》由罗盛旭教授负责、《有机化学实验》由朱文教授负责、《物理化学实验》由张军锋副教授负责。

本系列教材适用面广，可作为普通高校化学化工类、材料类、生物类、农学类、海洋类、食品类、环境类、能源类、医学类等专业本科生实验教材。希望通过本系列教材的出版与推广使用，能够促进大学化学基础实验教学环节的完善与创新，为各类新型专业人才培养、夯实化学基础等提供教学支持。

大学化学基础实验系列教材编委会
2020 年 12 月

前 言

物理化学实验是高等院校化学、化工、轻工、材料、生命科学、医学、药学、环境、冶金、生物工程等工科类专业的一门重要的实验课。为进一步贯彻教育部全面提高教学质量、培养高素质人才及加强教材建设的精神，笔者结合多年教学实践，在参考了近几年国内外出版的相关教材和科研论文的基础上，编写了这本教材。

本教材共分4章：第1章绪论，主要内容为物理化学实验的目的要求及安全与防护；第2章为数据处理及基本技术，介绍了物理化学实验的测量误差和数据处理方法，阐述了多种实验技术；第3章为基本实验，共编入29个实验，涉及热力学、动力学、电化学、胶体和表面化学、结构测定等内容，部分实验后附有"讨论"，可以提高学生的创新能力，同时还附有实验背景及该实验用到的重要仪器设备的构造、原理、操作等。基本每个实验后增加了拓展阅读，旨在拓展学生的知识面，用科学家的精神激励学生；第4章为研究创新型实验，共编入12个实验，旨在训练学生综合应用知识，独立分析和解决问题的能力；最后一部分为附录，包括各类物理化学实验参考数据。

本书的编写人员均为海南大学长期从事物理化学教学和科研工作的教师，具有较高的学术水平和丰富的教学经验。全书由张军锋、庞素娟、肖厚贞担任主编，参加编写的人员还有劳邦盛、赵晓君、卢凌彬、熊春荣、林尤全、巩亚茹、郭桂英。编写人员分工如下：庞素娟和赵晓君编写第3章的实验9、实验25；张军锋编写第2章、第3章的实验16、实验17、实验21、实验23和第4章的实验1、实验2；肖厚贞编写第1章、第3章的实验1、实验2、实验12、实验13、实验26和第4章的实验9、实验10；林尤全、肖厚贞编写第3章的实验4、实验6、实验18、实验24；卢凌彬编写第4章的实验3~6；劳邦盛编写第3章的实验3、实验5、实验8、实验10、实验14、实验15、实验20、实验22和第4章的实验7、实验8、附录；赵晓君编写第3章的实验7、实验11、实验19、实验27~29；熊春荣编写第4章的实验11和实验12。巩亚茹和郭桂英参与全书的文字整理工作。

由于笔者水平有限，书中难免存在疏漏之处，敬请读者批评指正。

编 者
2020年11月于海南大学

目 录

第1章 绪论 ………………………………………………………………………… 1

    1.1 物理化学实验的目的和要求 ………………………………………………… 1

    1.2 物理化学实验的安全与防护 ………………………………………………… 2

第2章 数据处理和基本技术 …………………………………………………… 6

    2.1 测量误差 ……………………………………………………………………… 6

    2.2 数据表达 ……………………………………………………………………… 12

    2.3 热化学测量技术 ……………………………………………………………… 19

    2.4 电化学测量技术 ……………………………………………………………… 29

    2.5 温度控制技术 ………………………………………………………………… 34

    2.6 压力的测量与控制技术 ……………………………………………………… 36

第3章 基本实验 ………………………………………………………………… 45

    实验1 溶解热的测定 …………………………………………………………… 45

    实验2 燃烧热的测定 …………………………………………………………… 51

    实验3 液体饱和蒸气压的测定 ………………………………………………… 59

    实验4 二元气液相图 …………………………………………………………… 65

    实验5 二元固液金属相图的绘制 ……………………………………………… 72

    实验6 差热分析 ………………………………………………………………… 81

    实验7 凝固点降低法测定摩尔质量 …………………………………………… 89

    实验8 甲基红的酸解离平衡常数的测定 ……………………………………… 93

实验 9　液体密度和黏度的测定 …………………………………………………… 97
　实验 10　化学平衡常数和分配系数的测定 ……………………………………… 100
　实验 11　氨基甲酸铵分解平衡 …………………………………………………… 104
　实验 12　原电池电动势的测定及其应用 ………………………………………… 107
　实验 13　阳极极化曲线的测定 …………………………………………………… 115
　实验 14　电化学法测定氯化银的溶度积常数 …………………………………… 128
　实验 15　电解质溶液活度系数测定 ……………………………………………… 132
　实验 16　旋光法测定蔗糖水解反应速率常数 …………………………………… 135
　实验 17　乙酸乙酯皂化反应速率常数的测定 …………………………………… 141
　实验 18　丙酮碘化反应 …………………………………………………………… 145
　实验 19　碘钟反应 ………………………………………………………………… 152
　实验 20　催化剂制备及其在过氧化氢分解反应中的应用 ……………………… 156
　实验 21　黏度法测高分子化合物的分子量 ……………………………………… 160
　实验 22　$Fe(OH)_3$溶胶的制备及其电泳实验 ………………………………… 164
　实验 23　最大气泡压法测定溶液表面张力 ……………………………………… 171
　实验 24　光化学反应 ……………………………………………………………… 175
　实验 25　磁化率的测定 …………………………………………………………… 180
　实验 26　偶极矩的测定 …………………………………………………………… 185
　实验 27　Belousov-Zhabotinskii 振荡反应 ………………………………………… 194
　实验 28　偏摩尔体积的测定 ……………………………………………………… 198
　实验 29　液-固界面接触角的测量 ………………………………………………… 201

第 4 章　研究创新型实验 …………………………………………………………… 206

　实验 1　核磁共振波谱法测量过渡金属离子的磁矩 ……………………………… 206
　实验 2　超临界流体色谱分析番茄红素 …………………………………………… 207
　实验 3　纤维素气凝胶的制备及表征 ……………………………………………… 208
　实验 4　二氧化硅气凝胶的制备及表征 …………………………………………… 209
　实验 5　壳聚糖气凝胶对废水中重金属离子的吸附热力学和
　　　　　动力学研究 …………………………………………………………………… 210
　实验 6　椰壳活性炭对水中喹啉的吸附性能及动力学研究 ……………………… 211
　实验 7　表面活性剂临界胶束浓度的测定 ………………………………………… 211
　实验 8　脯氨酸催化的不对称 Aldol 反应的动力学研究 ………………………… 213
　实验 9　超临界技术萃取分离西芹化感物质的研究 ……………………………… 215
　实验 10　不同食用油热值的测定 ………………………………………………… 217
　实验 11　固相配位反应及配合物性质表征 ……………………………………… 218
　实验 12　稀土改性固体超强酸催化剂的合成及性质
　　　　　　表征 ……………………………………………………………………… 219

附录

- 附录1　国际单位制的基本单位 ……………………………………………………………… 221
- 附录2　国际单位制中具有专用名称的导出单位 …………………………………………… 221
- 附录3　常用物理化学常数 …………………………………………………………………… 222
- 附录4　压力单位换算 ………………………………………………………………………… 222
- 附录5　能量单位换算 ………………………………………………………………………… 223
- 附录6　不同温度下水的饱和蒸气压 ………………………………………………………… 223
- 附录7　不同温度下水的表面张力 …………………………………………………………… 223
- 附录8　不同温度下水和乙醇的折射率 ……………………………………………………… 224
- 附录9　不同温度下液体的密度 ……………………………………………………………… 224
- 附录10　常用液体的蒸气压 …………………………………………………………………… 226
- 附录11　某些溶剂的摩尔凝固点降低常数 …………………………………………………… 227
- 附录12　标准电极电势（25℃）……………………………………………………………… 227
- 附录13　一些电解质水溶液的摩尔电导率 Λ_m ……………………………………………… 228
- 附录14　不同温度下 KCl 溶液的电导率 κ …………………………………………………… 229
- 附录15　水溶液中离子的极限摩尔电导率 Λ_m^∞ …………………………………………… 229
- 附录16　强电解质的离子平均活度系数 $\gamma_\pm$（25℃）……………………………………… 230

参考文献 ……………………………………………………………………………………… 231

第1章 绪 论

1.1 物理化学实验的目的和要求

物理化学实验是综合运用化学和物理学领域的原理、技术方法、仪器及数学运算工具来研究物质的性质、化学反应及相关过程规律的一门独立的化学实验课。物理化学实验具有以下特点。第一，在实验中主要使用一种仪器或几种仪器组合成一套实验体系来进行实验，进而研究化学问题，因此要求学生掌握仪器的组装和其使用方法。第二，实验所测得的数据量大且一般不能直接反映物质的物理化学性质和化学反应规律，需要利用数学的方法做出正确的处理，才能得到所需的结果。

物理化学实验的主要目的是使学生掌握物理化学实验方法和基本技术，巩固并加深理解物理化学概念和基本原理，培养灵活运用物理化学理论联系实际的能力；通过实验，学会使用常用的仪器设备，了解大中型仪器在物理化学实验中的应用；培养学生仔细观察实验现象并正确记录和处理实验数据的能力；通过设计型实验，培养学生查阅文献资料，学会判断和选择实验条件的能力，进一步培养学生的创新意识，为今后的科学研究奠定基础。

为了达到进行物理化学实验的目的，使学生做好每一个实验，要求学生在物理化学实验过程中，做好以下三个环节。

1. 实验前预习

对于基础实验，实验前学生需预习，明确实验目的和原理，了解所用仪器的构造和使用方法，了解实验操作步骤，明确实验中所需测定的实验数据，列出原始数据记录表格，并按以上内容编写实验预习报告。

2. 实验操作

学生进入实验室后，严格遵守实验室的规章制度，先检查实验所需仪器和试剂是否齐全；指导老师讲解后，若有不清楚之处，应提出问题、解决问题并熟悉实验步骤、仪器的安装和使用方法后方可进行实验。

实验过程中，严格按实验步骤和仪器的使用方法进行操作，认真观察实验现象，发现问题后应查明原因或请指导老师帮助及时做出处理。将实验数据尽量以表格的形式准确记录在原始数据记录纸上。实验前后都应记录实验条件，如大气压力、室温等。

实验结束后把实验数据交给指导老师检查，并签字，不合格者需重做。合格者，清洗玻璃仪器，切断仪器电源，把仪器设备和试剂摆放整齐并填写有关仪器使用登记本后方可离开实验室。值日生负责整个实验室的卫生清洁，协助指导老师检查各实验台面的器材状况及水电开关是否关闭。

3. 撰写实验报告

撰写实验报告可以培养学生正确分析、归纳和表达实验结果的能力，进一步加深对实验原理和设计思路的理解，也是评价实验工作好坏的重要依据，学生应在规定时间内按要求独立完成实验报告交老师批阅。

实验报告一般包括：实验名称、实验目的、实验原理、实验器材和试剂、实验步骤、实验数据原始记录、数据处理、结果讨论、问题解答等内容。数据处理应列出简要的数据处理步骤，而不是只写出处理结果。结果讨论可以锻炼实验者分析问题的能力，是实验报告中很重要的一项内容，在结果讨论中可以对实验重要现象进行解释，对实验结果进行误差分析，参照参考文献对结果进行评价，实验者还可提出实验方法的进一步改进或实验的心得体会等。

设计性实验是在老师的指导下，学生自主选择实验项目，通过查阅文献资料，综合学过的理论和实验知识，独立设计实验方案并进行实验操作，得出实验结论，然后撰写实验报告的实验形式。设计性实验是基础实验的提高和深化，可以提高学生的实验技能和综合素养。

1.2　物理化学实验的安全与防护

物理化学实验室经常使用各种仪器设备、化学试剂以及电、高压气等，为保证实验顺利进行，保护实验者的人身安全和国家的财产安全，实验者需有安全意识，具备必要的安全防护知识，懂得如何预防和处理事故。

1.2.1　安全意识

实验者进入实验室避免和解决安全问题的首要条件是有意识地注意安全问题并能够对意外事件进行妥善处理。比如弄清楚实验室水电总阀、消防器材的存放位置，熟悉实验室的安全守则，对实验中可能出现的问题有应急处理方法等。

1.2.2　安全用电常识

物理化学实验需要使用各种各样的电器设备，违规用电可能造成仪器损坏、发生火灾，甚至人身伤亡等严重事故，需特别注意安全用电。

1. 防止触电

实验室所用的电源主要是频率为 50Hz 的交流电，分为两种：单相 220V 和三相 380V，多用单相交流电。1mA 的交流电使人体有麻木感，6～9mA 的交流电人一触就会缩手，10mA 以上会使肌肉收缩，25mA 以上人会感觉呼吸困难甚至停止呼吸，100mA 以上使心脏心室纤维性颤动导致死亡。因此，使用电器必须注意防止触电。例如：操作电器时，手要干燥；安装电器时要切断电源；检查电器是否有电需用试电笔，但不能试高压电；电源裸露部分应有绝缘措施，损坏的插座插头要及时更换；严禁用湿布擦拭正在通电的设备、插座或电线等；如有人触电，首先要快速切断电源，再进行抢救。

2. 防短路和火灾

实验室所用电器不得超载，保险丝应与实验室允许的电量相符合。为避免短路，防止酸、碱等溶液浸湿导线和电器，电线中的各接点应牢固，电路元件两端接头不得相互接触。工作时经常会因为接触不良等原因产生火花，如室内有易燃易爆气体则要特别小心。如仪器工作时有不正常的声响、局部温度升高或有焦味，应立即切断电源。如遇电线或电器起火，应立即切断电源，再用沙、四氯化碳、二氧化碳灭火器灭火，禁止用水或泡沫灭火器灭火。

1.2.3 化学药品的安全防护

实验前应了解所有药品的毒性、性能和防护措施，特别是在使用有毒、易爆、易挥发和腐蚀性药品时，要注意防毒、防燃、防爆、防灼伤等。

1. 防毒

大部分化学药品具有不同程度的毒性，可通过呼吸系统、消化系统和皮肤等进入人体。首先不得在实验室内饮水、吃东西，离开实验室要洗净双手。其次取用或操作有毒药品或试剂应在通风橱中进行，操作要规范，剧毒物需按规定妥善保管。

在此特别强调汞的正确操作，汞在常温下可逸出蒸气，吸入人体会引起中毒，所以使用汞时必须按照以下规定进行操作：使用汞的实验室需有良好的通风设施；手上有伤口者，切勿接触汞；所有转移汞的操作，需在盛有水的浅瓷盘中进行；盛汞的仪器下面一律放置浅瓷盘，防止汞滴落在地面或桌面上；存放汞的容器需用厚壁玻璃或瓷器，并在汞上面加水覆盖，存放地点远离热源；一旦有汞洒落在外，首先用吸汞管将汞收集，再用金属片（锌、铜）在汞滴落处多次刮扫使其与汞形成汞齐，最后在汞洒落的地方撒硫黄粉，并摩擦使汞生成 HgS，也可用高锰酸钾溶液使汞氧化；擦过汞或汞齐的滤纸或布片必须放在有水的容器中。

2. 防燃

许多有机溶剂（如乙醚、丙酮、乙醇、苯、二硫化碳等）易引起燃烧，实验室内不可存放过多此类药品，使用时室内不能有明火、电火花和静电放电等，使用后要及时回收处理，禁止倒入下水道，防止聚集后引起火灾。

有些药品如黄磷、钠、钾、电石等易氧化燃烧，另外，一些比表面大的金属粉末（如锌、铁、铝等）能剧烈氧化而自燃，使用时都要特别小心，存放时要隔绝空气。

一旦发生火情，应根据情况选择不同的灭火器灭火，常用来灭火的有水、沙、四氯化碳灭火器、二氧化碳灭火器、泡沫灭火器、干粉灭火器等。水是常用的灭火物质，但以下情况不能用水灭火：有电石、过氧化钠、钠、钾、镁、铝粉等时，应用干沙灭火；易燃液体（如丙酮、苯、汽油等）引起的火灾采用泡沫灭火器。

3. 防爆

可燃气体与空气的混合物在比例处于爆炸极限时，遇到明火或电火花将会引起爆炸，一些常见气体的爆炸极限见表1-1。

表 1-1　常见气体与空气混合的爆炸极限

气体	爆炸高限 体积分数/%	爆炸低限 体积分数/%	气体	爆炸高限 体积分数/%	爆炸低限 体积分数/%
氢	74.2	4.0	乙酸	—	4.1
乙烯	28.6	2.8	乙酸乙酯	11.4	2.2
乙炔	80.0	2.5	一氧化碳	74.2	12.5
苯	6.8	1.4	水煤气	72	7.0
乙醇	19.0	3.3	煤气	32	5.3
乙醚	36.5	1.9	氨	27.0	15.5
丙酮	12.8	2.6			

因此使用这些气体时应尽量防止其散失到室内空气中，同时保持室内通风良好。操作大量可燃性气体时，严禁使用明火和可能产生电火花的器材。有些受到震动或受热易引起爆炸的化学药品如高氯酸钾、过氧化物等，使用时要特别小心。不要将强氧化剂与强还原剂存放在一起。保存时间过长的乙醚使用前需除去其中可能产生的过氧化物。操作易发生爆炸的实验，要具备防爆措施。

4. 防灼伤

强碱、强酸、强氧化剂、钠、钾、磷、溴、苯酚、冰醋酸等都会腐蚀皮肤，特别注意不能溅入眼内。液氨、液氮、液氧等低温物质也会灼伤皮肤，用时需佩戴防护工具，小心使用。

1.2.4　高压气瓶的安全防护

各种气瓶需定期送检验单位进行技术检查，一般气瓶每三年检查一次，储存腐蚀性气体的气瓶每两年检查一次，使用或检查中发现气瓶有严重腐蚀或不符合标准的，应降级使用或报废。

高压气瓶必须分类保管，室内存放气瓶不得超过 5 瓶，存放时直立固定，避免暴晒和剧烈震动，远离热源，如氧气瓶，可燃性气体瓶与明火或电火花的距离不小于 10m，如难以达到，必须采取防护措施。高压气瓶上须安装专用的减压阀，螺丝要拧紧，发现有漏气必须立即修好。

使用高压气瓶时，操作人员严禁敲打气瓶，开启时，须站在减压阀接管的侧面，严禁将头或身体对准阀门出气口。使用氧气瓶时，严禁气瓶与油脂类物质接触，包括操作人员手上、衣服上、工具上都不得沾有油脂，防止燃烧。氧气瓶有漏气时，不可用麻、棉等物去堵漏以免发生燃烧事故。高压气瓶内气体不应用完，须留有至少 0.1MPa 的压力气体，以免其他气体窜入，并在气瓶上做上用完的记号。

1.2.5　X 射线的防护

防止 X 射线对人体造成伤害的基本措施就是防止 X 射线的照射，特别是直接照射，并保持室内通风良好，减少由于 X 射线电离作用和高电压产生的有害气体。因此 X 射线管窗口附近要用厚度为 1mm 以上的铅板挡好，进行操作时，应戴上防护用具（如铅玻璃眼镜），不工作时，把窗口关好，人尽量离开 X 射线实验室。

1.2.6 事故处理

实验中如出现割伤、烫伤、强酸碱烧伤等意外事故需先采用紧急处理措施，严重者要及时送医院医治。割伤应立即消毒，伤口有玻璃碎片，应小心挑出，涂上红药水或紫药水，然后搽消炎药并包扎；烫伤者可用苦味酸或高锰酸钾溶液擦洗伤处，再涂上烫伤药膏或凡士林；强酸造成的烧伤先用大量水冲洗，然后用很稀的弱碱冲洗或涂抹碳酸氢钠油膏，若是强碱造成的，用水冲洗后再用很稀的弱酸如乙酸来冲洗。

第 2 章

数据处理和基本技术

2.1 测量误差

在实验中,任何一种测量结果总是不可避免地会有一定的误差(或者说是偏差)。为了得到合理的结果,要求实验工作者运用误差的概念,将所得的数据进行不确定度计算,正确表达测量结果的可靠程度。另一方面,根据分析去选择最合适的仪器,或进而对实验方法进行改进。下面介绍有关误差及不确定度的一些基本概念。

2.1.1 物理量的测定

测定各种量的方法虽然很多,但从测量方式上来讲,一般可分为以下两类。

1. 直接测量

将被测量的量直接与同一类量进行比较的方法称为直接测量。若被测的量直接由测量仪器的读数决定,仪器的刻度就是被测量的尺度,这种方法称为直接读数法。如用米尺量长度,停表记时间,温度计测温度,压力表测气压等。当被测的量由直接与该量的度量比较而决定时,则此方法叫比较法。如用对消法测量电动势,利用电桥法测量电阻,用天平称质量等。

2. 间接测量

许多被测的量不能直接与标准的单位尺度进行比较,而要根据其他量的测量结果,通过一些公式计算出来,这种测量就是间接测量。例如用黏度法测高聚物的相对分子质量,就是用毛细管黏度计测出纯溶剂和聚合物溶液的流出时间,然后利用公式和作图求得相对分子质量。

在上述两类测量方法中,直接读数法一般较为简单。实际工作中,大多数测量问题是通过间接手段加以解决的。

2.1.2 测量中的误差

任何一类测量,都存在一定误差(即测量值与真实值之间存在一定的差值)。根据误差的性质和来源,可以把误差分为系统误差、随机误差两大类。

1. 系统误差

指在重复性测量条件下,无限多次测量同一量时,所得结果的平均值与被测量的真值之差。系统误差的产生与下列因素有关：

① 仪器装置本身的精密度有限，如仪器零位未调好，引进零位误差；指示的数值不正确，如温度计、移液管、滴定管的刻度不准确，天平砝码不准，仪器系统本身问题等。

② 仪器使用时的环境因素，如温度、湿度、气压等，发生定向变化所引起的误差。

③ 测量方法的限制。由于对测量中发生的情况没有足够的了解，或者由于考虑不周，以致一些在测量过程中实际起作用的因素，在测量结果表达式中没有得到反映或者所用公式不够严格，以及公式中系数的近似性等，都会产生方法误差。

④ 所用化学试剂的纯度不符合要求。

⑤ 测量者个人习惯性误差。如记录某一信号的时间总是滞后，有的人对颜色的感觉不灵敏，或读数时眼睛的位置总是偏高或偏低等。

系统误差产生的原因不能完全知道，通常可采用几种不同的实验技术，采用不同的实验方法，改变实验条件，调整仪器，或提高试剂的纯度等，以便确定有无系统误差存在，并确定其性质，然后设法消除或使之减小。

2. 随机误差

随机误差是指测量结果与在相同实验条件下无限多次测量同一物理量所得结果的平均值之差。随机误差是由实验者不能预料的变量因素对测量的影响所引起的。随机误差在实验中总是存在，无法完全避免，但它服从概率分布。如在同一条件下对同一物理量多次测量时，会发现数据的分布符合一般统计规律。这种规律可用图 2-1 曲线表示，该曲线称为误差的正态分布曲线，其函数形式为：

$$f(x)=\frac{1}{\sqrt{2\pi}\sigma}\exp\left[-\frac{(x-\mu)^2}{2\sigma^2}\right]$$

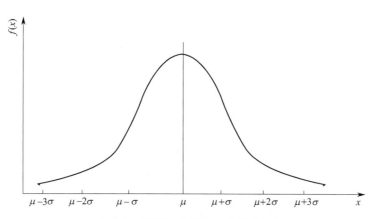

图 2-1 随机误差的正态分布曲线

式中，$\mu=0$ 时正态分布就是标准正态分布。x 为总体平均值（即真值），总体平均值也可以用 $\bar{x}$ 来代替，此时 $\bar{x}$ 应是代表无限多次测量结果的平均值，在消除了系统误差的情况下，它可以代表真值；σ 为无限多次测量所得的标准误差。

那么，由图 2-1 可以看出以 $\bar{x}$ 为中心的正态分布曲线具有以下特性。

① 对称性：绝对值相等的正偏差和负偏差出现的概率几乎相等，正态分布曲线以 y 轴对称。

② 单峰性：绝对值小的偏差出现的机会多，而绝对值大的偏差出现的机会则比较少。

③ 有界性：在一定测量条件下的有限次测量值中，偏差的绝对值不会超过某一界限。

用统计方法可以得出，偏差在 $\pm 1\sigma$ 内出现的概率是 68.3%，在 $\pm 2\sigma$ 内出现的概率是 95.5%，在 $\pm 3\sigma$ 内出现的概率是 99.7%，可见偏差超过 $\pm 3\sigma$ 时出现的概率仅为 0.3%。因此如果多次重复测量中个别数据的误差绝对值大于 3σ 时，则这个极端值可以舍弃。在一定测量条件下，随机误差的算术平均值将伴随着测量次数的无限增加而趋于零。因此，为了减小随机误差的影响，在实际测量中常常对一个量进行多次重复测量以提高测量的精密度和再现性。

必须指出，由于实验者的粗心，如标度看错、记录写错、计算错误所引起的误差称为过失误差。这类误差不属于测量误差的范畴，也无规律可循，实验者必须处处细心，才能避免。

此外，明显超出规定条件下预期的误差称粗大偏差。粗大偏差的产生原因有错误读数、仪器有缺陷、环境干扰等。实验过程中应尽量避免出现粗大偏差。如出现粗大偏差，应分析粗大偏差产生的原因，处理数据时，剔除异常数据。

2.1.3 精密度和准确度

在一定条件下对某个量进行 n 次测量，所得的结果为 $N_1, N_2, N_3, \cdots, N_i$。其算术平均值为：

$$\overline{N} = \frac{1}{n} \sum_{i=1}^{n} N_i \tag{2-1}$$

那么单次测量值 N_i 与算数平均值 $\overline{N}$ 的偏离就可以用来表示各测量值相互接近的程度，通常又称为精密度。

在测量中，表征测量结果分散性的量为试验标准偏差 σ：

$$\sigma = \sqrt{\frac{\sum_{i=1}^{n}(N_i - \overline{N})^2}{n-1}} \tag{2-2}$$

测量精确度指的是测量结果与测量真值之间的一致程度。由于实际上真值难以得到，因此，国际计量学界转而用不确定度来表征测量数据的最终结果。

不确定度的定义：不确定度是测量结果所含有的一个参数，它用以表征合理赋予被测量值的分散性（参见 JJF 1059.1—2012，国家计量技术规范《测量不确定度评定与表示》）。此参数可以是标准偏差（或其倍数），也可以是一个区间，即为测量结果所可能出现的区间。

标准偏差可称为标准不确定度，可分为三类：A 类标准不确定度 u_A、B 类标准不确定度 u_B 和合成标准不确定度 $u_C(y)$。

A 类标准不确定度是指用统计方法评定的不确定度，常用的是标准偏差法，即 $u_A = \sigma$。

B 类标准不确定度是指用非统计方法给出的"等价标准偏差"来评定的不确定度，包括资料中给出的数据（如国际标准、技术指标、仪器检定数据和积累的技术数据等）。例如阿伏伽德罗常数 $N_A = (6.0221367 \pm 0.0000036) \times 10^{23} \text{ mol}^{-1}$，即可评定为 $u_B = 0.0000036 \times 10^{23} \text{ mol}^{-1}$。合成标准不确定度指的是 A 类和 B 类的合成。有关不确定度的表示和计算方法可参阅有关专著和国家标准。

必须指出，一个精密度很好的测量，其准确度不一定很好，但要得到高准确度就必须有高精密度的测量来保证。

2.1.4 如何提高精密度和准确度

1. 尽量消除或减小可能引进的系统误差

产生系统误差的部分原因如 2.1.2 节所述,故应根据具体原因采取相应措施加以消除。如提高实验试剂的纯度、改进优化测量方法、选择合适的仪器设备、校正仪器等。选用仪器必须按实验要求所用仪器的类型、规格等。仪器的精度不能低于实验要求的精度,但也不必选用比实验要求精度优良很多的仪器。

2. 减小测量过程的随机误差

在相同条件下,进行多次重复测量,当测量值接近正态分布时,可取该条件下的一组数据的算术平均值作为测量结果。除此之外,还可采取增加测量的样本等方法。

3. 置信区间和可疑值的取舍

期望一个被测量的值在指定的概率下可能落入的一段极差范围内的值,就叫置信区间。对置信区间的可信程度就叫置信度。根据正态分布可知,个别测量值超出测量平均值 $\pm 3\sigma$ 的概率为 0.3%。由于小概率事件是可能发生的,因此可判断这样的值是异常值。对于此类值的处理必须要慎重,通常应用置信区间的概念来决定取舍。

比较简单的常用于判断异常值的方法是 "$4\bar{d}$" 检验:首先在求算术平均值 $\overline{N}$ 和平均偏差 $\bar{d}$ 时,先不考虑可疑的数据,然后将可疑数据与平均值比较,如果它与平均值之差比平均偏差 $\bar{d}$ 大四倍以上,则应舍去。不过,每五个数据最多只能舍去一个,而且不能舍弃那些有两个或两个以上相互一致的数据。

2.1.5 测量结果的表示

测量结果可以用绝对误差和相对误差来表示。绝对误差是测量值与真值之间的差值。绝对误差为 $\Delta N = N_{测} - N_{真}$,测量结果可表示为 $N = N_{测} \pm \Delta N$。

相对误差是绝对误差与真值之比:

$$相对误差 = \frac{绝对误差}{真值}$$

或

$$E = \frac{\Delta N}{N_{真}} \times 100\% \tag{2-3}$$

测量结果还可以用不确定度表示为 $N_{真} = \overline{N} \pm u$(单位),$u$ 是不确定度。

2.1.6 测量结果估算及评定

1. 对测量结果的评定

有三种方法:算术平均偏差、标准偏差和不确定度。

(1) **算术平均偏差** 对某一物理量 N 进行 K 次测量,得 $N_1, N_2, \cdots, N_i, \cdots, N_k$,则算术平均值为:

$$\overline{N} = \frac{1}{K}(N_1 + N_2 + \cdots + N_i + \cdots + N_k) = \frac{1}{K}\sum_{i=1}^{k} N_i \tag{2-4}$$

算术平均偏差为：

$$\bar{d} = \frac{1}{K}(|N_1 - \bar{N}| + |N_2 - \bar{N}| + \cdots + |N_i - \bar{N}| + \cdots + |N_k - \bar{N}|)$$

$$= \frac{1}{K}\sum_{i=1}^{K}|N_i - \bar{N}| \tag{2-5}$$

（2）**标准偏差（均方根偏差）** 标准偏差是一个描述测量结果离散程度的参量。用它来评定随机误差具有与个别误差的符号无关、与最小二乘法吻合等优点。

测量值的标准偏差为：

$$\sigma(N) = \sqrt{\frac{\sum_{i=1}^{K}(N_i - \bar{N})^2}{K-1}} \tag{2-6}$$

用标准偏差比用平均偏差好，因为将每次测量的绝对偏差平方之后，较大的绝对偏差会更显著地显示出来，这样能更好地说明数据的分散程度。

算术平均值的标准偏差为：

$$\sigma(\bar{N}) = \frac{\sigma(N)}{\sqrt{K}} = \sqrt{\frac{\sum_{i=1}^{K}(N_i - \bar{N})^2}{K(K-1)}} \tag{2-7}$$

算术平均值的标准偏差反映了算术平均值在真值附近涨落的大小。

（3）**不确定度** 它是对测量结果可信赖程度的评定。它表示了被测量的真值以一定概率落在某个量值范围内 ($\bar{N}-u, \bar{N}+u$)。

不确定度小，表示误差的可能值小，测量的可信赖程度高；不确定度大，表示误差的可能值大，测量的可信赖程度低。

不确定度的合成：

$$u = \sqrt{\sum\sigma^2(N) + \sum u_j^2} \qquad u = \sqrt{\sum\sigma^2(\bar{N}) + \sum u_j^2} \tag{2-8}$$

$$u_j = \Delta_{\text{ins}}(\text{仪器的极限误差})$$

用不确定度表示测量结果：

$$N_{真} = \bar{N} \pm u(\text{单位})$$

相对不确定度：

$$E_u = \frac{u}{\bar{N}} = \frac{u}{N} \times 100\% \tag{2-9}$$

2. 直接测量结果的误差估算及评定

（1）**单次测量误差估算及评定** 如果对某一物理量只测量一次，则常以测量仪器误差来评定测量结果的误差。

【例1】 用直尺测量桌子长度，$L = 1200.0\text{mm} \pm 0.5\text{mm}$。

【例2】 用50分度游标卡尺测工件长度，$L = 10.00\text{mm} \pm 0.02\text{mm}$。

【例3】 用10A电流表，单次测量某一电流得3.10A，则 $u_j = \Delta I = 10\text{A} \times 0.5\% = 0.05\text{A}$。

由以上例题可见，仪器误差一般用如下方法确定：①仪器已经标明了误差，如千分尺；②未标明时，可取仪器及表盘上最小刻度的一半作为单次测量的允许误差，如【例1】；③电学仪器：$\Delta_{\text{ins}} = $ 量程 × 精度级别%。

（2）**多次测量结果的误差估算及评定**　对于多次测量结果首先算出平均值 $\overline{N}$，然后求出标准偏差和不确定度（$u=\sqrt{\sigma^2(N)+\Delta_{\text{ins}}^2}$），最后用不确定度表示结果。

3. 间接测量结果误差的估算及评定

间接测量中，每一次的测量误差对最终结果都会产生影响，这就是误差的传递。由于真值不可求，故只能计算不确定度。最后结果的不确定度也是每一步测量的不确定度在计算处理时被传递的结果。下面依次给出了误差、标准偏差、不确定度的传递公式。

若 $N=f(x,y,z)$，则误差传递公式为：

$$\Delta N = \left|\frac{\partial f}{\partial x}\right|\Delta x + \left|\frac{\partial f}{\partial y}\right|\Delta y + \left|\frac{\partial f}{\partial z}\right|\Delta z \tag{2-10}$$

若对 $N=f(x,y,z)$ 取对数，则可得到：

$$\frac{\Delta N}{N} = \left|\frac{\partial \ln f}{\partial x}\right|\Delta x + \left|\frac{\partial \ln f}{\partial y}\right|\Delta y + \left|\frac{\partial \ln f}{\partial z}\right|\Delta z \tag{2-11}$$

标准偏差的传递公式为：

$$\sigma_N = \sqrt{\left(\frac{\partial f}{\partial x}\right)^2\sigma_x^2 + \left(\frac{\partial f}{\partial y}\right)^2\sigma_y^2 + \left(\frac{\partial f}{\partial z}\right)^2\sigma_z^2} \tag{2-12}$$

$$\frac{\sigma_N}{N} = \sqrt{\left(\frac{\partial \ln f}{\partial x}\right)^2\sigma_x^2 + \left(\frac{\partial \ln f}{\partial y}\right)^2\sigma_y^2 + \left(\frac{\partial \ln f}{\partial z}\right)^2\sigma_z^2} \tag{2-13}$$

不确定度的传递公式为：

$$u_N = \sqrt{\left(\frac{\partial f}{\partial x}\right)^2 u_x^2 + \left(\frac{\partial f}{\partial y}\right)^2 u_y^2 + \left(\frac{\partial f}{\partial z}\right)^2 u_z^2} \tag{2-14}$$

$$\frac{u_N}{N} = \sqrt{\left(\frac{\partial \ln f}{\partial x}\right)^2 u_x^2 + \left(\frac{\partial \ln f}{\partial y}\right)^2 u_y^2 + \left(\frac{\partial \ln f}{\partial z}\right)^2 u_z^2} \tag{2-15}$$

间接测量结果和不确定度评定的基本步骤：①计算各直接测量物理量的值和它们的不确定度，即 $N=f(x,y,z)$ 中的 x、y、z 和 u_x、u_y、u_z；②根据不确定度的传递公式计算间接测量量的不确定度，u_N 或 u_N/N，保留一位；③求出间接测量量 $N=f(x,y,z)$，N 的末位与不确定度所在位对齐；④写出结果：$N=\overline{N}\pm u_N$（单位）。

根据统计理论，我们将多次测量的算术平均值 $\overline{N}$ 作为真值的最佳近似。

在对测量结果进行评定时，我们约定系统误差和粗大误差已经消除、修正或可以忽略，只考虑随机误差，其服从正态分布。

2.1.7　有效数字

有效数字是由准确数字（若干位）和可疑数字（一位）构成的，这样就能够正确而有效地表示测量结果。下面就有效数字的表示方法及运算规则作简略介绍。

① 表示小数位数的"0"不是有效数字；数字中间和尾部的"0"是有效数字。

② 数字尾部的"0"不能随意舍弃或添加；舍去多余数字时采用四舍五入。如果被舍去数是5，则其前一位数采取"奇进偶舍"的方法。

③ 在乘除运算中保留各数的有效位数不大于其中有效数字最低者。

④ 当数值的首位大于8，就可以多算一位有效数字，如9.11在运算时可以看成四位有效数字。

⑤ 进行加减运算时，保留各小数点后的数字尾数与最少者相同。

⑥ 计算平均值时，如参加平均的数值有四个以上，则平均值的有效数字可多取一位。

⑦ 在对数计算中所取对数位数（以 10 为底的对数，首数除外）应与真数有效数字相同。

⑧ 计算式中的常数如 π 及乘子如 $\sqrt{2}$、1/2 和一些取自手册的常数，可以按需要取有效数字，例如当计算式中有效数字最低者是三位，则上述常数取三位或四位即可。

⑨ 在整理最后结果时，须将测量结果的误差进行化整，表示误差的有效数字最多两位。

2.2 数据表达

数据处理是一个对数据进行加工的过程。常用的数据处理方法有三类：列表法、作图法和数据方程拟合法。

2.2.1 列表法

在物理化学实验中，很多测量都至少有两个变量，从实验数据中选出自变量和应变量，将它们的对应值列成表格。

数据表简单易作，不需特殊工具，而且由于在表中所列的数据已经经过科学整理，有利于分析和阐明某些实验结果的规律性，对实验结果可获得相互比较的概念。

使用列表法要注意以下几点。①表开头都应写出表的序号及表的名称。②在表的每一行或每一列要正确写上表头，由于在表中列出的通常是一些纯数（数值），因此在置于这些纯数之前或之首的栏头应能表示出该栏的单位已经消失，因此得出的只是纯数。物理量与单位之间的关系是：物理量/单位＝数值，故列表时表头要将物理量除以单位，而表中则是数值。③表中的数值应用最简单的形式表示，公共的乘方因子应放在表头注明。④在每一行中的数字要排列整齐，小数点应对齐。⑤直接测量得到的数值可与处理的结果并列在一张表中，必要时应在表的下面注明数据的处理方法或数据的来源。⑥表中所有数值的填写都必须遵守有效数字规则。

表 2-1 是 CO_2 的平衡性质，其形式可作为一般参考。

表 2-1　CO_2 的平衡性质

$t/℃$	T/K	$10^3 K/T$	p/MPa	$\ln(p/MPa)$	$V_m^g/cm^3 \cdot mol^{-1}$	$pV_m^g/(RT)$
−56.60	216.55	4.6179	0.5180	−0.6578	3177.6	0.9142
0.00	273.15	3.6610	3.4853	1.2485	356.97	0.7013
31.04	304.19	3.2874	7.382	1.9990	94.060	0.2745

有时可以将长的组合单位用一个简单的符号来代表，应在表的下面说明符号的含义。

2.2.2 作图法

1. 作图法在物理化学实验中的应用

用作图法表示实验数据，能直观地显示出所研究的变量的变化规律。例如极大值、极小值、转折点、周期性和变化速率等重要特性，并可以从图上简便地找出各变量的中间值，还便于数据的分析比较,确定经验方程式中的常数等。作图法用处极为广泛,其中重要应用的有以下几个方面。

(1) 表达变量间的定量依赖关系　以自变量为横坐标,应变量为纵坐标,在坐标纸上标绘出数据点(X_i, Y_i),然后按作图规则(见后)画出曲线,此曲线便可表示出两变量间的定量关系。在曲线所示的范围内,可求对应于任意自变量数值的应变量数值。

(2) 求极值或转折点　函数的极大值、极小值或转折点,在图形上表现得很直观。例如,利用环己烷-乙醇双液系相图,确定最低恒沸点(极小值);凝固点下降法测摩尔质量实验中从步冷曲线上确定凝固点(转折点)。

(3) 求外推值　当需要的数据不能或不易直接测定时,在适当的条件下,常用作图外推法求得。所谓外推法,就是根据变量间的函数关系,将实验数据描述的图像延伸至测量范围以外,求得该函数的极限值。例如在用黏度法测定高聚物的相对分子质量实验中,只能用外推法求得溶液浓度趋于零时的黏度(即特性黏度)值,才能算出相对分子质量。

必须指出,使用外推法必须满足以下条件:①外推区间离实际测量区间不能太远;②在外推范围及其邻近测量数据间的函数关系是线性关系或可以近似为线性关系;③外推所得结果与已有的正确经验要一致。

(4) 求函数的偏微商(作图微分法)　作图法不仅能表示出测量数据间的定量函数关系,而且可以从图上求出各点函数的微商,而不必先求出函数关系的解析表达式,称为图微分法。具体做法是在所得曲线上选定若干个点,然后用几何作图法作出各切线,计算出切线的斜率,即得到该点函数的微商值。

(5) 求导数函数的积分值(作图积分法)　设图形中的应变量是自变量的导数函数,则在不知道该导数函数解析表达式的情况下,亦能利用图形求出定积分值,称为图积分法。常用此法求曲线下所包含的面积。

(6) 求测量数据间函数关系的解析表示式(经验方程式)　如果能找出测量数据间函数关系的解析表示式,则无论是对客观事物的认识深度或是对应用的方便而言,都将远远跨前了一步。通常找寻这种解析表示式的途径也是从作图入手,即对测量结果作图,从图形形式变换成函数,使图形线性化,即得新函数 y 和新自变量 x 的线性关系:

$$y = kx + b \tag{2-16}$$

算出此直线的斜率 k 和截距 b (详见后)后,再换回原来函数和自变量,即得原函数的解析表示式。例如反应速率常数 k 与活化能 E_a 的关系式为指数函数关系:

$$k = A\mathrm{e}^{-\frac{E_a}{RT}} \tag{2-17}$$

可使两边均取对数使其直线化,以 $\ln k$ 对 $1/T$ 作图,由直线斜率和截距可分别求出活化能量 E_a 和碰撞频率因子 A 的数值。

2. 作图技术

图解法获得优良结果的关键之一是作图技术,以下介绍作图技术要点。

(1) 工具　在处理物理化学实验数据时作图所需工具主要有铅笔、直尺、曲线板、曲线尺和圆规等。铅笔一般以中等硬度为宜,太硬或太软的铅笔、颜色笔、蓝墨水钢笔等都不适于作图。直尺和曲线板应选用透明的,作图时才能全面观察实验点的分布情况,两者的边均应平滑;圆规在这里主要作直径1mm左右的小圆用,或者使用专供绘制这种小圆用的"点圆规"。

（2）**坐标纸**　用得最多的是直角坐标纸。半对数坐标纸和对数-对数坐标纸也常用到，前者两轴中有一轴是对数标尺，后者两轴均系对数标尺。将一组测量数据绘图时，究竟使用什么形式的坐标纸，要尝试后才能确定。

在表达三组分体系相图时，则常用三角坐标纸。

（3）**坐标轴**　用直角坐标纸作图时，以自变量为横轴，应变量（函数）为纵轴，坐标轴比例尺的选择一般遵循下列原则。①能表示出全部有效数字，使图上读出的各物理量的精密度与测量时的精密度一致。②方便易读。例如用坐标轴1cm表示数量1、2或5都是适宜的，表示3或4就不太适宜，表示6、7、8、9在一般场合下是不妥的。③在满足前两个条件的前提下，还应考虑充分利用图纸。若无必要，不必把坐标的原点作为变量的零点。曲线若系直线，或近乎直线的曲线，则应被安置在图纸的对角线附近。

比例尺选定后，要画上坐标轴，在轴旁注明该轴变量的名称及单位。在纵轴的左面和横轴的下面每隔一定距离（例如5cm间距）写下该处变量应有的值，以便作图及读数，但不要将实验值写在轴旁。

（4）**数据点**　数据点是指坐标系中与测得的各数据相对应的点。数据点反映了测得数据的准确度和精密度。若纵轴与横轴上两测量值的精密度相近，可用点圆符号（⊙）表示代表点，圆心小点表示测得数据的正确值，圆的半径表示精密度值。若同一图纸上有数组不同的测量值，则各组测量值可各用一种变形的点圆符号（如⊕、●、◆、◇、◉、×等）来表示数据点。

若纵、横两轴变量的精密度相差较大，则数据点须用矩形符号（如▭或▯）来表示，此时矩形两边的半长度表示两变量各自的精密度值，矩形的心是数据的正确数值。同一图纸上有数组不同测量值时，可用变形矩形符号（如▮、▬、⊡、⊙）来表示不同组的代表点。

（5）**曲线**　在图纸上作好代表点后，按代表点的分布情况，作一曲线，表示代表点的平均变化情况。因此，曲线不须全部通过各点，只要使各代表点均匀地分布在曲线两侧邻近即可，或者更确切地说，是要使所有代表点离开曲线距离的平方和为最小，这就是"最小二乘法原理"。所以，绘制曲线时，若考虑离曲线很远的个别代表点，一般所得曲线都不会是正确的，即使此时其他所有代表点都正好落在曲线上。遇到这种情况，最好将此个别代表点的数据复测，如原测量确属无误，则应严格遵循上述正确原则绘线。

曲线的具体画法：先用淡铅笔轻轻地循各代表点的变动趋势，手描一条曲线（这条曲线当然不会十分平滑），然后用曲线板逐段凑合手描线的曲率，作出光滑的曲线。这里要特别注意各段接合处的连续性，做好这一点的关键是：①不要将曲线板上的曲边与手描线所有重合部分一次描完，一般只描半段或2/3段；②描线时用力要均匀，尤其在线段的起、终点时，更应注意用力适当。

（6）**图题及图坐标的标注**　每个图应有图号和简明的标题（即图题），有时还应对测试条件等方面简要说明，这些一般安置在图的下方（如写实验报告也可在图纸的空白地方写上实验名称、图题、姓名及日期等）。

与上述的原理相同，曲线图坐标的标注也应该是一个纯数学关系式。图2-2是CO_2的平衡性质$\ln(p/\text{MPa})$与

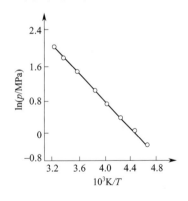

图2-2　CO_2的平衡性质
$\ln(p/\text{MPa})$与$1/T$的关系图

$1/T$ 的关系，其标注可以作为一般参考。应注意栏头或图坐标标注的正确书写。例如，将栏头或标注"T/K"错误地写成"T，K"或"T（K）"；将"$\ln(p/\text{MPa})$"错误地写成"$\ln p$，MPa"或"$\ln p$（MPa）"。写成"T，K"或"T（K）"在概念上是含糊的。而写成"$\ln p$，MPa"或"$\ln p$（MPa）"在概念上是错误的。

2.2.3 数据方程拟合法

我们常会需要寻求一个最佳方程以拟合实验获得的数据。这里存在着两个方面的问题：选择一种适当的函数关系；确定函数关系中各参数的最佳值。在许多场合，其函数关系事先就已知道。例如在研究液体蒸气压与温度的关系时，就有已知的克劳修斯-克拉佩龙方程可予以应用。

如果一时还不了解数据内在的函数关系，通常第一步是根据数据作图，其方法如前所述。此时须注意讨论对象所附带的条件。例如热力学温度没有负值等。只要画出了平滑的曲线，根据实验者的经验和判断，常常就能大体猜出某一合适的函数关系式。有些特殊的偏差究竟是由于函数关系不当，还是由于数据呈无规则分布而造成的，通常还必须运用常识来判断。如果数据非常分散，试图拟合一个方程是毫无意义的。一般来说，平滑曲线上的极大、极小和拐点的数目越多，所需要的参数变量也就越多，曲线拟合的工作就越烦琐。

把数据拟合成直线方程要比拟合成其他函数关系简单、容易。因此根据数据作图时，都希望能找到一个线性函数式。通常只要看看数据的曲线图形，就可提出适当的函数式进行尝试。某些比较重要的函数关系式及其线性方程式列于表 2-2。

表 2-2 常见的线性方程式

方程式	线性式	线性式坐标轴			斜率	截距
$y=a\,\mathrm{e}^{bx}$	$\ln y=\ln a+bx$	$\ln y$	对	x	b	$\ln a$
$y=ab^{x}$	$\lg y=\lg a+x\lg b$	$\lg y$	对	x	$\lg b$	$\lg a$
$y=ax^{b}$	$\lg y=\lg a+b\lg x$	$\lg y$	对	$\lg x$	b	$\lg a$
$y=a+bx^{2}$		y	对	x^{2}	b	a
$y=a\lg x+b$		y	对	$\lg x$	a	b
$y=\dfrac{a}{b+x}$	$\dfrac{1}{y}=\dfrac{b}{a}+\dfrac{x}{a}$	$\dfrac{1}{y}$	对	x	$\dfrac{1}{a}$	$\dfrac{b}{a}$
$y=\dfrac{ax}{1+bx}$	$\dfrac{1}{x}=\dfrac{a}{y}-b$	$\dfrac{1}{x}$	对	$\dfrac{1}{y}$	a	$-b$
	$\dfrac{1}{y}=\dfrac{1}{ax}+\dfrac{b}{a}$	$\dfrac{1}{y}$	对	$\dfrac{1}{x}$	$\dfrac{1}{a}$	$\dfrac{b}{a}$

表中后两栏为直线的斜率和截距，内含非线性方程中的常数。遗憾的是，并非所有的函数都可化成线性形式。例如

$$y=a(1-\mathrm{e}^{bx})$$

这一重要关系式就没有线性式。对于这种情况就需要采用其他一些专门的方法。

如果作了尝试以后，某种函数可以把有关数据转化为线性关系，则可认为这就是合适的函数关系式，由直线的斜率和截距可计算出方程中的常数。一个方程可能会有多种线性形式，如果由不同的线性式算得的常数值相差悬殊，那么必须判断哪一个数值可能是最合适

的。由某些线性式求得若干常数值后，就可根据所求的常数值写出原先的非线性方程式，并验证它与实验数据是否符合。

确定一直线的常数值通常有三种方法：目测法、平均法及最小二乘法。

1. 目测法

最方便的方法是用目测画出直线。这个方法用于许多场合，都令人相当满意，而且所得的直线与根据一些数学方法计算的数值是一致的。

2. 平均法

用有关数据确定两个平均点，经过这两点得一直线。为了得到这两个平均点，先把数据按 x（或 y）的大小顺序排列，把它们分成相等的两组。一组包括前一半数据点，另一组为余下的后一半数据点。如果数据点为奇数，中间的一点可以任意归入一组，或者分成两半分别归入两个组。这之后，再对每一组数据点的 x 轴坐标和 y 轴坐标分别求平均值。这样便确定了两个平均点，即 (x_1, y_1) 和 (x_2, y_2)。

可以直接通过这两点画出直线，也可以用代数方法解两个联立方程 $y_1 = mx_1 + b$ 和 $y_2 = mx_2 + b$（第二个方法即把数据组合成两个联立方程，其公式为 $\sum y = m \sum x + nb$）。更好的代数方法是计算线性方程的斜率，即

$$m = \frac{y_2 - y_1}{x_2 - x_1}$$

把这个斜率和一个平均点的数值代入方程 $y = mx + b$ 即可求出 b。

对实验数据作图，有时会发现它们自身已分成两个组。像这种情况，最好是利用已有的自然划分。在任何情况下，两平均点分开越远，则直线的精度越高，因此两组数据不应交叉划分，这就是前述要按大小顺序排列来分组的原因（不允许把数据点按奇数点、偶数点分成两组，早期的文献中有时可看到这种划分方法）。

如果直线的斜率或截距已知，或者其数值已受研究条件所限定，则求直线方程的步骤将略微改变。假如已知斜率，那么数据点不必分组，而只要把整套数据一起求其平均点。把该点的坐标及已知的斜率值代入直线方程便可求得截距。

如果事先已知道一个点而直线的斜率为未知，问题较为复杂。倘若此已知点与测量数据相距较远，则可把各测量数据分别按 x、y 坐标值取平均。经过此平均点及已知点作一直线便是所要求的直线。不过若平均点靠近已知点，这两点中任一点的一个小小变化对直线斜率都会有很大影响。而且此时采用平均法的基本假设不再成立，因此，这种情况下最好是采用最小二乘法。要是由于某些原因而不能采用最小二乘法，可采用一般的方法先求得两个平均点，再计算直线的斜率，然后按照此斜率并通过已知点画出直线。

3. 最小二乘法

用最小二乘法处理数据能使实验数据与数学方程最佳拟合。最小二乘法的基本假设是残差的平方和最小，即所有数据点与计算得到的直线之间偏差的平方和最小。由于各偏差的平方和为正数，因此若平方和最小即意味着正负偏差均很小，显然也就是最近拟合。

最简单的情况是直线拟合，这时应该有：

$$\Delta = \sum_1^n (b + mx_i - y_i)^2 = 最小$$

式中，x_i，y_i 为已知实验数据；b，m 为未知数。根据求极值的条件。应有：

$$\frac{\partial \Delta}{\partial b} = 2\sum_{1}^{n}(b+mx_i-y_i)=0$$

$$\frac{\partial \Delta}{\partial m} = 2\sum_{1}^{n}x_i(b+mx_i-y_i)=0$$

即

$$\sum_{1}^{n}y_i = nb + m\sum_{1}^{n}x_i$$

$$b\sum_{1}^{n}x_i + m\sum_{1}^{n}x_i^2 = \sum_{1}^{n}x_i y_i$$

解上面两个方程可得 m 和 b 的值：

$$m = \frac{\sum x_i \sum y_i - n\sum x_i y_i}{(\sum x_i)^2 - n\sum x_i^2}$$

$$b = \frac{\sum x_i y_i \sum x_i - \sum y_i \sum x_i^2}{(\sum x_i)^2 - n\sum x_i^2}$$

现将实验测得的以下数据 [(x：1.00；3.00；5.00；8.00；10.0；15.0；20.0)，（y：5.4；10.5；15.3；23.2；28.1；40.4；52.8）] 代入到以上方程，求得各组的 x^2、xy 及 $\sum$ 值，见表2-3。将表2-3中的 $\sum x$、$\sum y$、$\sum x^2$、$\sum xy$ 及 $n=7$ 代入 m 和 b 的求解式中求得：

$$m = \frac{(62.0)(175.7)-7(2242.0)}{(62.0)^2-7(824.0)} = 2.50$$

$$b = \frac{(2242.0)(62.0)-(175.7)(824.0)}{(62.0)^2-7(824.0)} = 3.00$$

因此可得所求的直线方程为：

$$y = 2.50x + 3.00$$

表 2-3　各组的 x^2、xy 及 $\sum$ 值

	x	y	x^2	xy
	1.0	5.4	1.0	5.4
	3.0	10.5	9.0	31.5
	5.0	15.3	25.0	76.5
	8.0	23.2	64.0	185.6
	10.0	28.1	100.0	281.0
	15.0	40.4	225.0	606.0
	20.0	52.8	400.0	1056.0
$\sum$	62.0	175.7	824.0	2242.0

最小二乘法所求得的结果准确。计算虽然烦琐，但如果用计算机或可以编程的计算器进行计算的话就非常简便了。

在求直线方程的参数时，有一点必须注意，就是计算出来的直线总应与有关数据点同时绘图，以表示数据点的分布情况。倘若数据点的分布是无规则的，没有一定的趋向，可用直线加以描述。然而要是数据点分布有规律的偏离，则用曲线描绘数据点的变化也许更好些。例如，纯液体饱和蒸气压对温度的曲线情况就是如此。

2.2.4 计算机在数据处理中的应用

数据处理是物理化学实验不可缺少的部分，其准确性对实验结果起重要作用。物理化学实验中常见的数据处理有数据计算、线性拟合、非线性曲线拟合以及根据实验数据作图等。

传统的数据处理方法是用计算器一步、一项进行计算，然后用坐标纸手工作图求解。由于物理化学实验数据量大、处理繁杂，用传统的方法处理结果易出现较大误差，甚至错误，费时且费力。很多学者对计算机软件引入物理化学实验教学产生了浓厚兴趣，特别在物理化学实验数据处理方面做了较深入的研究。采用计算机软件处理数据，可以避免烦琐的处理过程，提高学生的学习效率和兴趣。

用于物理化学数据处理的计算机软件有 Microsoft Excel、Origin、SAS 等，下面介绍在物理化学数据处理中运用较广泛的两种软件（即 Microsoft Excel 和 Origin）的一般使用方法。

1. Microsoft Excel 软件在物理化学数据处理中的一般用法

Excel 是微软 Office 办公系统软件中的一款，也是应用较为普遍的计算机数据处理软件，它具有强大的数据统计、分析计算、制作图表的功能。用于物理化学实验中，能按照设计者的意图将现场数据进行快速、准确的处理，并以多种图表的方式描绘出来。但是，在图形处理和分析功能方面不如 Origin 方便、全面。

（1）**数据准备**

启动 Microsoft Excel，在新建的 Excel 工作表中输入实验数据。

（2）**数据处理**

拖动鼠标选中数据处理结果列的第一个单元格，输入"="键，在"="键后输入需要计算的公式，再按"Enter"键，结果就显示在此单元格中。点击此单元格，移动鼠标至单元格的右下角，鼠标变成"+"，往下拖动鼠标可得到整列的数据处理结果。

（3）**作图**

移动鼠标选定作图所需的数据，或选定一列后按 Ctrl 再选定另一列，程序默认左列为 X 轴，右列为 Y 轴。

单击菜单栏上的"插入"项，并选择"图表"选项，或者单击工具栏上的"图表向导"按钮打开"图表向导"。图表向导弹出后，选择"XY 散点图"，然后单击下一步。

输入图表的基本信息，在图表标题栏输入图表的名称，在数值（X）轴栏输入 X 轴数据所代表名称；在数值（Y）轴栏输入 Y 轴数据所代表名称。然后单击"下一步"。单击"完成"。则在当前窗口插入一个图表。

在绘图区点鼠标右键，可以根据要求更改图表类型，设置图表区域格式等。

点击坐标轴，选择"坐标轴格式"选项，在选项框中按实验数据输入坐标轴的最大值和最小值，坐标轴的单位，横坐标交叉点的坐标值等。

点击绘图区中的一个数据点，再点击数据右键，选择"添加趋势线"，在类型中选择

"线型"或其他的曲线类型,"选项"中勾中"显示公式""显示 R 平方值""截距"等选项,点击"确定"则在绘图区显示所绘直线或曲线,并显示公式。

数据和图表都可以复制到 Word 文档中。

2. Origin 在物理化学实验数据处理中的一般用法

Origin 是 Origin Lab 公司开发的数据分析、高级科学绘图软件,它与其他专业数据处理软件不同的地方在于 Origin 处理实验数据时不需要编写任何程序,使用者通过简单的学习就可得到专业的处理结果,因此 Origin 具有易学、操作灵活、功能强大等特点。

Origin 软件具有两大功能:图形绘制和数据分析。图形绘制是基于模板的,用户可以使用软件内置的 50 多种模板或根据自己需要设计的模板方便地绘制出各种清晰、美观的 2D 和 3D 图形,如在物化实验中通常用散点图、点线图及双 Y 轴图形等。数据分析是 Origin 的高级功能,可方便用户进行数据排序、计算、统计、平滑、拟合、积分、微分等,在物理化学实验处理中主要涉及线性拟合、非线性拟合和数据分析等。

下面介绍 Origin 软件在物理化学实验中数据作图、线性拟合和非线性拟合的一般用法。

① 启动 Origin 程序,将实验数据输入 Origin 的工作表中,左边为 X 轴,右边为 Y 轴,拖动鼠标选中工作表中的数据,点击散点图图标 ,弹出绘图窗口,分别点击散点图的 X 轴和 Y 轴的名称方框,更改两轴的名称。

② 点击工具栏中的分析或工具按钮,在下拉列表中选中线性拟合,在窗口的右下方结果记录中显示拟合直线的公式、斜率和截距及其误差,相关系数和标准偏差等数据,线性拟合时,可屏蔽某些偏差较大的数据点,降低拟合直线的偏差,屏蔽的方法是:拖动鼠标至需屏蔽的点,点击鼠标左键,选中直线,再点击右键选择屏蔽中的"点到点",数据点变为红色,即被屏蔽。

③ Origin 分析菜单中提供了多种非线性拟合方式:多项式拟合、指数衰减拟合、指数增长拟合、S 曲线拟合、洛仑兹拟合、高斯拟合、多峰拟合,也可自定义函数。处理实验数据时,为达到最佳拟合效果,可根据数据图形的趋势和形状选择合适的函数和参数,其中运用较多的是多项式拟合,方法为:对数据作散点图,选择分析栏中的多项式拟合,打开多项式拟合对话框,设定参数的级数,拟合曲线的点数,拟合曲线中 X 轴的范围。点击确定按钮,窗口右下方结果记录中出现拟合的多项式公式、参数的值及其误差、R^2(相关系数的平方)、SD(标准偏差)、N(曲线数据的点数)、P 值($R^2=0$ 的概率)。

最后需要把与实验相关的数据或图表复制粘贴到文档中或打印,在实验报告中进行结果分析或数据处理。

2.3 热化学测量技术

2.3.1 温标

温度是描述热平衡系统冷热程度的物理量,是对组成物体的大量分子的平均动能大小的一种量度,同时也是确定宏观系统状态的一个基本参量。任何物理和化学变化过程都与温度密切相关,因此准确测量和控制温度,在工农业生产、科学实验以及日常生活中都十分重要。

温度是通过物体随温度变化的某些特性来间接测量的，而不同物体的不同物理特性与温度的关系是不相同的，因此用同一物体的不同特性，或不同物体的同一种特性对同一个温度进行测量，也会得出不同的量值，这就需要建立统一的标准温度单位，即温标。

温标是温度数值化的标尺，它规定了温度的读数起点和测量温度的基本单位。各种温度计的刻度数值均由温标确定。温标有经验温标、热力学温标、国际温标三种。

1. 经验温标

经验温标是以某物质的某一属性随冷热程度的变化为依据而确定的温标。例如，水银温度计是利用水银的体积变化，定压气体温度计是利用气体的体积变化来量度温度。这些测温变量都必须是温度的单值函数。经验温标与测温物质的选择、基准点的确定及温度值的划分有关。常见的摄氏温标、华氏温标都属于经验温标。

摄氏温标：所用标准仪器是水银玻璃温度计。分度方法是规定在标准大气压力下，水的冰点（指 1 标准大气压下纯水和纯冰达到平衡时的温度，纯水中溶解有空气并达饱和）是 0℃，沸点（指纯水同其饱和蒸气压为 1 标准大气压的水蒸气达到平衡时的温度）是 100℃。水银体积膨胀被分为 100 等份，对应每份的温度定义为 1 摄氏度，符号 t、单位℃。

华氏温标：标准仪器是水银温度计，选取氯化铵和冰水混合物的温度为零度，规定标准大气压下纯水的冰点为 32℉，水沸点为 212℉，中间分为 180 等份，对应每份的温度为 1 华氏度，符号 t_F，单位℉。摄氏温度和华氏温度的关系为：

$$t_F/℉=(9/5)t/℃+32 \qquad (2-18)$$

经验温标依赖于测温物质的物理特性，而测温物质的某种特性与温度之间并非严格呈线性关系，因此用不同物质做的温度计测量同一物体时，所显示的温度往往不完全相同。鉴于此人们希望建立一种不依赖于测温物质性质的温标，即热力学温标。

2. 热力学温标

热力学温标是一种不依赖于测温物质、测温参量的理想温标，是 1848 年由英国物理学家开尔文（Kelvin）以热力学第二定律为基础建立的温标，它规定分子运动停止时的温度为绝对零度，水在标准大气压下的三相点为 273.16K，沸点与三相点之间分为 100 等份，对应每份的温度为 1K，将水的三相点 273.16K 定为绝对零度（0℃）。符号 T，单位为开尔文（K）。1K 等于水三相点热力学温度的 1/273.16。热力学温标与通常习惯使用的摄氏温标分度值相同，只是差一个常数 $T=273.15+t(℃)$。

热力学温标就是取卡诺热机交换热量 Q 为测温参数的一种温标。根据卡诺循环和卡诺定理可知，一个工作于高温热源 T_1 与低温热源 T_2 之间的可逆热机，其效率只与热源的温度有关，而与物质无关。假设热机从温度为 T_1 的高温热源获得的热量为 Q_1，放给温度为 T_2 的低温热源的热量为 Q_2，则有

$$\frac{Q_1}{Q_2}=\frac{T_1}{T_2} \qquad (2-19)$$

如果指定了一个定点温度数值，就可以通过热量比求得未知温度值，人们发现水的三相点（273.16K）的稳定性能长期维持在 0.1mK 范围内。因此，1954 年第 10 届国际计量大会决定采用水的三相点作为热力学温标的基本固定点。此温标的表达式为：

$$T=\frac{Q_2}{Q_1}273.16K \qquad (2-20)$$

理想气体在定容下的压力（或定压下的体积）与热力学温度呈严格的线性函数关系。因此，国际上选定气体温度计来实现热力学温标。氦、氢、氮等气体在温度较高、压力不太大的条件下，其行为接近理想气体。所以，这种气体温度计的读数可以校正成为热力学温度。

3. 国际温标

由于气体温度计装置复杂，使用很不方便。为了统一国际间的温度量值，1927年拟定了"国际温标"，建立了若干可靠而又能高度重现的固定点。此种温标的设计是使其尽可能等于热力学温标的对应值。此温标自1927年建立以来，进行了多次修订，现在采用的是1990年修订的国际温标（ITS—90）。

国际温标首先规定了一系列的参考点温度，见表2-4。

表2-4　ITS—90部分温度参考点

物质	平衡态	温度(T_{90})/K	物质	平衡态	温度(T_{90})/K
He	VP	3～5	Ga①	MP	302.9146
e-H_2	TP	13.8033	In①	FP	429.7485
e-H_2	$VP_{(CVGT)}$	≈17	Sn	FP	505.078
e-H_2	$VP_{(CVGT)}$	≈20.3	Zn	FP	692.677
Ne①	TP	24.5561	Al①	FP	933.473
O_2	TP	54.3584	Ag	FP	1234.94
Ar	TP	83.8058	Au	FP	1337.33
Hg	TP	234.3156	Cu①	FP	1357.77
H_2O	TP	273.16			

① 第二类固定点。

注：e-H_2指平衡氢，即正氢和仲氢的平衡分布，在室温下正常氢含75%正氢、25%仲氢。VP为蒸气压点；CVGT为等容气体温度计点；TP为三相点（固、液和蒸气三相共存的平衡度）；FP为凝固点；MP为熔点（在一个标准大气压101325Pa下，固、液两相共存的平衡温度）；同位素组成为自然组成状态。

国际温标还规定从低温到高温划分为四个温区，分别选用一个高度稳定的标准温度计来度量各固定点之间的温度值。这四个温区及相应的标准温度计见表2-5。

表2-5　四个温区的划分及相应的标准温度计

温度范围	13.81～273.15K	273.15～903.89K	903.89～1337.58K	1337.58K以上
标准温度计	铂电阻温度计	铂电阻温度计	铂铑(10%)-铂热电偶	光学高温计

2.3.2　温度计

由于热平衡的传递性，在比较各个系统的温度高低时，并不需将各物体直接接触，只需将一个作为标准的物体分别与各个物体接触，这个作为标准的物体称为温度计，将温度计与被测的物体相接触达到热平衡，温度计标示的数值，便是被测物体的温度，这就是测温的原理。下面介绍几种常见的温度计。

2.3.2.1　水银温度计

水银温度计是利用玻璃球内水银随温度的变化而在毛细管中上升或下降来测温的。由于水银具有容易提纯，热导率大，比热容小，膨胀系数比较均匀，不易附着在玻璃上，不透明等性能，因此实验室常用水银温度计测量物质变化的温度。其特点是结构简单，价格低廉，具有较高的精确度，直接读数，使用方便。缺点是易损坏，损坏后无法修理。水银温度计适用范围为 238.15～633.15K（水银的熔点为 234.45K，沸点为 629.85K），如果用石英玻璃作为管壁，充入氮气或氩气，最高使用温度可达到 1073.15K。

常用的水银温度计刻度间隔有：2℃、1℃、0.5℃、0.2℃、0.1℃ 等，与温度计的量程范围有关，可根据测定精度选用。

1. 水银温度计的种类和使用范围

按水银温度计在毛细管上刻度的方法和测量范围不同，可以分为以下几种。

（1）**普通水银温度计**　常用的刻度线以 1℃ 或 0.5℃ 为间隔，测量范围一般为 0～100℃、0～150℃、0～250℃、0～360℃ 等。

（2）**精密温度计**　刻度间隔为 0.01℃，测量范围为 9～15℃、12～18℃、15～21℃、18～24℃、20～30℃ 等。

（3）**贝克曼（Beckmann）温度计**　专用于测量温差，是一种移液式的内标温度计，刻度间隔为 0.01℃，温差范围为 5℃ 左右，测量温度的上下限可根据测温要求随意调节。

（4）**电接点温度计（导电表，电接触温度计）**　可以在某一温度点上接通或断开，与电子继电器等装置配套，可以用来控制温度。

（5）**分段温度计（成套温度计）**　刻度间隔为 0.1℃，从 -10℃ 到 220℃，共有 23 支。每支温度范围 10℃，另外有 -40～400℃，每隔 50℃ 1 只，交叉组成的测量范围为 -10～200℃ 或 -10～400℃。

使用温度计时的注意事项如下。

（1）温度计的玻璃易破损，要避免机械撞击（例如代替搅拌等）及急骤的温度变化等。

（2）读取温度时，眼睛必须在水银柱上端同一高度上。

（3）水银温度计测定温度时，如果水银柱不全部插入欲测物体中，就不能得到正确的值。

假如水银柱的上部露出待测物体外部时，这段水银的温度不是待测的温度，因此须校正。

（4）温度计用久了，玻璃会慢慢收缩，内部容积减小。温度计指示的温度逐渐升高。为此，需加必要的校正值，以求出正确的温度。可与标准温度计对比来进行校正，或用温度的标准点来校正。

2. 水银温度计的校正

（1）**刻度校正**　当温度计受热后，水银球体积会有暂时的改变而需要较长时间才能恢复原来体积。由于玻璃毛细管很细，因而水银球体积的微小改变都会引起读数的较大误差。对于长期使用的温度计，玻璃毛细管也会发生变形而导致刻度不准。因此测量前必须校正零点。校正方法如下。

① 以纯物质的熔点或沸点作为标准进行校正。其步骤为：选用数种已知熔点的纯物质，用该温度计测定它们的熔点，以实测熔点温度作为纵坐标，实测熔点与已知熔点的差值为横坐标，画出校正曲线，这样凡是用这只温度计测得的温度均可在曲线上找到校正数值。

② 以标准水银温度计作为标准进行校正。其步骤为：将标准温度计与待校正的温度计平行放在热溶液中，缓慢均匀加热，每隔 5℃ 分别记录两只温度计读数，求出偏差值 Δt。

$$\Delta t = 待校正的温度计的温度 - 标准温度计的温度$$

以待校正的温度计的温度作为纵坐标，Δt 为横坐标，画出校正曲线，这样凡是用这只温度计测得的温度均可由曲线找到校正数值。标准水银温度计由多支温度计组成，各支温度计的测量范围不同，交叉组成 $-10 \sim 360\,℃$ 范围，每支都经过计量部门的鉴定，读数准确。

（2）**露茎校正** 水银温度计有全浸式和半浸式两种，全浸式温度计的刻度是在温度计的水银柱全部均匀受热的情况下刻出来的，但在测量时，往往是仅有部分水银柱受热，因而露出的水银柱温度就较全部受热时低。这些在准确测量中都应予以校正。校正方法如图 2-3 所示。

将一支辅助温度计靠在测量温度计的露出部分，其水银球位于露出水银柱的中间，测量露出部分的平均温度，校正值 Δt 按下式计算

$$\Delta t = kn(t_{观} - t_{环}) \tag{2-21}$$

式中，$k = 0.00016$ 是水银对玻璃的相对膨胀系数；$t_{观}$ 为体系的温度（由测量温度计测出）；$t_{环}$ 为环境温度，即水银柱露出部分的平均温度（由辅助温度计测出）；n 为露出水银柱的高度（以温度差值表示）。

图 2-3　温度计露茎校正

利用上式可得出校正后的温度，即为

$$t_{校} = t_{观} + \Delta t \tag{2-22}$$

半浸式温度计，在水银球上端不远处有一标志线，测量时只要将线下部分放入待测体系中，便不需进行露出部分的校正。

2.3.2.2　贝克曼温度计

贝克曼温度计的结构见图 2-4。储汞槽是用来调节水银球内的水银量的。借助储汞槽调节，可用于测量介质温度在 $-20 \sim +155\,℃$ 范围内变化不超过 $5\,℃$ 或 $6\,℃$ 的温度差。储汞槽背后的温度标尺只是粗略表示温度数值，即储汞槽中的水银与水银球中的水银相连时，储汞槽中水银面所在的刻度就表示温度的粗略值。因为水银球中的水银量是可以调节的，因此贝克曼温度计不能用来准确测量温度的绝对值。例如，刻度尺上 $1°$ 并不一定是 $1\,℃$，可能代表 $5\,℃$、$74\,℃$ 等。

贝克曼温度计的刻度有两种标法：一种是最小读数刻在刻度尺的上端，最大读数刻在下端，用来测量温度下降值，称为下降式贝克曼温度计；另一种正好相反，最大读数刻在刻度尺上端，最小读数刻在下端，称为上升式贝克曼温度计。现在还有更灵敏的贝克曼温度计，刻度标尺总共为 $1\,℃$ 或 $2\,℃$，最小的刻度为 $0.002\,℃$。

根据被测温度高低，调节水银球的汞量。调节汞量的目的是使温度计在测量起始温度时，毛细管中的水银面位于刻度尺的合适的位置上。例如用下降式贝克曼温度计测凝固点降低时，起始温度（即纯溶剂的凝固点）的水银面应在刻度尺的 $1\,℃$ 附近。这样才能保证在加进溶质而使凝固点下降时，毛细管中的水银面仍处在刻度标尺的范围之内。因此在使用贝克曼温度计时，首先应该将它插入一个与所测的起始温度相同的体系内。待平衡后，如果毛细管内的水银面在所要求的合适刻度附近，就不必调整，否则应按下述步骤进行调整。

（1）**水银丝的连接**　要调节水银球中的汞量，必须使储汞槽中的水银和毛细管中的水银

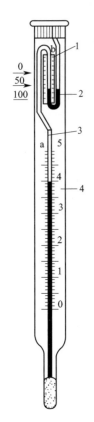

图 2-4 贝克曼温度计
1—温度标尺；2—储汞槽；
3—毛细管；4—刻度尺

相连接。若水银球内的水银量过多，毛细管内的水银面已过 b 点（如图 2-4 所示），此时将温度计慢慢倒置，并用手指轻敲储汞槽处，使储汞槽内的水银与 b 点处的水银相连接，然后将温度计倒转过来。若水银球内的水银量太少，可用右手握住温度计中部，将温度计倒置，用左手轻敲右手的手腕（注意：不能用劲过猛，切勿使温度计与桌面等相撞），此时水银球内的水银就会自动流向储汞槽，再使之与储汞槽中的水银相连。

(2) 调节水银球中的汞量 调节的方法很多，现以下降式贝克曼温度计为例，介绍一种常用的方法。

设 T_0 为实验欲测的起始摄氏温度（例如纯液体的凝固点），在此温度下欲使贝克曼温度计中毛细管的水银面恰在 1°附近，则需将已经连接好水银丝的贝克曼温度计悬于一个温度为 T 的水浴中，T 值可由下式求得：

$$T = T_0 + 1 + R$$

式中，R 为贝克曼温度计中 a 到 b 一段所相当的温度。一般情况下，R 值约为 2℃，准确的 R 值可由下法测得，将贝克曼温度计和普通温度计同时插入盛水的烧杯中，加热水浴，使贝克曼温度计中的水银丝逐渐上升，通过普通温度计读出 a 到 b 段所相当的温度差，便是 R 值。

待贝克曼温度计在 T(℃)水浴中达到平衡后，用右手握住温度计中部，由水浴中取出，立即用左手沿温度计的轴向轻敲右手的手腕，使水银丝在 b 点处断开（注意在 b 点处不得留有水银）。这样就使得体系的起始温度（T_0）正好在贝克曼温度计的 1°附近，若不在 1°附近，应重新调整。

例如，测定苯的凝固点降低值。

纯苯 $T_0 = 5.51$℃，$R = 2.5$℃。则 $T = 5.51 + 2.5 + 1 = 9.01$（℃）。

将贝克曼温度计悬于 9℃ 左右的水中，按前述方法进行调整，调节后的温度计悬于 5.51℃ 的苯中时，水银面恰好在 1°附近。

若是上升式贝克曼温度计，水银量的调节方法同上，在 T_0 温度时，调整后的温度计水银面应在 4°附近。

调好后的贝克曼温度计应注意不要倒置，最好插在冰水溶液中，以免毛细管中的水银与储汞槽中的水银相连。

读数值时，贝克曼温度计必须垂直，而且水银球要全部浸入所测温度的体系中。由于毛细管中的水银面上升或下降时有黏滞现象，所以读数前必须先用手指轻敲水银面处，消除黏滞现象后用放大镜读取数值。读数时应注意眼睛要与水银面水平。

2.3.2.3 电阻温度计

电阻温度计是根据金属或半导体的电阻值随温度变化这一特性而制成的测温装置，是中低温区（−200～500℃）最常用的一种温度检测器。它的主要特点是测量精度高，性能稳定。虽然大多数金属和半导体的电阻与温度之间都存在着一定的关系，但并不是所有的金属或半导体都能做成电阻温度计，用于测温的电阻要求有较高的灵敏度以及较高的稳定性和重现性。一般来说，纯金属的电阻有正的温度系数，温度每升高1℃，电阻约增加0.4%～0.6%，而半导体电阻却随温度升高而减小，即有负的电阻温度系数，在20℃时，温度每变化1℃，电阻要变化约−2%～−6%。它们都可用来制造热电阻或热敏电阻。

电阻温度计通常分为金属电阻温度计和半导体电阻温度计，金属温度计主要有用铂、金、铜、镍及铑铁、磷青铜合金的，目前大量使用的材料为铂、铜和镍。铂制成的为铂电阻温度计，铜制成的为铜电阻温度计。半导体温度计主要用碳、锗等。制作时一般把金属丝烧在云母或陶瓷做的锯齿状十字形架上，目的是防止金属丝在冷却收缩时产生过度的应变，然后装在玻璃管或石英管中制成。使用时，将温度计插入待测物体中，然后准确测量金属丝的电阻，从而得出物体的温度。在某些特殊情况里，可将金属丝绕在待测温度的物质上，或装入被测物质中。在测极低温的范围时，亦可将碳质小电阻或渗有砷的锗晶体，封入充满氦气的管中。常用的有铂电阻温度计和热敏电阻温度计。

1. 铂电阻温度计

铂是一种贵金属。它的特点是精度高，稳定性好，性能可靠，尤其是耐氧化性能很强。铂在很宽的温度范围内约1200℃以下都能保证上述特性。铂很容易提纯，复现性好，有良好的工艺性，可制成很细的铂丝（0.02mm或更细）或极薄的铂箔。与其他材料相比，铂有较高的电阻率，因此普遍认为是一种较好的热电阻材料。

铂电阻温度计（铂电阻如图2-5所示）的感温元件是由纯铂丝用双绕法绕在耐热、绝热的绝缘材料（如云母、玻璃或石英、陶瓷等）骨架上制成的。在铂丝圈的每一端都焊有两根铂丝或金丝，一对为电流引线，另一对为电压引线。标准铂电阻温度计感温元件在制成前后，均需经过充分仔细清洗，再装入适当大小的玻璃或石英等套管中，进行充氦、封接和退火等一系列严格处理，才能保证具有很高的稳定性和准确度。

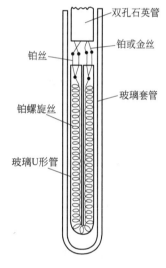

图2-5 铂电阻

2. 热敏电阻温度计

热敏电阻温度计由铁、镍、锰、钛等复合氧化物半导体材料高温烧结而成，它是一个对温度变化极其敏感的元件。它对温度的灵敏度比铂电阻、热电偶等其他感温元件高得多，能直接将温度变化转换成电压或电流的变化，测量电压或电流的变化就可得到温度变化结果。与金属电阻相比，热敏电阻具有如下特点。

（1）具有较大的负电阻温度系数，因此其测量灵敏度比较高。

（2）半导体材料的电阻率远比金属材料大得多，因此它的体积可做得非常小，直径一般只有$\phi 0.2 \sim 0.5$mm，故热容量小，可用于点温、表面温度以及快速变化温度的测量。

（3）电阻值很大，其R_0值一般在$10^2 \sim 10^5 \Omega$范围，故连接导线的电阻变化的影响可以忽略；特别适用于远距离的温度测量。

（4）结构简单，价格便宜。

热敏电阻的缺点是测量温度范围较窄，特别是在制造时对电阻与温度关系的一致性很难控制，差异大，稳定性较差。作为测量仪表的感温元件很难互换，给使用和维修都带来很大困难。

大多数半导体热敏电阻具有负的温度系数，其电阻值随温度升高而减小。热敏电阻的电阻与温度的关系不是线性的，其电阻值与温度的关系为

$$R_T = A e^{\frac{B}{T}} \qquad (2\text{-}23)$$

式中，R_T 为热敏电阻在温度 T 时的电阻值，Ω；T 为温度，K；A、B 为常数，与热敏电阻的材料和结构有关，A 具有电阻量纲，B 具有温度量纲。实验室中常用的是圆珠状的热敏电阻，如图 2-6 所示。

实验时可将热敏电阻作为电桥的一个臂，其余三个臂是纯电阻，如图 2-7 所示。图中 R_1、R_2 为固定电阻，R_3 为可调电阻，R_T 为热敏电阻，E 为工作电源。在某温度下将电桥调平衡，则没有电信号输送给检流计。当温度改变后，则电桥不平衡，将有电信号输给检流计，只要标定出检流计光点相应于 1℃ 所移动的分度数，就可以求得所测温差。

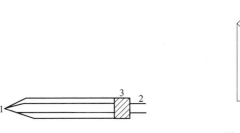

图 2-6　圆珠热敏电阻
1—热敏元件；2—导线；3—套管

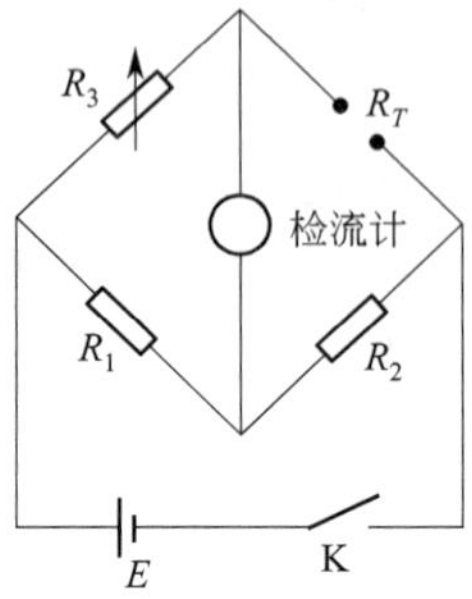

图 2-7　热敏电阻测量线路

实验时要特别注意防止热敏电阻感温元件的两条引线间漏电，否则会影响所测得的结果和检流计的稳定性。

2.3.2.4　热电偶温度计

热电偶是目前世界上科研和生产中应用最普遍、最广泛的温度测量元件。它将温度信号转换成电势（mV）信号，配以测量电势的仪表或变送器可以实现温度的测量或温度信号的转换，具有结构简单、制作方便、测量范围宽、准确度高、性能稳定、复现性好、体积小、响应时间短等各种优点。

1. 热电偶测温原理

两种不同材料的导体或半导体 A 和 B 焊接起来，构成一个闭合回路，如图 2-8 所示，当 A 和 B 相接的两个接点温度 T 和 T_0 不同时，则在回路中就会产生一个电势，这种现象叫做热电效应。由此效应所产生的电势，通常称为热电势，图中的闭合回路称为热电偶，导体 A 和 B 称为热电偶的热电极。热电偶的两个接点中，置于被测介质（温度为 T）中的接点称为工作端或热端，温度为参考温度 T_0 的一端称为参考端或冷端。热电偶产生的热电势由两部分组成：接触电势和温差电势。

图 2-8　热电偶回路

对于由 A 和 B 两种导体组成的热电偶闭合回路，设两端温度接点温度分别为 T 和 T_0，

且 $T>T_0$，材料 A、B 在温度为 T 时的自由电子密度为 N_A 和 N_B，且 $N_A>N_B$；那么回路中存在两个接触电势 $E_{AB}(T)$ 和 $E_{AB}(T_0)$，两个温差电势 $E_A(T,T_0)$ 和 $E_B(T,T_0)$。因此回路的总热电势为

$$E_{AB}(T,T_0)=E_{AB}(T)-E_{AB}(T_0)+E_B(T,T_0)-E_A(T,T_0) \tag{2-24}$$

对于确定的材料 A 和 B，N_A 和 N_B 与 T 的关系已知，则上式可简写成下面的形式

$$E_{AB}(T,T_0)=E_{AB}(T)-E_{AB}(T_0) \tag{2-25}$$

如果冷端温度 T_0 保持恒定，这个热电势就是热端温度 T 的单值函数，即

$$E_{AB}(T,T_0)=f(T)-C$$

据此整理成的各热电偶关系的图表或公式，就可方便地用于测求不同的温度。

2. 热电偶的结构

为了保证热电偶可靠、稳定工作，对它的结构要求是：①组成热电偶的两个热电极的焊接必须牢固；②两个热电极彼此之间应很好绝缘，以防短路；③补偿导线与热电偶自由端的连接要方便可靠；④保护套管应能保证热电极与有害介质充分隔离。图 2-9 为热电偶结构。

3. 热电偶的类型和性能

热电偶根据材质可分为廉价金属热电偶、贵金属热电偶、难熔金属热电偶和非金属热电偶四种。

（1）廉价金属热电偶有铜-康铜、镍铬-镍硅或镍铝、镍铬-康铜、铁-康铜等。

镍铬-镍硅热电偶：其特点是价格低廉，灵敏度高，复现性较好，高温下抗氧化能力强，是工业和实验室中大量采用的一种热电偶，由镍铬-镍铝热电偶演变而来，广泛应用于 500～1300℃ 范围的氧化性与惰性气氛中，但在还原性介质或含硫化物气氛中易被侵蚀。

铜-康铜热电偶：它的特点是测量精度高，稳定性好，适用于低温的测量，使用上限为 300℃，能在真空、氧化、还原惰性气体中使用，在潮湿气氛中能耐腐蚀，尤其是在 -200～0℃ 下，使用稳定性很好。在 -200～300℃ 区域内测量灵敏度高，且价格最便宜。铜-康铜热电偶测量 0℃ 以上温度时，铜电极是正极，康铜（铜质量分数为 60%、镍质量分数为 40%）是负极。测量低温时，由于工作端温度低于自由端，所以电极的极性会发生变化。

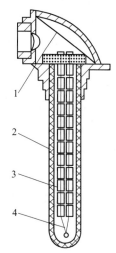

图 2-9 热电偶结构
1—接线盒；2—保护套管；
3—绝缘套管；4—热电极

铁-康铜热电偶：适用于真空、氧化、还原或者惰性气氛中，测量范围为 -200～800℃。其常用温度是 500℃ 以下，因为超过该温度，铁热电极的氧化速率加快。

镍铬-康铜热电偶：在这些廉价金属热电偶中它的灵敏度最高，但抗氧化及抗硫化物介质的能力较差，适于在中性或还原性气氛中使用。

（2）贵金属热电偶有铂铑 10-铂、铂铑 13-铂、铂铑 30-铂铑 6 等。

铂铑 10-铂热电偶：它的特点是精度高，价格昂贵，测温上限高，可长时间在 0～1300℃ 工作。它的物理化学性能稳定，因此热电势稳定性好。另外，它的热电势较小，灵敏度较低，因而只有选择较精密的显示仪表与之配套，才能保证得到准确的测量结果。它不仅可用于工业和实验室测温，更为重要的是它可以保存为基准热电偶和传递为各级标准热电

偶。它适于在氧化或中性气氛介质中使用，不能在还原性气氛中或含有金属或非金属蒸气的气氛中使用，除非用非金属套管保护，但不允许直接插入金属的保护套管中。铂铑 10-铂热电偶中，对负极铂丝的纯度要求很高。在长期高温下使用，铑会从正极的铂铑合金中扩散到铂负极中去，极易使其沾污，导致热电势下降，从而引起分度特性改变。在这种情况下使用铂铑 30-铂铑 6 热电偶会更好、更稳定。

铂铑 30-铂铑 6 热电偶的特点是测温上限短时可达 1800℃，测量精度高，适于在氧化或中性气氛介质中使用。但不宜在还原气氛中使用，灵敏度较低，价格昂贵。它不存在负极铂丝所存在的缺点，因为它的负极是由铂铑合成的，因此长期使用后，热电势下降的情况不严重。

(3) 难熔金属热电偶有钨-铼系、钨-铱系、铌-钛系等。非金属热电偶中有二碳化钨-二碳化钼、石墨-碳化物等。

此外，铠装热电偶、薄膜热电偶也普遍被使用。

铠装热电偶是由热电极绝缘材料和金属保护套管三者组合成一体的特殊结构的热电偶。与普通结构的热电偶比较，铠装热电偶具有许多特点：首先铠装热电偶的外径可以加工得很小，长度可以很长（最小直径可达 0.25mm，长度几百米）。热响应时间很短，最短可达毫秒数量级，这对采用电子计算机进行检测控制具有重要意义。其次这种热电偶使用寿命长、耐高压、具有良好的力学性能和绝缘性。

薄膜热电偶是由两种金属薄膜连接在一起的一种特殊结构的热电偶。测量端既小又薄，厚度可达 $0.01\sim0.1\mu m$。因此热容量很小，可应用于微小面积上的温度测量。反应速率快，时间常数可达微秒级。薄膜热电偶分为三大类：片状、针状或热电极材料直接镀在被测物表面。

4. 热电偶的制备

实验室用的热电偶经常按实验的要求自行设计、制作。首先是热电极材料选择，通常根据测定对象的特点、测量范围、材料的价格、材料的机械强度、热电偶的电阻值而定。贵金属材料一般选用直径 0.5mm；对于普通金属电极由于价格较便宜，直径可以粗一些，一般为 1.5~3mm。而热电偶的长度应由它的安装条件及需要插入被测介质的深度决定，可以从几百毫米到几米不等。其次是热电偶接点的焊接，可以用电弧、乙炔焰、氢氧吹管的火焰来焊接，当没有这些设备时，也可以用简单的点熔装置来代替。焊接时可以是对焊，也可以预先把两端线绕在一起再焊。但绞焊圈不宜超过 2~3 圈，否则工作端将不是焊点，而将向上移动，测量时有可能带来误差。最后焊好的热电偶用绝缘瓷管套好，再装入保护管中。

热电偶是良好的温度变换器，可以直接将温度参数转换成电参量，可自动记录和实现复杂的数据处理、控制，这是水银温度计无法比拟的。

2.3.3 热分析法

熔融、升华、晶型转变和化学反应等变化过程总是有热量变化的。熔融、升华、晶型转变等物理变化和某些化学变化常常只需提高样品温度即可发生。这种变化过程的热效应与时间或温度成函数关系，这是差热分析和示差扫描量热法的基础。利用这些热分析法还可以测定固体样品的比热容、纯度以及提供绘制相图和获得动力学数据。

在程序控制温度的条件下,测量物质的物理性质与温度之间关系的技术被称为热分析技术。这是国际热分析联合会对热分析的定义。这里只讨论程序升温时物质的焓变与温度的关系。

选取一种对热稳定的物质作为参比物,将其与欲研究的样品一同置于加热炉内,以一定速率 β 使参比物的温度升高:

$$T = T_0 + \beta dt \tag{2-26}$$

当体系温度达到一定值时,试样开始变化,伴随的热效应使体系温度偏离控制程序。放热过程体系的热焓减小,$\Delta H < 0$,样品温度将偏高;相反,吸热过程体系的 $\Delta H > 0$,样品温度将偏低。研究样品与惰性参比物的温度差与时间或温度关系的技术称为差热分析(DTA),具体实验参看实验 6。如以电能对 ΔH 进行补偿,通过样品和惰性参比物在相同温度下所需热流的差值来测定这些过程的焓变化,则称为示差扫描量热技术(DSC)。根据补偿的电功率 P 可以求算热流差:

$$P = \frac{dQ_{样}}{dt} - \frac{dQ_{参}}{dt} = \frac{dH}{dt} \tag{2-27}$$

样品与参比物之间的热流差值等于单位时间内样品的焓变。通常情况下,在 DTA 曲线上,放热效应使样品温度高于参比物,以向上的峰表示;DSC 曲线则因其热焓减小而以峰顶向下表示。

2.4 电化学测量技术

2.4.1 电导测量

1. 电导及电导率

电解质溶液是依靠正负离子在电场作用下的定向迁移而导电。其导电能力由电导 G 来量度,电导是电阻的倒数,因此人们通过测量电解质的电阻值来得到电导值。而在实际应用中更多的是用电导率 κ 来度量它的导电能力。

设有面积为 A、相距为 l 两铂片电极平行插入电解质溶液,则溶液的电导为:

$$G = \kappa \frac{A}{l} \tag{2-28}$$

式中,κ 为电导率,其物理意义是电极面积各为 1m^2、两电极相距 1m 时溶液的电导,其数值与电解质的种类、浓度及温度等因素有关。测电导用的电导电极如图 2-10 所示。

令 $K_{cell} = \frac{l}{A}$,则

$$\kappa = G\left(\frac{l}{A}\right) = K_{cell} G \tag{2-29}$$

根据国际单位制规定,电导 G 的单位为"西门子",符号为"S",$1\text{S} = 1\Omega^{-1}$。电导率 κ 的单位为 $\text{S} \cdot \text{m}^2$。$K_{cell}$ 称为电导池常数,通常

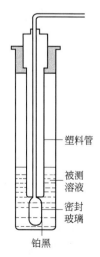

图 2-10 电导电极

将一个电导率已知的电解质溶液注入电导池中,测其电导 G,根据式(2-29) 即可求出 K_{cell}。

2. 电导的测量

(1) **平衡电桥法** 电解质溶液的电导可用惠斯登(Wheatston)电桥测量,如图 2-11 所示。测量时用的是交流电源,因直流电流通过溶液时,会导致电化学反应发生,不但使电极附近溶液的浓度改变引起浓差极化,还会改变电极的本质。因此必须采用较高频率的交流电,其频率通常选为 1000 Hz 左右。构成电导池的两极采用惰性铂电极,避免电极发生化学反应。图中 S 为高频交流电源,R_1、R_2 和 R_3 是三个可变交流变阻箱的电阻(也代表电阻值),R_x 为待测

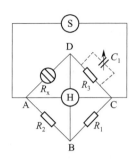

图 2-11 惠斯登电桥测量原理
R_1、R_2、R_3—电阻;R_x—电导池;
S—高频交流电源;H—平衡检测器

溶液的电阻,H 为耳机(或示波器),C_1 为在 R_3 上并联的可变电容器,以实现容抗平衡。测定时,调节 R_1、R_2、R_3 和 C_1,使 H 中无电流通过,此时电桥达到了平衡。则有:

$$\frac{R_x}{R_2} = \frac{R_3}{R_1} \quad 即 \quad R_x = \frac{R_3 R_2}{R_1} \tag{2-30}$$

R_x 的倒数即为溶液的电导,即 $G = \frac{1}{R_x} = \frac{R_1}{R_2 R_3}$

由于温度对溶液的电导有影响,因此实验在恒温条件下进行。

电导电极的选用应根据被测溶液电导率的大小而定。对电导率大的溶液,此时因极化严重,应选择电导池系数小的铂黑电极;反之,应选择电导池系数大的光亮铂电极。

惠斯登电桥的示零装置采用示波器,其灵敏度高而且很直观,但常受到外来电磁波的干扰,若采用低阻值的耳机则可避免这种干扰,但灵敏度不高,且克服不了测量过程中的人为因素。

(2) **电阻分压法** 测量电解质溶液的电导最常用的是电导仪。电导仪的测量原理完全不同于平衡电桥法,它是基于电阻分压原理的一种不平衡测量法。

稳压器输出稳定的直流电压,供给振荡器和放大器,使它们在稳定状态下工作。振荡器输出电压不随电导池电阻 R_x 的变化而变化,从而为电阻分压回路提供一个稳定的标准电压 E,电阻分压回路由电导池 R_x 和测量电阻 R_m 串联组成。E 加在该回路 AB 两端,产生电流强度 I_x 为:

$$I_x = \frac{E}{R_x + R_m} = \frac{E_m}{R_m} \tag{2-31}$$

则

$$E_m = \frac{ER_m}{R_m + R_x} = \frac{ER_m}{R_m + 1/G} \tag{2-32}$$

式中,G 为电导池中溶液的电导。上式中 E 不变,R_m 经设定后也不变,所以电导 G 只是 E_m 的函数。E_m 经放大器后,换算成电导(率)值后显示在指示器上。电阻分压法测量原理如图 2-12 所示。

为了消除电导池两电极间分布电容对 R_x 的影响,电导仪中设有电容补偿电路,它通过电容产生一个反向电压加在 R_m 上,使电极间分布电容的影响得以消除。

电导率仪的工作原理与电导仪相同,电导率仪的使用方法参见第 3 章实验 17。

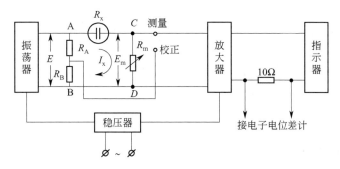

图 2-12 电阻分压法测量原理

2.4.2 电动势和电极电势的测量

1. 电动势测量的基本原理

原电池是利用电极上的氧化还原反应实现化学能转换为电能的装置。原电池电动势（E）是指当外电流为 0 时两电极间的电势差。而有外电流时，这两极间的电势差称为电池电压。因此，电池电动势的测量必须在可逆条件下进行。可逆条件是指，除了电池反应可逆（即物质可逆），还要求能量可逆。即测量时电流趋近于零，如果用伏特计或电压表进行测量，有电流通过被测电池，则破坏了电池的可逆性。因此在测量电动势时，需要在装置中并联一个与被测电池电动势方向相反、数值相等的外加电动势，用以抵消被测电池的电动势。这种测定电动势的方法称为对消法。

根据对消法测量原理所设计的电位测量仪器称为电位差计。其工作原理如图 2-13 所示。图中 E 为工作电池，E_N 为标准电池，E_x 为被测电池，R_N 为标准电池的补偿电阻，R 为被测电池的补偿电阻，G 为检流计，K 为换向开关。当换向开关 K 合在 a 位置上，调节可变电阻 r，使检流计 G 指示为零。

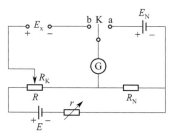

图 2-13 对消法测定原理

此时没有电流通过标准电池 E_N，则 R_N 两端的电势差就等于 E_N，测未知电池时，将换向开关 K 合到 b 的位置上，移动滑线电阻的滑动点，再次使检流计 G 指示零，此时滑线电阻的阻值为 R_K，则有

$$E_x = \frac{R_K}{R_N} E_N \tag{2-33}$$

由该式即可求得被测电池的电动势 E_x。

2. 原电池电动势的测量

原电池电动势一般用直流电位差计并配以饱和式标准电池和检流计来测量。电位差计可分为高阻型和低阻型两类，使用时可根据待测系统的不同选用不同类型的电位差计。通常高电阻系统选用高阻型电位差计，低电阻系统选用低阻型电位差计。但不管电位差计的类型如何，其测量原理都是一样的。电位差计根据其测量范围和精度，有多种型号，如 UJ-25 型电位差计是实验室常用的精密度高、测量范围大的直流电位差计。它可用于测量直流电位差，配用标准电阻时也可测量直流电流强度和电阻，以及检验功率表。UJ-36 型电位差计为便携式电位差计，常用于实验室中测定热电偶电位差。具体使用方法参见第 3 章实验 12。

2.4.3 电极和电极制备

1. 标准氢电极

标准氢电极的构造是：把镀有铂黑的铂片浸入 $a_{H^+}=1$ 的溶液中，并以 $p^{\ominus}$ 的干燥氢气不断地冲击到铂片上，即构成了标准氢电极。如图 2-14 所示，其电极表示为：

$$Pt|H_2(p^{\ominus})|H^+(a_{H^+}=1)$$

在 25℃ 时，配制 $a_{H^+}=1$ 的溶液，取浓度为 1.184mol·dm^{-3} 的 HCl 溶液即可，因为此时溶液的 $a_{\pm}\approx 1$，可视为 $a_{H^+}=1$。按电极电势的定义，标准氢电极的电极电势恒为零。

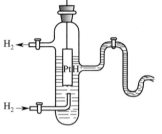

图 2-14 标准氢电极

2. 甘汞电极

甘汞电极结构简单，性能比较稳定，制作方便，是实验室中常用的参比电极。甘汞电极的结构可有多种形式，大致可分为市售与实验室自制两种（如图 2-15 所示）。实验室制作甘汞电极的方法是：在玛瑙研钵中放入几滴汞，然后将分析纯的甘汞放入其中进行研磨，再以 KCl 溶液调制成糊状，将这一甘汞糊小心地铺在电极管内的汞面上，然后根据需要注入指定浓度的 KCl 溶液。甘汞电极的电极电势随温度的变化而改变，使用时须根据实验温度校正其电极电势。甘汞电极的电极反应为：

$$Hg_2Cl_2(s)+2e^- \longrightarrow 2Hg(l)+2Cl^-$$

甘汞电极表示为：

$$Pt|Hg(l)|Hg_2Cl_2(s)|KCl(a)$$

它的电极电势可表示为：

$$E=E^{\ominus}-\frac{RT}{F}\ln a(Cl^-) \tag{2-34}$$

由此式可知，电极电势 E 取决于温度和 Cl$^-$ 的活度。甘汞电极常用的 KCl 溶液有：0.1mol·dm^{-3}、1.0mol·dm^{-3} 和饱和三种浓度，其中以饱和式最为常用。各种甘汞电极电势与温度的关系如表 2-6 所示。

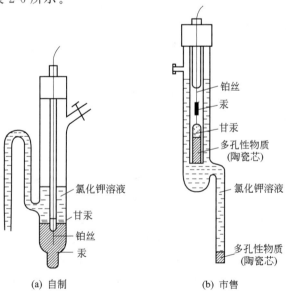

图 2-15 甘汞电极

表 2-6　不同浓度 KCl 溶液的甘汞电极电势与温度的关系（表中 t 为摄氏温度）

KCl 浓度/mol·L^{-1}	电极电势 $E_{甘汞}$/V
饱和	$0.2412-7.6\times10^{-4}(t-25)$
1.0	$0.2801-2.4\times10^{-4}(t-25)$
0.1	$0.3337-7.0\times10^{-5}(t-25)$

使用甘汞电极时应注意：

① 由于甘汞电极在高温时不稳定，故甘汞电极一般适用于 70℃ 以下的测量。

② 甘汞电极不宜用在强酸、强碱性溶液中，因为此时的液体接界电位较大，而且甘汞可能被氧化。

③ 如果被测溶液中不允许含有氯离子，应避免直接插入甘汞电极。

④ 应注意甘汞电极的清洁，不得使灰尘或局外离子进入该电极内部。

⑤ 当电极内溶液太少时应及时补充。

3. 铂黑电极

铂黑电极是在铂片上镀一层颗粒较小的黑色金属铂所组成的电极，这是为了增大铂电极的表面积。电镀前一般需进行铂表面处理。对新制作的铂电极，可放在热的氢氧化钠乙醇溶液中，浸洗 15min 左右，以除去表面油污，然后在浓硝酸中煮几分钟，取出用蒸馏水冲洗。长时间用过的老化的铂黑电极可浸在 40~50℃ 的混酸中（$n_{硝酸}:n_{盐酸}:n_{水}=1:3:4$），经常摇动电极，洗去铂黑，再经过浓硝酸煮 3~5min 以除去氯，最后用水冲洗。以处理过的铂电极为阴极，另一铂电极为阳极，放在 0.5mol·dm^{-3} 的硫酸中电解 10~20min，以消除氧化膜。观察电极表面出氢是否均匀，若有大气泡产生则表明有油污，应重新处理。在处理过的铂片上镀铂黑，一般采用电解法，电解液的配制如下：3g 氯铂酸，0.08g 乙酸铅，100mL 蒸馏水。电镀时将处理好的铂电极作为阴极，另一铂电极作为阳极。阴极电流为 15mA 左右，电镀约 20min。如所镀的铂黑一洗即落，则需重新处理。铂黑不宜镀得太厚，但太薄又易老化和中毒。

2.4.4　标准电池和盐桥

1. 标准电池

标准电池（结构见图 2-16）是作为电动势参考标准用的一种化学电池，是一种高度可逆的电池，它的电动势极其准确，重现性好，具有极小的温度系数，并且能长时间稳定不变。它的主要用途是配合电位差计测定另一电池的电动势。现在国际上通用的标准电池是韦斯顿（Weston）电池。该电池的负极是镉汞齐（约含 Cd 12.5%），正极由汞和固体 Hg_2SO_4 的糊状体组成，在糊状体和镉汞齐的上面均放有 $CdSO_4·8/3H_2O$ 晶体及其饱和溶液，其电池符号为：

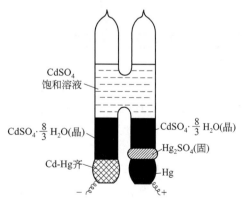

图 2-16　标准电池

Cd-Hg(12.5%)｜$CdSO_4·8/3H_2O$ 饱和溶液｜$Hg_2SO_4(s)$｜Hg

电池内反应为，负极：Cd(汞齐) $\longrightarrow$ Cd^{2+} +2e$^-$

正极：$Hg_2SO_4(s) + 2e^- \longrightarrow 2Hg(l) + SO_4^{2-}$

总反应：Cd(汞齐) + $Hg_2SO_4(s)$ + 8/3$H_2O(l)$ $\longrightarrow$ $CdSO_4 \cdot 8/3H_2O(s)$ + 2Hg(l)

标准电池的电动势很稳定，重现性好，用作电池的各种物质纯度极高，因此按规定配方工艺制作的电池电动势值基本一致。

标准电池经检定后，给出的是20℃下的电动势值，实际测量温度为 t(℃) 时，其电动势可按下式进行校正。

$$E_t/V = E_{20} - 4.06 \times 10^{-5}(t-20) - 9.5 \times 10^{-7}(t-20)^2 \tag{2-35}$$

使用标准电池时，需注意以下几点：

① 使用温度为0~4℃，且应置于温度波动不大的环境中。
② 正负极不能接错。
③ 要平稳拿取，水平放置，绝不允许倒置、摇动。
④ 不能用万用表直接测量标准电池。
⑤ 标准电池不能作为电源使用，一般放电电流应小于0.0001A，测量时间必须短暂，间歇按键，以免电流过大，损坏电池。

2. 盐桥

在两种不同电解质溶液的界面处，或在两种溶质相同而浓度不同的电解质溶液界面处，存在着微小的电位差（一般不超过0.03V），称为液体接界电势，简称液接电势，它干扰电池电动势的测定。因此，为了准确测定电池电动势，必须设法消除液接电势，或尽量降低到最小限度，常用方法是在两电解质溶液之间架设一个"盐桥"。盐桥的制备方法是：在饱和KCl溶液中加入约3%的琼脂，加热使琼脂溶解，趁热吸入U形玻璃管中（注意U形管中不可夹有气泡），待冷却后凝成冻胶即制备完成，使用时将它的两端分别插入两个溶液中。琼脂含有高蛋白，易变性，因此盐桥应现用现制，不宜久放。

盐桥溶液除用KCl外，也可用其他正负离子电迁移率相近的盐类，如 NH_4NO_3、KNO_3 饱和溶液等。盐桥溶液不能与两端电池溶液发生反应，如实验中用硝酸银溶液，则盐桥溶液就不能用氯化钾溶液，而选择硝酸铵溶液较为合适。

2.5 温度控制技术

物质的许多性质如蒸气压、表面张力、黏度、密度、折射率、化学平衡常数、反应速率常数等都随温度而改变，而这些性质必须在恒温条件下测定。因此，掌握恒温技术非常必要。恒温控制可分为两类：一类是利用物质的相变点温度的恒定性来获得恒温，如液氮（-195.9℃）、干冰-丙酮（-78.5℃）、冰-水（0℃）、$Na_2SO_4 \cdot 10H_2O$（32.38℃）、沸点水（100℃）、沸点萘（218.0℃）、沸点硫（444.6℃）等，这些物质处于相平衡时，温度恒定而构成一个恒温介质，将被测体系置于该介质中，就可以获得一个高度稳定的恒温条件，但温度的选择受到很大限制；另一类是利用电子调节系统对加热器或制冷器的工作状态进行自动调节，使被控的介质处于设定的温度进行温度控制，此方法控温范围宽、可以任意调节设定温度。实验室中所用的恒温装置一般分为高温恒温（>250℃）、常温恒温（室温~250℃）及低温恒温（室温~-218℃）三大类，应用较多的是常温恒温技术。

2.5.1 低温控制

通常用恒温槽控制温度，它是一种可调节的恒温装置，是实验室中常用的一种以液体为介质的恒温装置，用液体作为介质的优点是热容量大，导热性好，使温度控制的稳定性和灵敏度大为提高。根据温度控制范围的不同，可用不同液体介质。0～90℃用水，80～160℃用甘油或甘油水溶液，70～300℃用液体石蜡、汽缸润滑油或硅油。

2.5.2 常温控制

如果实验是在低于室温的条件下进行，则需要用低温控制装置。对于比室温稍低的恒温控制可以用常温控制装置，在恒温槽内放入蛇形管，其中用一定流量的冰水循环。如需要低于0℃以下的温度，则需选用适当的冷冻剂。实验室中常用低共熔点的冰盐混合物使温度恒定。表2-7列出一些盐和冰混合物的低共熔点。

表2-7 盐和冰的低共熔点

盐	盐和水的混合比（质量分数）/%	最低温度/℃	盐	盐和水的混合比（质量分数）/%	最低温度/℃
KCl	19.5	−10.7	NaCl	22.4	−21.2
KBr	31.2	−11.5	KI	52.2	−23.0
$NaNO_3$	44.8	−15.4	NaBr	40.3	−28.0
NH_4Cl	19.5	−16.0	NaI	39.0	−31.5
$(NH_4)_2SO_4$	39.8	−18.3	$CaCl_2$	30.2	−49.8

实验室中通常是把冷冻剂装入蓄冷桶，配以超级恒温槽，由超级恒温槽的循环泵输送测量用的液体。

2.5.3 高温控制

高温通常是指250℃以上的温度，常用高温控制器控制温度。

动圈式温度控制器是目前用得较多的高温控制器。动圈式温度控制器采用能工作于高温的热电偶作为变换器，其原理见图2-17。热电偶温度信号变换成电压信号，加于动圈式毫伏计的线圈上，当线圈中因为电流通过而产生的磁场与外磁场相作用时，线圈就偏转一个角度，故称为"动圈"。偏转的角度与热电偶的热电势成正比，并通过指针在刻度板上直接将被测温度指示出来，指针上有一片"铝旗"，它随指针左右偏转。另有一个调节设定温度的检测线圈，它分成前后两半，安装在刻度的后面，并且可以通过机械调节机构沿刻度板左右移动。检测线圈的中心位置，通过设定针在刻度板上显示出来。当高温设备的温度未达到设定温度时，铝旗在检测线圈之外，电热器在加热。当温度达到设定温度时，铝旗全部进入检测线圈，改变了电感量，电子系统使加热器停止加热。为防止当被控对象的温度超过设定温度时，铝旗冲出检测线圈而产生加热的错误信号，在温度控制器内设有挡针。

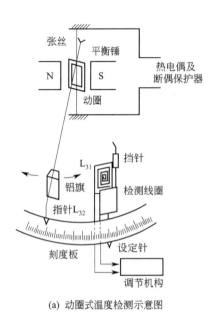
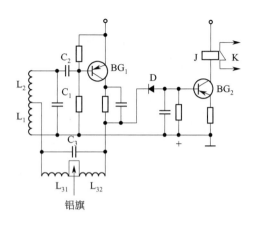

(a) 动圈式温度检测示意图　　　　(b) 动圈式温控器的线路图

图 2-17　动圈式温度控制器

2.6　压力的测量与控制技术

压力是描述系统宏观状态的一个重要参数，物质的许多性质如熔点、沸点、蒸气压等都与压力有关。在化学热力学和化学动力学研究及工业生产中，压力也是一个很重要的因素。如高压容器的压力超过额定值时便是不安全的，必须进行测量和控制。在某些工业生产过程中，压力还直接影响产品的质量和生产效率，如生产合成氨时，氮和氢不仅需在一定的压力下合成，而且压力的大小直接影响产量高低。此外，在一定的条件下，测量压力还可间接得出温度、流量和液位等参数。因此，压力的测量具有重要的意义。在物理化学实验中，涉及到高压、中压、常压以及真空系统，对不同压力范围，测量方法和使用的仪器也各不相同。测量压力的仪器（称压力计）种类很多，这里仅介绍常用的福廷（Fortin）式气压计、U形管压力计、弹性式压力计和数字式电子压力计。

2.6.1　压力的表示

垂直均匀地作用于单位面积上的力称为压力，又称压强。压力测量仪是用来测量气体或液体压力的仪表，又称压力表或压力计。压力表可以指示、记录压力值，并可附加报警或控制装置，所测压力包括绝对压力、大气压力、正压力（习惯上称表压）、负压（习惯上称真空）和差压，由图 2-18 可说明这些压力的关系。显然，当压力高于大气压时，绝对压=大气压+表压；当压力低于大气压时，绝对压=大气压-真空度。上述式子等号两端各项都必须采用相同的压力单位。

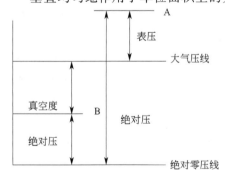

图 2-18　绝对压、表压与真空度的关系

工程技术上所测量的多为表压。压力的国际单位

为帕（Pa），其他单位还有：标准大气压（atm）、工程大气压（kgf·cm^{-2}）、巴（bar）、毫米水柱（mmH$_2$O）、毫米汞柱（mmHg）等，这些压力单位之间的换算关系见附录4。

2.6.2 压力测量仪表

常用的测量压力的仪表很多，按其工作原理大致可分为液压式、弹性式、负荷式和电测式四大类。

（1）液压式压力测量仪表常称为液柱式压力计，它是根据流体静力学原理，把被测压力转换成液柱高度。大多是一根直的或弯成U形的玻璃管，其中充以工作液体。常用的工作液体为蒸馏水、水银和酒精。因玻璃管强度不高，并受读数限制，因此所测压力一般不超过0.3MPa。液柱式压力计灵敏度高，因此主要用作实验室中的低压基准仪表，以校验工作用压力测量仪表。由于工作液体的重度在环境温度、重力加速度改变时会发生变化，对测量的结果常需要进行温度和重力加速度等方面的修正。

（2）弹性式压力测量仪表是利用各种不同形状的弹性元件，在压力下产生变形的原理制成的压力测量仪表。弹性式压力测量仪表按采用的弹性元件不同，可分为弹簧管压力表、膜片压力表、膜盒压力表和波纹管压力表等；按功能不同分为指示式压力表、电接点压力表和远传压力表等。这类仪表的特点是结构简单，结实耐用，测量范围宽，是压力测量仪表中应用最多的一种。

（3）负荷式压力测量仪表常称为负荷式压力计，它是直接按压力的定义制作的，常见的有活塞式压力计、浮球式压力计和钟罩式压力计。由于活塞和砝码均可精确加工和测量，因此这类压力计的误差很小，主要作为压力基准仪表使用，测量范围从数十帕至2500MPa。

（4）电测式压力测量仪表是利用金属或半导体的物理特性，直接将压力转换为电压、电流信号或频率信号输出，或是通过电阻应变片等，将弹性体的形变转换为电压、电流信号输出。代表性产品有压电式、压阻式、振频式、电容式和应变式等压力传感器所构成的电测式压力测量仪表。精确度可达0.02级，测量范围从数十帕至700MPa不等。

1. U形管压力计

U形管压力计是实验室常用的压力计（如图2-19所示）。它构造简单、使用方便，测量精度较高，且容易制作。

U形管压力计由两端开口的垂直U形玻璃管及垂直放置的刻度尺构成。管内盛有适量的工作液体（常用汞、水或乙醇等），U形管的一端连接已知压力 p_1 的基准系统（如大气等），另一端连接到被测压力 p_2 的系统。被测系统的压力 p_2 可由下式计算得到：

$$p_2 = p_1 - \rho g \Delta h \qquad (2\text{-}36)$$

式中，Δh 为被测系统与基准系统液面高度差；ρ 为工作液体的密度；g 为重力加速度。

U形管压力计可用来测量两气体压力差，气体的表压（p_1 为测量气压，p_2 为大气压），气体的绝对压力（令 p_2 为真空，p_1 所示即为绝对压力），气体的真空度（p_1 通大气，p_2 为负压，可测其真空度）。

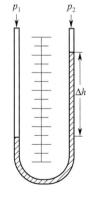

图2-19 U形管压力计

2. 弹性式压力计

弹性式压力计是利用弹簧等元件的弹性力来测量压力，它是测压仪表（如氧气表）中常用的压力计。由于弹性元件的结构和材料不同，因此各压力计的弹性位移与被测压力的关系不尽相同。物理化学实验室常用的是单管弹簧式压力计。这种压力计的压力由弹簧管固定端进入，通过弹簧管自由端的位移带动指针运动，指示压力值。如图 2-20 所示。

使用弹性式压力计时应注意以下几点：

① 合理选择压力表量程。为了保证足够的测量精度，选择的量程应在仪表分度标尺的 1⁄2～3⁄4 范围内。

② 使用时环境温度不得超过 35℃，如超过应给予温度修正。

③ 测量压力时，压力表指针不应有跳动和停滞现象。

④ 对压力表应定期进行校验。

3. 数字式电子压力计

数字式电子压力计是运用压阻式压力传感器原理测定实验系统与大气压之间压差的仪器。它可取代传统的 U 形管水银压力计，无汞污染现象，对环境保护和人类健康有极大的好处。数字式电子压力计具有体积小，精确度高，操作简单，便于远距离观测和能够实现自动记录等优点，目前已得到广泛的应用。用于测量负压（0～100kPa）的 DP-A 精密数字压力计即属于这种压力计。该仪器的测压接

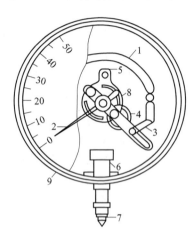

图 2-20 弹簧管压力计
1—金属弹簧管；2—指针；3—连杆；
4—扇形齿轮；5—弹簧；6—底座；
7—测压接头；8—小齿轮；9—外壳

口在仪器后的面板上。使用时，先将仪器按要求连接在实验系统上（注意实验系统不能漏气），再打开电源预热 10min；然后选择测量单位，调节旋钮，使数字显示为零；最后开动真空泵，仪器上显示的数字即为实验系统与大气压之间的压差值。

4. 气压计

测量环境大气压力的仪器称气压计。气压计的种类很多，实验室常用的是福廷式气压计。

福廷式气压计的外部是一黄铜管，内部是一盛汞的玻璃管，管顶封闭、抽成真空，开口的一端向下插入水银槽 A 中。铜管的上部刻有标尺 E 并在相对两边开有长方形窗孔用以观察水银面的高低。窗孔内有一可上下滑动的游标 F，转动螺丝 G 可使游标上下移动。水银槽的底部为皮袋 B，由螺丝 C 支持，转动 C 可以调节槽内水银面。水银槽之上有一倒置象牙针 D，其尖即为标尺零点，又称标准基点。转动 C 可调节槽内水银面与 D 尖接触或分开。如图 2-21 所示。

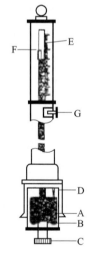

福廷式气压计的使用方法如下：

① 首先从气压计所附的温度计上读取温度。

图 2-21 福廷式气压计结构

② 旋转 C 调节槽 A 的水银面，使水银面与象牙针 D 的尖端刚好接触，然后轻叩铜管使玻管上部水银的弯曲面保持正常。

③ 转动 C 使游标 F 高出管内水银面少许，然后慢慢落下游标，至游标的底边和游标后金属片的底边同时与水银柱凸面顶端相切，两侧露出三角形空隙，此时即可读数，其方法如下：先从标尺上读出离游标零线以下最近的刻度值即气压值的整数部分，再从游标上找出一根与标尺 E 某一刻线相平齐的刻线，此刻线上的数值即为气压值的小数部分。

④ 测定结束后，应转动 C 使水银面脱离象牙针尖。

由于气压计的刻度是以 0℃ 和纬线 45°海平面的高度为标准，同时仪器本身还有误差，因此气压读数需要进行仪器、温度及纬度校正。

① 仪器的校正　由仪器本身不够精确引起。每一个气压计在出厂时都附有校正卡片，气压的读数值先根据卡片进行校正。

② 温度校正　温度改变，水银密度也随之改变，会影响读数。水银的膨胀系数（$1.818 \times 10^{-4} K^{-1}$）和黄铜标尺的膨胀系数（$1.84 \times 10^{-5} K^{-1}$）不同也会影响读数。当测量温度不为 0℃ 时，应根据下式校正：

$$p_0 = p - p \frac{1.634 + 10^{-4} t/℃}{1 + 1.1818 \times 10^{-4} t/℃}$$

式中，p_0 为经温度校正后的气压值；p 为气压计读数；t 为气压计上所附温度计的指示温度，℃。

③ 海拔高度及纬度的校正　由于重力加速度随高度和纬度而改变，因此将影响水银的重量而导致气压计读数的误差，可按下式校正：

$$p_c = p_0 - (1 - 0.0026 \times \cos 2\theta - 3.14 \times 10^{-7} H/m)$$

式中，p_c 为校正后的气压值；p_0 为经温度校正后的气压值；θ 为气压计所在地的纬度；H 为气压计所在地的海拔高度，m。因校正的数值很小，一般实验中可不考虑此项校正。

2.6.3　气体钢瓶和减压阀

在物理化学实验中，经常要用到氧气、氮气、氢气、氩气等气体。这些气体一般都是储存在专用的高压气体钢瓶中。据我国有关部门规定，各种钢瓶必须按照规定进行漆色、标注气体名称和涂刷横条，常见气体的规格见表 2-8。使用时通过减压阀使气体压力降至实验所需范围，再经过其他控制阀门细调，使气体输入使用系统。最常用的减压阀为氧气减压阀，简称氧气表。

表 2-8　不同气体钢瓶的颜色

钢瓶名称	外表颜色	字样	字样颜色	横条颜色
氧气瓶	淡（酞）蓝色	氧	黑色	—
氢气瓶	淡绿色	氢	大红色	红色
氮气瓶	黑色	氮	白色	白色
纯氩气瓶	银灰色	氩	深绿色	—
二氧化碳气瓶	铝白色	液化二氧化碳	黑色	黑色
氨气瓶	淡黄色	液氨	黑色	—
氯气瓶	深绿色	液氯	白色	白色
空气瓶	黑色	空气	白色	—
乙炔气瓶	白色	乙炔不可近火	大红色	—

1. 氧气减压阀的工作原理

氧气减压阀的高压腔与钢瓶连接，低压腔为气体出口，并通往使用系统。高压表的示值为钢瓶内储存气体的压力。低压表的出口压力可由调节螺杆控制。

使用时先打开钢瓶总开关，然后顺时针转动低压表压力调节螺杆，使其压缩主弹簧并传动薄膜、弹簧垫块和顶杆而将活门打开。这样进口的高压气体由高压室经节流减压后进入低压室，并经出口通往工作系统。转动调节螺杆，改变活门开启的高度，从而调节高压气体的通过量并达到所需的压力值。

减压阀都装有安全阀。它是保护减压阀并使之安全使用的装置，也是减压阀出现故障的信号装置。如果由于活门垫、活门损坏或由于其他原因，导致出口压力自行上升并超过一定许可值时，安全阀会自动打开排气。

2. 氧气减压阀的使用方法

① 按使用要求的不同，氧气减压阀有许多规格。最高进口压力大多为 $150 \times 10^5 \text{Pa}$，最低进口压力不小于出口压力的 2.5 倍。出口压力规格较多，一般为 $0 \sim 1 \times 10^5 \text{Pa}$，最高出口压力为 $40 \times 10^5 \text{Pa}$。

② 安装减压阀时应确定其连接规格是否与钢瓶和使用系统的接头相一致。减压阀与钢瓶采用半球面连接，靠旋紧螺母使二者完全吻合。因此，在使用时应保持两个半球面的光洁，以确保良好的气密效果。安装前可用高压气体吹除灰尘。必要时也可用聚四氟乙烯等材料做垫圈。

③ 氧气减压阀应严禁接触油脂，以免发生火警事故。

④ 停止工作时，应将减压阀中余气放净，然后拧松调节螺杆以免弹性元件长久受压变形。

⑤ 减压阀应避免撞击振动，不可与腐蚀性物质相接触。

2.6.4 真空技术

真空是指压力小于 101325Pa 的气态空间。在给定的空间内对气体稀薄程度的量度称为真空度。真空度愈高，压力愈低，故通常也用气体压力表示真空度。不同的真空状态意味着该空间具有不同的分子密度。在真空状态下，单位体积中的气体分子数大大减少，分子平均自由程增大，气体分子之间、气体分子与其他粒子之间的相互碰撞也随之减少，这些特点被广泛用于加速器、电子器件、大规模集成电路、热核反应、空间环境模拟、真空冶炼的研究和生产中。在物理化学实验中按真空的获得和测量方法的不同，可以将真空区域划分为：粗真空 $10^5 \sim 10^3 \text{Pa}$；低真空 $10^3 \sim 10^{-1} \text{Pa}$；高真空 $10^{-1} \sim 10^{-6} \text{Pa}$；超高真空 $10^{-6} \sim 10^{-10} \text{Pa}$；极高真空压力低于 10^{-10}Pa。

真空的获得及测量是物理化学实验中一项重要的实验技术。

2.6.4.1 真空的获得

为了获得真空，就必须设法将气体分子从容器中抽出。凡是能从容器中抽出气体，使气体压力降低的装置，均可称为真空泵。如水冲泵、机械真空泵、油泵、扩散泵、吸附泵、钛泵等。在实验室中，欲获得粗真空常用水冲泵，欲获得低真空用机械真空泵，欲获得高真空则需要机械真空泵与油扩散泵并用。

1. 水冲泵

水冲泵是一种粗真空泵，它所能获得的极限真空为 $2 \sim 4 \text{kPa}$，其构造如图 2-22 所示。水经过收缩的喷口以高速喷出，使喷口周围区域形成真

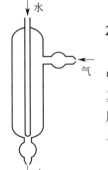

图 2-22 水冲泵

空，产生抽吸作用，系统中进入的气体分子不断被高速喷出的水流带走。水流泵在实验室中主要用于抽滤和产生粗真空。

2. 机械泵

常用机械泵为旋片式机械真空泵，主要由定子、转子、旋片、弹簧等组成，其结构如图 2-23 所示。在定子缸内偏心地装有圆柱形转子，与定子在 A 点相切，转子槽中装有中间带弹簧的两块旋片，旋转时靠离心力和弹簧的张力使旋片的顶端与定子内壁始终紧密接触。定子上的进、排气口被转子和旋片分为两部分。当转子沿箭头方向转动时，进气口方面容积逐渐扩大而吸入气体，同时逐渐缩小排气口方面容积将已吸入气体压缩从排气口排出。

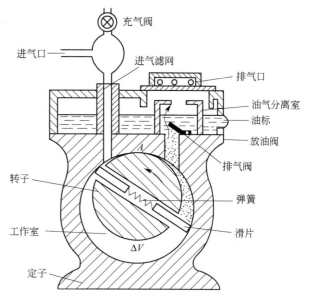

图 2-23 旋片式机械真空泵结构

机械泵的抽气速率主要取决于泵的工作体积 ΔV，在抽气过程中随着进气口压力的降低，抽气速率逐渐减小。当抽到系统极限压力时，系统的漏气与抽出气体达到动态平衡，此时抽速不变，目前生产的机械泵多是两个泵腔串联起来的，如图 2-24 称为双级泵，它比单级泵具有极限真空度高（$10^{-1} \sim 10^{-2}$ Pa）和在低气压下具有较大抽速等优点。

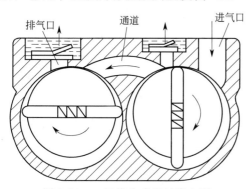

图 2-24 二级旋片式机械真空泵

为保证机械泵的良好密封和润滑，排气阀浸在密封油里以防大气流入泵中。油通过泵体上的缝隙、油孔及排气阀进入泵腔，使泵腔内所有的运动表面被油膜覆盖，形成了吸气腔与排气腔之间的密封。同时，油还充满了泵腔内的一切有害空间，以消除它们对极限真空度的影响。

机械泵使用时必须注意以下几点：

① 机械泵转子转动方向，必须按泵上规定方向，不能反向。否则会把泵油压入真空系统。

② 由于被抽气体在泵内被压缩，而且压缩比又大，如气体中含有蒸汽，会因压缩而凝成液体混入泵油中排不出去。因此，一般机械泵不宜用于抽蒸汽，或含蒸汽较多的气体，具有气镇装置的机械泵，才适于抽含有蒸汽气体。

③ 机械泵停机后要防止发生"回油"现象。为此停机后须将进气口与大气接通，也可在机械泵进气口接上电磁阀，停机时，电磁阀断电靠弹簧作用转向接通大气。

3. 扩散泵

扩散泵是获得高真空的主要工具，是一种次级泵，须以机械泵作为前级泵。图 2-25 为扩散泵工作原理图。扩散泵底部的硅油被电炉加热沸腾、汽化后通过中心导管从顶部的二级喷口处高速喷出，在喷口处形成低压，对周围气体产生抽吸作用而将气体带走。同时硅油蒸气即被冷凝成液体回到底部，重复循环使用。被夹带在硅油蒸气中的气体在底部富集后，随即被机械泵抽走。所以使用扩散泵时一定要以机械泵为前级泵,扩散泵本身不能抽真空。扩散泵所用的硅油容易氧化,所以升温不能过高,使用一段时间、硅油颜色变深后,就要更换新油。

在使用扩散泵时需注意:开扩散泵前必须先用机械泵将系统包括扩散泵本身抽至5Pa的预备真空,然后先通水后通电加热泵油。工作过程中必须保证冷却水畅通。停机时,先断开扩散泵加热电源,大约30min泵油降至室温时,再断冷却水,最后断开机械泵电源。这样操作可防止或减小泵油氧化变质,提高真空的清洁程度,延长使用寿命,保证系统的极限真空度。

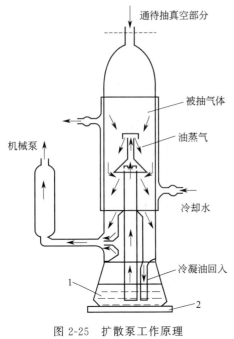

图 2-25 扩散泵工作原理
1—硅油;2—电炉

4. 其他几种真空泵

(1) 分子泵

分子泵是靠高速转动的转子携带气体分子而获得高真空、超高真空的一种机械真空泵。工作压力范围为 $1\sim10^{-8}$ Pa。这种泵的抽速范围很宽,但不能直接对大气排气,需要配置前级泵。分子泵适用于真空作业,如真空冶炼、半导体提纯、大型电子管排气、原子能工业、空间模拟等。

(2) 吸附泵

许多化学性活泼的金属元素,如钛、钨、钼、锆、钡等都具有很强的吸气能力。其中钛有强烈的吸气能力,在室温下性质稳定,易于加工,所以广泛用于真空技术,发展成为一种超高真空泵——钛泵。钛泵的抽气机理是气体分子碰撞在新鲜的钛膜上,形成稳定的化合物,随后又被不断蒸发而形成的新钛膜所覆盖。新钛膜又继续吸附气体分子,如此形成稳定的抽气。钛泵对被抽气体有明显的选择性,对活性气体抽速很大,对惰性气体抽速很小。因而往往需要扩散泵等作为辅助泵。钛泵的极限真空度为 $10^{-6}\sim10^{-10}$ Pa。钛泵可应用于热核反应装置、加速器、空间模拟、半导体元件的镀膜技术和要求无油污染的真空设备。

(3) 低温吸附泵

用低温介质将抽气面冷却到20K以下,抽气面就能大量冷凝沸点温度比该抽气面温度高的气体,产生很大的抽气作用。这种用低温表面将气体冷凝而达到抽气目的的泵叫做低温泵,或称冷凝泵。

2.6.4.2 真空的测量

真空测量实际上就是测量低压下气体的压力,测量真空度的仪器称为"真空计"。真空计分为绝对真空计和相对真空计两大类。能从本身所测得的物理量直接求出系统中真空度的为绝对真空计,如U形管压力计、麦克劳真空计等,这种真空计测量精度较高,主要用作基准量具。相对真空计是输出信号与其压力之间的关系要用真空测量标准系统或绝对真空计校准标定后,才能测定真空度。其测量精度较低,但它能直接读出被测压力,使用方便,在实际应用中占绝大多数。一般实验室常用的热电偶真空计和电离真空计都是标定好的相对真空计。下面简要介绍麦克劳真空计、热电偶真空计和电离真空计。

1. 麦克劳真空计

这是一种测量低真空和高真空的绝对真空计。这种真空计一般用硬质玻璃制成。其构造如图 2-26 所示。它是利用波义耳定律,将被测真空体系中的一部分气体(装在玻璃泡和毛细管中的气体)加以压缩,比较压缩前后体积、压力的变化,算出其真空度。具体测量的操作步骤如下:缓缓启开活塞,使真空规与被测真空体系接通,这时真空规中的气体压力逐渐接近于被测体系的真空度,同时将三通活塞开向辅助真空,对汞槽抽真空,不让汞槽中的汞上升。待玻璃泡和闭口毛细管中的气体压力与被测体系的压力达到稳定平衡后,可开始测量。将三通活塞小心缓慢地开向大气,使汞槽中汞缓慢上升,进入真空规上方。当汞面上升到切口处时,玻璃泡和毛细管即形成一个封闭体系,其体积是事先标定过的。令汞面继续上升,封闭体系中的气体被不断压缩,压力不断增大,最后压缩到闭口毛细管内。毛细管 R 是开口通向被测真空体系的,其压力不随汞面上升而变化。因而随着汞面上升,R 和闭口毛细管产生压差,其差值可从两个汞面在标尺上的位置直接读出,如果毛细管和玻璃泡的容积为已知,压缩到闭口毛细管中的气体体积也能从标尺上读出,就可算出被测体系的真空度。通常,麦克劳真空规已将真空度直接刻在标尺上,不再需要计算。使用时只要闭口毛细管中的汞面刚达零线,立即关闭活塞,停止汞面上升,这时开管 R 中的汞面所在位置的刻度线,即所求真空度。麦克劳真空计的测量范围为 $10^3 \sim 10^{-8}$ Pa。

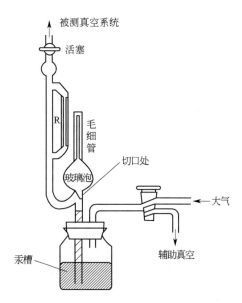 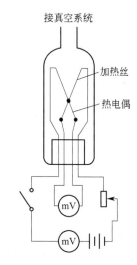

图 2-26　麦克劳真空计构造　　　　图 2-27　热电偶真空计构造

2. 热电偶真空计

热电偶真空计的结构如图 2-27 所示。当气体压力低于某一定值时,气体的热导率 K 与压力 p 存在 $K=bp$ 的正比关系(式中 b 为一比例系数),热电偶真空计就是基于这个原理设计的。测量时,将热偶规连入真空系统内,调节加热丝上的加热电流恒定不变,则热电偶温度将取决于真空计内气体的热导率;而热电偶的热电势又是随温度而变化的。因此,当与热偶规相连的真空系统的压力降低时,气体热导率减小,加热丝的温度升高,热电偶的热电势便随之增高。由此可见,只要检测热电偶的热电势即可确定系统的真空度。

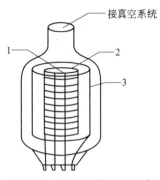

图 2-28 电离规管构造示意
1—灯丝；2—栅极；3—板极

3. 电离真空计

电离真空计是通过在稀薄气体中引起电离然后利用离子电流测量压力，它是由电离规管和测量电路两部分组成。规管结构类似一只电子三极管，如图 2-28 所示。将电离真空计连入真空系统内。测量时规管灯丝通电后发射电子，电子向带正电压的栅极加速运动并与气体分子碰撞，使气体分子电离，电离所产生的正离子又被板极吸引而形成离子流。此离子流 I_+ 与气体的压力 p 呈线性关系：

$$I_+ = KI_e p$$

式中，K 为规管灵敏度；I_e 为发射电流。对一定的规管来说，K 和 I_e 为定值。因此测得 I_+ 即可确定系统的真空度。用电离真空规测量真空度，只能在被测系统的压力低于 10^{-1} Pa 时才可使用，否则将烧坏规管。

2.6.4.3 真空系统的检漏

真空系统要达到一定的真空度，除了提高泵的有效抽速外，还要降低系统的漏气量，因此新安装的真空设备在使用前要检查系统是否漏气。真空检漏就是用一定的手段将示漏物质加到被检工件的器壁的某一侧，用仪器或某一方法在另一侧怀疑有漏的地方检测通过漏孔逸出的示漏物质，从而达到检测目的。检漏的仪器和方法很多，常用充压检漏法、真空检漏法，所用仪器有氦质谱检漏仪、卤素检漏仪、高频火花检漏器、气敏半导体检漏仪及用于质谱分析的各种质谱计等。

(1) 静态升压法检漏

先将真空系统抽到一定的真空度，用真空阀将系统和真空泵隔开，若系统内压力保持不变或变化甚微，说明此系统不漏气，若系统内压力上升很快，表示系统漏气。此法简单，可用于大部分真空系统。但此法不能确定漏孔位置及大小。

(2) 玻璃真空系统常用高频火花检漏器来检漏

火花检漏器实际上是一个小功率、高频高压设备，它的高电压输出端伸出一金属释放电弹簧尖头，能击穿附近空气。当它的高压放电尖端移到玻璃系统上的漏孔处时，因玻璃是绝缘体不能跳火，而漏孔处因空气不断流入，在高频高压作用下而形成导电区，在火花检漏器尖端与漏孔之间形成一条强烈的火花线，并在漏孔处有白亮点，从而可以找到漏孔位置。用火花检漏器查找玻璃系统的漏洞是很方便的。还可根据火花检漏器激起真空系统内气体放电的颜色粗略估计真空度，并根据放电颜色的变化情况来判断系统是否漏气。使用火花检漏器时，不要在玻璃一点上停留过久，以免玻璃局部过热而打出小孔来。

对检出的漏孔可选用饱和蒸气压低、具有足够的热稳定性和一定的力学和物理性质的真空密封物质密封。暂时或半永久的密封可选用真空泥、真空封蜡、真空漆等；永久性密封可用环氧树脂封胶和氯化银封接，对玻璃系统可以重新烧接。

第 3 章 基本实验

实验 1　溶解热的测定

【实验目的】
1. 掌握电热补偿法测定物质积分溶解热的原理和方法。
2. 了解作图法求 KNO_3 在水中的微分溶解热、微分稀释热和积分稀释热的方法。
3. 学会使用溶解热测定装置。

【实验原理】
  溶质溶解于溶剂中时所产生的热效应称为溶解热，通常包括溶质晶格的破坏和溶质分子或离子的溶剂化。其中，晶格的破坏常为吸热过程，溶剂化常为放热过程，总的热效应的大小和方向由这两个热量的相对大小所决定。温度、压力以及溶质、溶剂的性质、用量等都是影响溶解热大小的因素。

  溶解热分为积分溶解热和微分溶解热两种。积分溶解热是指在一定温度、压力条件下把定量的溶质溶解在定量的溶剂中形成一定浓度的溶液时所产生的热效应。当溶质的量为 1 mol 时，称为摩尔积分溶解热，以 $\Delta_{sol}H_m$ 表示（等压条件下，$Q_p=\Delta H$）。其大小与形成溶液的浓度有关，若形成溶液的浓度趋近于零，积分溶解热也趋于一定值。摩尔微分溶解热系指在一定温度、压力条件下把 dn(mol) 溶质溶解在一定量给定浓度的溶液中时所产生的热效应，以 $\left(\dfrac{\partial \Delta_{sol}H}{\partial n_B}\right)_{T,p,n_A}$ 表示。

  在热化学中，关于溶解过程的热效应，还需要了解稀释热。

  稀释热是指在一定温度、压力条件下，把一定量的溶剂 A 加到某浓度的溶液中使之稀释所产生的热效应，又称为冲淡热。稀释热也分为积分稀释热和微分稀释热。摩尔积分稀释热是指在一定温度、压力条件下，在含有 1 mol 溶质的溶液中加入一定量的溶剂使之稀释成另一浓度的溶液，此过程产生的热效应，以 $\Delta_{dil}H_m$ 表示。

$$\Delta_{dil}H_m = \Delta_{sol}H_{m2} - \Delta_{sol}H_{m1} \tag{3-1}$$

式中，$\Delta_{sol}H_{m2}$、$\Delta_{sol}H_{m1}$ 为两种浓度的摩尔积分溶解热。

  摩尔微分稀释热是指在一定温度、压力条件下，把 dn_A(mol) 溶剂加入到一定量给定浓度的溶液中时所发生的热效应，以 $\left(\dfrac{\partial \Delta_{sol}H}{\partial n_A}\right)_{T,p,n_B}$ 表示，简写为 $\left(\dfrac{\partial \Delta_{sol}H}{\partial n_A}\right)_{n_B}$。A 代表某溶

剂，B 代表某溶质。

积分溶解热可由实验直接测定，微分溶解热、微分稀释热、积分稀释热则可根据图形计算得到。积分溶解热与其他三者之间的关系见如下推导。

在一定温度、压力条件下，对于指定的溶剂 A 和溶质 B，溶解热的大小取决于 A 和 B 的物质的量 n_A、n_B，即

$$\Delta_{sol}H = f(n_A, n_B) \tag{3-2}$$

则

$$d\Delta_{sol}H = \left(\frac{\partial \Delta_{sol}H}{\partial n_A}\right)_{T,p,n_B} dn_A + \left(\frac{\partial \Delta_{sol}H}{\partial n_B}\right)_{T,p,n_A} dn_B \tag{3-3}$$

式(3-3) 在 n_A/n_B 恒定下积分可得

$$\Delta_{sol}H = n_A \left(\frac{\partial \Delta_{sol}H}{\partial n_A}\right)_{T,p,n_B} + n_B \left(\frac{\partial \Delta_{sol}H}{\partial n_B}\right)_{T,p,n_A} \tag{3-4}$$

全式除以 n_B，得

$$\frac{\Delta_{sol}H}{n_B} = \frac{n_A}{n_B}\left(\frac{\partial \Delta_{sol}H}{\partial n_A}\right)_{T,p,n_B} + \left(\frac{\partial \Delta_{sol}H}{\partial n_B}\right)_{T,p,n_A} \tag{3-5}$$

令 $n_0 = n_A/n_B$，$\Delta_{sol}H_m = \dfrac{\Delta_{sol}H}{n_B}$，则 $n_A = n_B n_0$，$\Delta_{sol}H = \Delta_{sol}H_m n_B$

$$\left(\frac{\partial \Delta_{sol}H}{\partial n_A}\right)_{T,p,n_B} = \left[\frac{\partial (\Delta_{sol}H_m n_B)}{\partial (n_B n_0)}\right]_{T,p,n_B} = \left(\frac{\partial \Delta_{sol}H_m}{\partial n_0}\right)_{T,p,n_B}$$

式(3-5) 可改写为：

$$\Delta_{sol}H_m = n_0 \left(\frac{\partial \Delta_{sol}H_m}{\partial n_0}\right)_{T,p,n_B} + \left(\frac{\partial \Delta_{sol}H}{\partial n_B}\right)_{T,p,n_A} \tag{3-6}$$

式(3-1) 和式(3-6) 可用图 3-1 来表示。由图 3-1 可知，曲线上某点切线的斜率为该浓度下（n_{01}）的摩尔微分稀释热（即 $\dfrac{AD}{CD}$）；切线与纵坐标的截距，为该浓度下的摩尔微分溶解热（即 OC）。显然，图中 n_{02} 点的摩尔积分溶解热与 n_{01} 点的摩尔积分溶解热之差为该过程的摩尔积分稀释热（即 BE）。微分稀释热随 n_0 的增加而减少，而微分溶解热随 n_0 的增加而增加。当 n_0 趋向于无穷时，即溶液为无限稀释溶液时，前者为 0，后者等于积分溶解热。

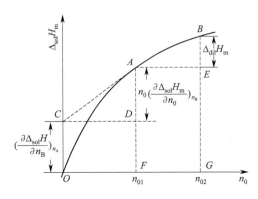

图 3-1 $\Delta_{sol}H_m$-n_0 图

要求解溶解过程中的各种热效应，应测定各种浓度下的摩尔积分溶解热。本实验采用累加的方法，先在纯溶剂中加入溶质，测定热效应，然后在这溶液中依次累加入溶质，根据前后加入溶质的总量可求算各浓度下的 n_0，各次热效应总和即为该浓度下的积分溶解热。

测量热效应是在"量热计"中进行的。本实验装置可看作是绝热体系，在绝热体系中测定热效应的方法有两种：

1. 标准物质法

先用标准物质标定出量热系统的比热容 C_p，再根据反应过程中测得的温度变化 ΔT，由 ΔT 和 C_p 之积求出热效应之值。

$$Q_p = C_p \Delta T, \quad \Delta_{sol} H_m = \frac{Q_p}{n_{KNO_3}} \tag{3-7}$$

2. 电热补偿法

先测出体系的起始温度 T_0，溶解过程中系统温度随反应进行而降低到 T，再用电加热法使体系温度从 T 恢复到起始温度 T_0，根据所消耗电能求出热效应 Q。

$$Q = IUt \tag{3-8}$$

$$\Delta_{sol} H_m = \frac{Q}{n_{KNO_3}} = \frac{IUt}{\left(\frac{m}{M}\right)_{KNO_3}} = \frac{101.1 IUt}{m_{KNO_3}} \tag{3-9}$$

本实验中的硝酸钾在水中的溶解过程为吸热过程，可用电热补偿法测定。

【实验器材及试剂】

1. 实验器材

SWC-RJ 溶解热测定装置 1 台；量热器（即杜瓦瓶含加热器）1 个；电子天平 1 台；干燥器 1 个；称量瓶 8 个；搅拌磁子 1 个；500mL 量筒 1 个；研钵 1 个；200mL 容量瓶 1 个；20mL 刻度移液管 1 支。

2. 实验试剂

KNO_3（分析纯）。

【实验步骤】

1. 打开仪器开关，在空载条件下预热 15min。

2. 样品处理

取大约 26g KNO_3 于研钵中磨细，放入烘箱在 110℃下烘 1.5～2h，然后取出放入干燥器中备用。

3. 称样

（1）将 8 个称量瓶编号，并依次称取 2.5g、1.5g、2.5g、3.5g、3.0g、3.5g、4.0g、4.5g KNO_3。称量好放入干燥器中备用。

（2）在电子天平上称取 216.2g 蒸馏水（或用容量瓶和移液管量取 216.2mL）注入杜瓦瓶中。

4. 测量

（1）把杜瓦瓶（量热器）放入 SWC-RJ 溶解热测定装置量热器固定架上，然后将搅拌磁子放入杜瓦瓶中，调节"调速"旋钮使搅拌速度适中（注意观察）。

（2）盖好杜瓦瓶盖子，插入测温探头，注意测温探头不能与磁子和内壁相碰，再将塞子塞入加料口。

（3）将红蓝加热线与量热器盖上的接线柱相连。

（4）按"状态转换"按键，切换状态至"测试"，测试指示灯亮。此时，温差会自动采零。

（5）调节"加热功率"旋钮，将加热功率设置为 2.5W 左右（注意实验中须保持不变）。当温差上升至 0.5℃左右时，按"状态转换"按键至"待机"状态，待机指示灯亮，此时计时时间自动采零。

（6）等温差稳定至 0.5℃左右时，取第一份硝酸钾，通过量热器加样口倒入样品，同时按"状态转换"按键,切换至"测试"状态,仪器开始自动计时。观察温差变化,温差从0.000下降到一定值后回升,等温差回到0.000时,记录仪器上的加热时间 t_1,同时加入第二份样品,此时温差从0.000又开始下降至一定值后回升,等温差又回到0.000时,记录仪器上的加热时间 t_2,以下依次反复操作,测定过程不能间断,直至所有样品测定完毕。

5. 整理

测定完毕,切断电源,打开杜瓦瓶,检查是否完全溶解,如未溶解完,实验失败,需重做;若溶解完全,关闭电源,把仪器放回原处。

【注意事项】

1. 试剂称量前需研细,否则会影响溶解时间,称量时要注意防止药品吸湿变潮。
2. 测溶解热时,溶质与溶剂的摩尔比一般为1∶200,溶质含量比此值高,溶解所需时间长,而溶质含量少时,量热器的热容变大,温度变化较小,测定值的精度变差。
3. 搅拌速度要适中,不能太快,也不能太慢。
4. 实验过程须保持功率不变。实验过程应连续进行,不能中断。
5. 清洗杜瓦瓶时,应先取出搅拌磁子,防止丢失。
6. 按"状态转换"按键仪器从待机状态至测试状态,温差会自动采零。

【数据记录与处理】

1. 数据记录

把实验数据记录于表3-1中。

表 3-1 原始数据记录

$p=$_____;$T=$_____;功率=_____(W)

项目	1	2	3	4	5	6	7	8
样品质量/g	2.5	1.5	2.5	3.5	3.0	3.5	4.0	4.5
$\sum m/\text{g}$								
n/mol								
t/s								
$\Delta_{\text{sol}}H$								
$\Delta_{\text{sol}}H_{\text{m}}$								
n_0								

2. 数据处理

(1) 按 $Q=IUt$ 公式计算各次溶解过程的热效应,填入表3-1。

(2) 按式(3-9)计算各浓度的 $\Delta_{\text{sol}}H_{\text{m}}$,填入表3-1。

(3) 根据溶剂的质量和加入溶质的质量,计算溶液的浓度,以 $n_0=n_A/n_B$ 表示,填入表3-1。

(4) 作 $\Delta_{\text{sol}}H_{\text{m}}$-$n_0$ 图,从图中求出 $n_0=80$、100、200、300、400处的摩尔积分溶解热、摩尔微分稀释热、摩尔微分溶解热,以及 n_0 从 80→100、100→200、200→300、300→400

的摩尔积分稀释热。

【思考题】

1. 本实验装置是否适用于放热反应的热效应测定？是否适用于中和热、水化热、液态有机物的混合热等的测定？

2. 分析测量溶解热的误差因素。

3. 为什么实验一开始测量就不能中途停顿？

【注释】

1. 实验的关键是使系统尽可能处于绝热状态，要调节系统的初始温度，减少测量过程系统与环境之间的热交换，样品倒入后要迅速把胶塞塞好。

2. 本实验装置可用来测弱酸电离热、中和热、其他液相反应的热效应，还可测溶液的比热容。基本公式是：

$$Q=(mC_p+K)\Delta t$$

式中，m、C_p 为待测溶液的质量、比热容；Q 为电加热输入的热量；K 为除了溶液之外的量热计的热容量。K 可通过已知比热容的参比液体如蒸馏水标定出来。

3. 本实验方法对吸热效应测定比较简单，对放热过程可将溶质溶解后的溶液温度降至加热前，然后再进行热效应的测定。

【附录】

SWC-RJ 溶解热测定实验装置使用方法

1. 简介

SWC-RJ 溶解热测定实验装置（图 3-2）为一体式设计，它将恒流电源、温度温差仪、磁力搅拌器等集成一体。

图 3-2 溶解热实验装置图

其面板示意图见图 3-3，具体如下：

（1）电源开关。

（2）串行口：计算机接口，根据需要与计算机连接。

（3）状态转换键：测试与待机状态之间的转换。

（4）调速旋钮：调节磁力搅拌器的转速。

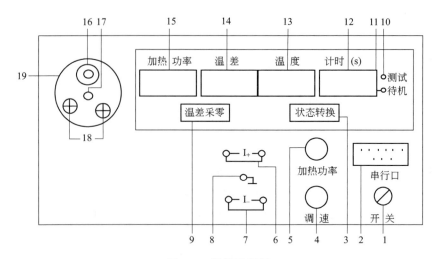

图 3-3 面板示意图

(5) 加热功率旋钮：根据需要调节所需输出的加热功率。

(6) 正极接线柱：负载的正极接入处。

(7) 负极接线柱：负载的负极接入处。

(8) 接地接线柱。

(9) 温度采零：在待机状态下，按下此键对温差进行清零。

(10) 测试指示灯：灯亮表明仪器处于测试工作状态。

(11) 待机指示灯：灯亮表明仪器处于待机工作状态。

(12) 计时显示窗口：当仪器进入测试状态时，计时器开始工作。

(13) 温度显示窗口：显示被测物的实际温度值。

(14) 温差显示窗口：显示温差值。

(15) 加热功率显示窗口：显示输出的加热功率值。

(16) 加料口。

(17) 传感器插入口。

(18) 加热丝引出端。

(19) 固定架：固定溶解热反应器。

2. 使用方法

详见"溶解热的测定"实验步骤。

詹姆士·杜瓦爵士，现代保温瓶的发明者，他是英国的一名物理学家，主要研究极低温度的液体。在1892年，杜瓦被邀请到英国科学研究所讲"液化气"的课程。为了使教学更好进行，去之前他让一个叫柏格的德国玻璃匠给他制作了一个双层玻璃容器，并用水银涂满两层胆壁，然后杜瓦又抽掉了两层之间的空气，使热量的传递大大减少，这只真空瓶就是世界上最早的保温瓶，称为"杜瓦瓶"。如今在英国伦敦研究所内，还保存着早期的杜瓦真空瓶。杜瓦当时并未重视真空瓶的发明，而是对抽出空气的理论非常重视，为这一理论申请了专利。到1902年德国人柏格看到了保温瓶的广大

市场，于是开始推销保温瓶。两年后，以自己的名义争取到了保温瓶的专利。他发现玻璃瓶胆很容易碎裂，就用镍制造外壳，来保护瓶胆。起初，保温瓶主要应用于实验室、医院和探险队，后来逐渐走进日常生活。

实验 2　燃烧热的测定

【实验目的】

1. 明确燃烧热的定义，了解恒压燃烧热与恒容燃烧热的差别及相互关系。
2. 了解氧弹式热量计的结构，掌握用氧弹式热量计测定燃烧热的原理和技术。
3. 学会用经验公式法校正温度改变值。

【实验原理】

燃烧热是热化学中很重要的基础数据之一，除了具有实际应用价值外，利用燃烧热可以求算化学反应的生成热、键能等。

根据热化学的定义，在温度 T 的标准状态下，1mol 物质完全氧化时反应放出的热量称作燃烧热。所谓完全氧化是指可燃物质中的碳元素生成气态的二氧化碳，氢元素生成液态的水，硫元素生成气态的二氧化硫，氮元素生成 N_2，氯元素生成 HCl（水溶液）等。

例如，在 25℃、标准压力下，萘和苯甲酸的完全氧化方程式如下：

$$C_{10}H_8(s)+12O_2(g)=\!\!=\!\!= 10CO_2(g)+4H_2O(l)$$

$$C_6H_5COOH(s)+15/2O_2(g)=\!\!=\!\!= 7CO_2(g)+3H_2O(l)$$

在恒容或恒压条件下，可以分别测得恒容燃烧热 Q_V 或恒压燃烧热 Q_p。若把参加反应的气体和反应生成的气体都作为理想气体处理，且不做非膨胀功（即只做体积功），则它们之间存在以下关系：

$$Q_p = Q_V + \Delta nRT \tag{3-10}$$

式中，T 为反应时的热力学温度；Δn 为生成物和反应物中气体的物质的量之差；R 为理想气体常数。

测量热效应的仪器称作热量计，按工作方式，热量计通常分为绝热式、环境恒温式两种，本实验所用氧弹式热量计为环境恒温式，其结构见本实验附录。氧弹式热量计有内、外两个桶，外桶较大，盛满与室温相同的水，用来保持环境温度恒定，内桶装有定量的、适用实验温度的水。内桶安置在支撑垫上的空气夹层中，且器壁经高度抛光，以减少热交换和空气的对流。氧弹放在内桶中，其内充入高压氧气，保证样品完全燃烧，因此氧弹是刚性容器，耐高压、耐高温、耐腐蚀、密封性好，是典型的恒容容器。

氧弹式热量计测量的基本原理是能量守恒定律。样品在氧弹中完全燃烧所释放的能量使得氧弹本身及其周围的介质温度升高。假设系统与环境之间没有热交换，测量介质在燃烧前后温度的变化值，就可求算该样品的恒容燃烧热。其关系式如下

$$-nQ_V - m_2Q_2 + 5.98V = K\Delta T \tag{3-11}$$

式中，n 是燃烧样品的物质的量；Q_V 是样品的恒容燃烧热，标准压力、20℃条件下，

苯甲酸的恒容燃烧热为 $-3226.9\text{kJ}\cdot\text{mol}^{-1}$（或 $-26430\text{J}\cdot\text{g}^{-1}$）；$m_2$ 是引燃丝（镍铬丝）的质量；Q_2 是引燃丝的恒容燃烧热，其值为 $-1400\text{J}\cdot\text{g}^{-1}$；$V$ 是 $0.100\text{mol}\cdot\text{L}^{-1}$ NaOH 的体积；5.98 是每毫升碱液相当于氮气氧化生成硝酸的热值（由氮气、氧气和水生成稀硝酸的恒容燃烧热是 $-59.8\text{kJ}\cdot\text{mol}^{-1}$）；$K$ 是热量计的热容（或水当量），指热量计（包含水和系统内的其他物质）升高 1℃ 所吸收的热量，$\text{kJ}\cdot\text{K}^{-1}$。

每台热量计的 K 值都不一样，需要测定，测定方法是：用已知燃烧热的定量标准物质（一般为苯甲酸）在热量计中完全燃烧，测定燃烧前后的温差 ΔT，便可计算出 K。

从上面的讨论可知，测量物质的燃烧热，关键是准确测量物质燃烧时引起的温度升高值 ΔT，然而 ΔT 的准确度除了与测量温度计有关外，还与其他许多因素有关，如热传导、蒸发、对流和辐射等引起的热交换，以及搅拌器搅拌时所产生的机械热等，它们对 ΔT 的影响规律相当复杂，常采用雷诺图解法（见讨论）或经验公式法进行校正，本实验用经验公式法进行校正，公式如下

$$\Delta T_{校} = \frac{(V_1+V_2)m}{2} + rV_2 \tag{3-12}$$

$$V_1 = \frac{T_0 - T_{10}}{10}, \quad V_2 = \frac{T_{高} - T_{高+10}}{10} \tag{3-13}$$

$$\Delta T = T_{高} - T_{低} + \Delta T_{校} \tag{3-14}$$

式中，V_1 为点火前每半分钟热量计的平均温度变化；V_2 为样品燃烧使热量计温度达最高而开始下降后，每半分钟热量计的平均温度变化；m 为点火后每半分钟温度升高不小于 0.3℃ 的间隔数；r 为点火后每半分钟升温小于 0.3℃ 的间隔数；$T_{高}$ 为点火后热量计达到最高温度后，开始下降的第一个温度；$T_{低}$ 为点火前读得的热量计温度。

例如表 3-2 中数据，温度校正方法如下

$$V_1 = \frac{0.002 - 0.027}{10} = -0.0025(℃)$$

$$V_2 = \frac{1.644 - 1.638}{10} = 0.0006(℃)$$

$$m = 3, \quad r = 17$$

$$\Delta T_{校} = \frac{(-0.0025 + 0.0006) \times 3}{2} + 17 \times 0.0006 = 0.00735(℃)$$

$$\Delta T = T_{高} - T_{低} + \Delta T_{校} = 1.644 - 0.027 + 0.00735 = 1.624(℃)$$

【实验器材及试剂】

1. 实验器材

SHR-15B 燃烧热实验装置 1 套；充氧器 1 台；氧气钢瓶 1 个；减压阀 1 个；压片机 1 台；电子天平 1 台；泄气阀 1 个；氧弹 1 个；150mL 锥形瓶 1 个；容量瓶（1000mL、2000mL 各 1 个）；50mL 碱式滴定管 1 支；引燃丝（镍铬丝）。

2. 实验试剂

苯甲酸（分析纯）；萘（分析纯）；氧气；$0.100\text{mol}\cdot\text{L}^{-1}$ 氢氧化钠；酚酞指示剂。

【实验步骤】

1. 热量计热容的测定

（1）称样 称取 0.8g 左右的苯甲酸，同时用分析天平称出引燃丝（长度约为 10cm）的

质量。

（2）压片　在压片机上把苯甲酸压成圆片（不能压太紧，太紧点火后不能充分燃烧），然后再精确称重，将样品小心放在坩埚中部。

（3）装样　拧开氧弹盖，弹盖放在专用的弹头架上，把装好样品的坩埚放在弹头的坩埚架上，再将引燃丝两端固定在两根电极上，引燃丝的底端要充分和样品相接触，但不能接触坩埚，然后用移液管移取 10mL 蒸馏水放入筒内，旋紧氧弹盖。

（4）充氧　将氧弹放在专用的充氧器下，使其上端进气口对准充氧器的充气口。打开氧气钢瓶上的阀门（逆时针旋转），再打开减压阀，使减压阀的指针指示为约 2MPa，下压充氧器手柄，充入少量氧气（约 0.5MPa），然后用泄气阀将氧弹中的氧气放掉，借以赶出氧弹中的空气，再向氧弹中充入约 2MPa 的氧气，关总阀、减压阀。

（5）打开燃烧热实验装置电源开关，仪器预热 15min。

（6）准备　将热量计外筒内注满水，用手动搅拌器稍加搅动。将温度传感器插入加水口测量外筒水温度，待温度稳定后，记录其温度值。再用容量瓶量取 3L 水（水温调节到比外筒温度低 1℃ 左右）倒入内筒，将氧弹放入内筒，水面盖过氧弹。如氧弹有气泡逸出，说明氧弹漏气，寻找原因并排除。盖上量热计内筒盖子，观察点火指示灯是否点亮，如未点亮则先检查盖子上的电极是否接触到氧弹。如电极接触正常，则需要打开氧弹检查引燃丝；如电极接触不正常，则旋转内筒盖子上的电极调节高度，使其接触正常。

（7）将温度传感器插入内筒水中。

（8）开启搅拌开关，进行搅拌。

（9）测量　待水温基本稳定后，按"采零"键，再按"锁定"键。开始读点火前最初阶段的温度，每隔 30s 读一次温度（温度需精确到 ±0.002℃），读 10 个间隔后，立即按点火按键点火，点火成功后，水温很快上升，继续每隔 30s 记录一次数据，直至温度达到最高而开始下降的第一个温度后，每隔 30s 再读最后阶段的 10 个间隔的读数，便可停止实验。关闭电源，将传感器放入外筒。取出氧弹，用泄气阀放出氧弹内的余气。旋下氧弹盖，若未燃烧完全视为实验失败。燃烧完全后，则将剩余的引燃丝在分析天平上称重，倒出溶液，并用少量的蒸馏水洗涤氧弹内壁，将洗涤液收集在锥形瓶中，煮沸片刻，用酚酞作指示剂，以 $0.100\text{mol}\cdot\text{L}^{-1}$ 的氢氧化钠溶液滴定。

注意：点火后温度急速上升，说明点火成功。若温度不变或有微小变化，说明点火没有成功或样品没有充分燃烧，应检查原因并排除。

（10）倒去内筒中的水，用毛巾擦干全部设备，待用。

2. 测定萘的燃烧热

称 0.6g 左右的萘，重复以上操作，测定萘的燃烧热。

【注意事项】

1. 粉末状样品必须压成片状，避免充氧时样品散开，但是不能压得太紧，以防无法点燃。

2. 安装样品时，燃烧丝不能与氧弹壁接触，以防短路；燃烧丝底部应紧贴样品，点火后样品才能充分燃烧。

3. 待测样品需干燥，受潮样品不易燃烧且称量有误。

4. 在燃烧第二个样品时，内筒水须更换并调节水温。

5. 对于难以引燃的样品，可以在样品与燃烧丝间缚一段棉纱线，起助燃作用。

【数据记录与处理】

1. 原始数据记录

(1) 温度：_____；压力：_____。

(2) 苯甲酸质量：_____g；引燃丝质量（m_1）：_____g；剩余引燃丝质量：_____g。

(3) 萘质量：_____g；引燃丝质量（m_2）：_____g；剩余引燃丝质量：_____g。

把苯甲酸和萘燃烧前后的温度变化数据记录在表 3-2 中。

表 3-2　温度读数记录表

序号	温度读数/℃		序号	温度读数/℃		序号	温度读数/℃		序号	温度读数/℃	
	苯甲酸	萘		苯甲酸	萘		苯甲酸	萘		苯甲酸	萘
0	0.002		11	0.202(m=3)		23	1.627		35	1.642	
1	0.010		12	0.907(m=3)		24	1.631		36	1.641	
2	0.013		13	1.223(m=3)		25	1.635		37	1.640	
3	0.017		14	1.385(r=17)		26	1.641		38	1.639	
4	0.018		15	1.469		27	1.642		39	1.639	
5	0.020		16	1.517		28	1.643		40	1.638	
6	0.021		17	1.551		29	1.645		41		
7	0.022		18	1.574		30	1.644($T_高$)		42		
8	0.024		19	1.592		31	1.644		43		
9	0.025		20	1.605		32	1.643		44		
10	0.027($T_低$)		21	1.614		33	1.643		45		
			22	1.622		34	1.642		46		

2. 数据处理

(1) 用经验公式法校正苯甲酸燃烧前后温度差。

(2) 根据已知苯甲酸的恒容燃烧热计算热量计的热容 K 值。

(3) 用经验公式法校正萘燃烧前后温度差。

(4) 根据热量计的热容和温度差计算萘的恒容燃烧热。

(5) 计算萘的恒压燃烧热。

【思考题】

1. 如何测定液体样品的燃烧热？

2. 加入内桶中水的温度比外桶水的温度低多少合适？为什么？

3. 使用氧气瓶和减压阀时，须注意哪些操作规程？

【注释】

1. 燃烧热是热化学中的重要数据，可用于评价燃料的品质、计算化学反应的反应热、化合物的生成热、键能等，根据食品的燃烧热，可判断一些产品的开发价值。

2. 氧弹式热量计可测量蔗糖、淀粉等大部分固体可燃物质，也可测液体可燃物，如液体的沸点高、挥发性小，可直接放于燃烧皿中测定；若所测定液体沸点低、挥发性大，需装于药用胶囊中，再用小玻璃泡密封，置于引燃物上点燃测定。

3. 测量物质的燃烧热，关键是准确测量物质燃烧时引起的温度升高值 ΔT，除了采用经验公式法外，常采用雷诺图解法对 ΔT 进行校正，具体校正方法如下：

称适量待测物质，估计其燃烧后可使水温升高 1.5～2.0℃，预先调节水温使其低于环境温度 1.0℃左右。按操作步骤进行测定，将燃烧前后观察所得的一系列水温和时间关系作图。得一曲线如图 3-4 和图 3-5。图中 b 点意味着燃烧开始，热传入介质；c 点为观察到的最高温度值；从 T_1T_2 的中点 T 点作水平线交曲线于 O，过 O 作垂线 AB，再将 ab 线和 cd 线延长交 AB 线于 E、F 两点，得温度差值即为经过校正的 ΔT。图中 EE' 为开始燃烧到温度上升至室温这一段时间内，由环境辐射和搅拌引进的能量所造成的升温，故应扣除。FF' 为室温升高到最高点 c 这一段时间内，热量计向环境的热漏造成的温度降低，计算时必须考虑在内。故可认为，EF 两点的差值较客观地表示了样品燃烧引起的升温数值。有时热量计的绝热情况良好，热漏小，而搅拌器功率大，不断引进能量使得燃烧后的最高点不出现，如图 3-5 所示，其校正方法同前述。

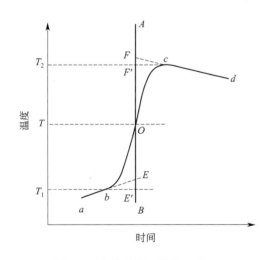

图 3-4 绝热较差时的温度校正　　图 3-5 绝热较好时的温度校正

4. 绝热式热量计和恒温式热量计的根本差别在于它们的外筒温度的控制方式不同。绝热式热量计的外筒温度能自动跟踪内筒温度，始终与内筒温度保持一致，内外筒间不存在温差，因而没有热交换，不需要进行冷却校正。因而，使用绝热式热量计，操作和计算都比较简单，但仪器结构较为复杂，不易维护。恒温式热量计的外筒温度恒定不变，内外筒间存在温差，因而内外筒有热交换，需要进行冷却校正。使用恒温式热量计，操作步骤和计算都比较复杂，但仪器构造简单，维护方便。

【附录】

SHR-15B 燃烧热实验装置简介

1. 简介

氧弹式热量计的外部结构见图 3-6，实验装置接线示意图见图 3-7，氧弹的结构见图 3-8，前面板示意图见图 3-9，顶面示意图见图 3-10。

图 3-6　氧弹式热量计的外部结构

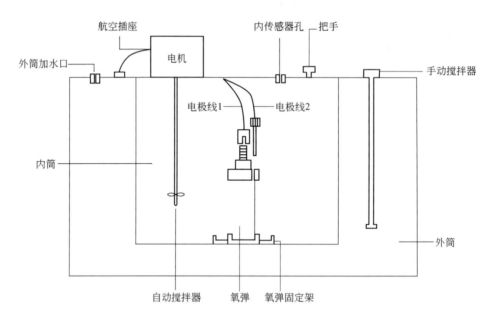

图 3-7　实验装置接线示意图

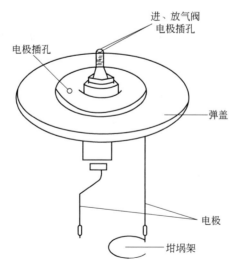

图 3-8　氧弹的结构

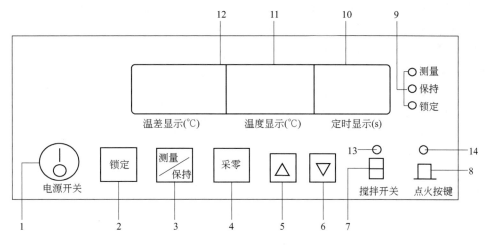

图 3-9 前面板示意图

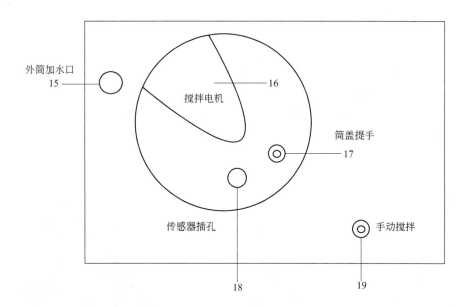

图 3-10 顶面示意图

图 3-9、图 3-10 中：

(1) 电源开关。

(2) 锁定键：锁定选择的基温，按下此键，基温自动锁定，此时"采零"键不起作用，直至重新开机。正式实验前请务必按下锁定键。

(3) 测量/保持键：测量与保持功能之间的转换。

(4) 采零键：用于消除仪表当时的温差值。

(5) 增时键：按下此键，可延长定时时间。

(6) 减时键：按下此键，可缩短定时时间。

(7) 搅拌开关。

(8) 点火按键：按下此键，即可实现点火过程。

(9) 指示灯：灯亮，表明仪表处于相对应的状态。

第 3 章 基本实验

(10) 定时显示窗口：显示设定的间隔时间。

(11) 温度显示窗口：显示所测物的温度值。

(12) 温差显示窗口：显示温差值。

(13) 搅拌指示灯：灯亮，表示搅拌处在工作状态。

(14) 点火指示灯：平时不亮，接上燃烧丝后，此灯亮。按动点火键，开始点火，点火指示灯亮，延续数秒后，点火完毕后此灯熄灭。

(15) 外筒加水口。

(16) 搅拌电机。

(17) 筒盖提手。

(18) 传感器插孔。

(19) 手动搅拌。

2. 使用方法

详见第 3 章实验 2 "燃烧热的测定" 实验步骤。

3. 仪器维护注意事项

(1) 不宜放置在过于潮湿的地方，应置于阴凉通风处。

(2) 仪器不宜放置在高温环境，避免靠近发热源，如电暖气或炉子等。

(3) 为了保证仪表工作正常，没有专门检测设备的单位和个人，请勿打开机盖进行检修，更不允许调整和更换元件，否则将无法保证仪表测量的准确度。

(4) 传感器和仪表必须配套使用（传感器探头编号和仪表的出厂编号应一致），以保证检测的准确度，否则，将无法保证仪表温度测量的准确度。

拓展阅读

贝特罗，化学家，1827 年 10 月 25 日生于法国巴黎的一个医生家庭。1848 年进入大学攻读医学，但对各门学科都感兴趣，获得过物理硕士学位，后来专攻化学。1854 年因合成脂肪获博士学位，1861 年任法兰西学院教授。1873 年为法国科学院会员，1900 年为院士。1886 年被任命为法国国民教育和艺术部部长，1895 年聘任外交部长。1907 年 3 月 18 日逝世。贝特罗不相信生命力论，成功合成了一系列有机物，如脂肪、醇类、甲烷、乙烯、乙炔，并从乙炔制得苯、甲苯、萘及其他芳香族化合物，由乙炔和氮制得氢氰酸等。在物理化学方面，在法兰西学院的实验室里，贝特罗为自己的化学研究提出了新的方向，开始研究热化学问题。1881 年发明了氧弹式量热计，测定了一系列化合物的燃烧热、中和热、溶解热、异构化热等，他首创的量热计一直沿用至今；提出"放热和吸热"反应的概念；研究过爆炸波、高温下气体的比热容、无声放电下的合成等。此外，他还研究过农业化学，并首次把亚历山大时期最早的化学家著作编成大体完整的评注本，还写过一些化学史著作。

贝特罗

实验 3　液体饱和蒸气压的测定

【实验目的】

1. 了解纯液体饱和蒸气压的定义，理解克劳修斯-克拉佩龙方程的意义。
2. 掌握静态法测定不同温度下乙醇饱和蒸气压的方法。
3. 学会用图解法求液体在实验温度范围内的平均摩尔汽化焓。

【实验原理】

液体饱和蒸气压是指在一定温度下，气液两相达到动态平衡（即蒸气分子向液面凝结和液体分子从表面逸出的速度相等）时液面上蒸气的压力。液体蒸气压的大小与液体的种类及温度有关，温度越高，能逸出液面的分子数越多。因此达到平衡时，液面上的饱和蒸气压就越高。

当液体的饱和蒸气压与外界压力相等时，液体便沸腾，此时的温度称为液体的沸点。液体的沸点随外压的变化而变化，通常将外压为1个大气压（101.325kPa）时液体的沸点称为正常沸点。

液体饱和蒸气压与温度的关系服从克拉佩龙方程。

$$\frac{\mathrm{d}p}{\mathrm{d}T} = \frac{\Delta_{\mathrm{vap}} H_{\mathrm{m}}^{*}}{T \Delta V_{\mathrm{m}}} \tag{3-15}$$

式中，$\Delta_{\mathrm{vap}} H_{\mathrm{m}}^{*}$ 是温度 T 时，某纯物质的摩尔汽化焓。

对于其中一相是气相的纯物质两相平衡系统，因 $V_{\mathrm{m}}(\mathrm{g}) \gg V_{\mathrm{m}}(\mathrm{l})$，故 $\Delta V_{\mathrm{m}} \approx V_{\mathrm{m}}(\mathrm{g})$。若视气体为理想气体，则克拉佩龙方程可整理为

$$\frac{\mathrm{d}p}{\mathrm{d}T} = \frac{p \Delta_{\mathrm{vap}} H_{\mathrm{m}}^{*}}{RT^{2}} \tag{3-16}$$

上式也称为克劳修斯-克拉佩龙方程。

当温度变化范围小时，$\Delta_{\mathrm{vap}} H_{\mathrm{m}}^{*}$ 可以近似为常数，称为平均摩尔蒸发焓；p 为纯液体在温度 T 时的饱和蒸气压，将式(3-16)积分得

$$\ln \frac{p}{[p]} = \frac{-\Delta_{\mathrm{vap}} H_{\mathrm{m}}^{*}}{RT} + C \tag{3-17}$$

式中，C 为积分常数，与压力的单位有关。在一定温度范围内，测定不同温度下液体的饱和蒸气压，作 $\ln(p/[p])$-$1/T$ 图，得一直线，由斜率可求算液体的 $\Delta_{\mathrm{vap}} H_{\mathrm{m}}^{*}$。

本实验采用静态升温法测定液体的饱和蒸气压，即在一个密闭的体系中，在不同的温度下，用数字压力计测定液体的饱和蒸气压，实验装置如图3-11所示。测定时要求体系内无杂质气体，为此用一个球管与一个U形管相连，构成了等压平衡管（这里称为等位计），其外形如图3-12所示。平衡管由试液球a和等压计b、c组成。将被测液体装入a中，并将U形管b、c中也装入待测液体，作为封闭液。测定时先将a与c之间的空气抽净，然后从b的上方缓慢放入空气，使等压计b、c两端的液面平齐，且不再发生变化时，则a、c之间的

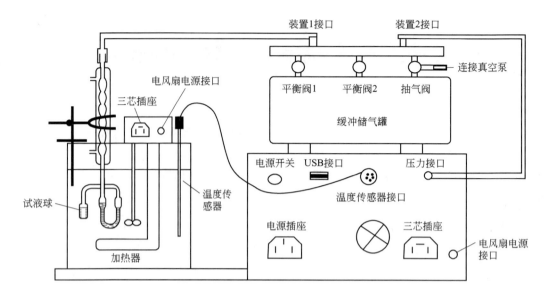

图 3-11 饱和蒸气压测量装置（背面图）

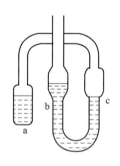

图 3-12 等位计
a—试液球；b,c—等压计

蒸气压即为此温度下被测液体的饱和蒸气压。此饱和蒸气压与 b 上方的压力相等，而 b 上方的压力可由压力计测出。温度则由温度传感器测得，这样可得到某一个温度下的饱和蒸气压数据。当升高温度时，因饱和蒸气压增大，故等压计内 c 液面逐渐下降，b 液面逐渐上升。同样从 b 的上方再缓慢放入空气，以保持 b、c 两液面的平齐，当恒温槽达到设定的温度且在 b、c 两液面平齐时，即可读出该温度下的饱和蒸气压。用同样的方法可测定其他温度下的饱和蒸气压。

【实验器材及试剂】

1. 实验器材

DP-AF-Ⅱc 型饱和蒸气压实验装置 1 套（饱和蒸气压实验装置、玻璃水槽、缓冲储气罐、等位计、温度传感器、真空泵、固定夹）。

2. 实验试剂

无水乙醇。

【实验步骤】

1. 安装

按图 3-11 安装仪器，连接电源，连接冷却水。安装时等位计上口接口处要用凡士林涂抹，与橡胶管连接好并用橡皮筋固定。向玻璃水槽注入自来水至其容积的 4/5。

2. 系统设置

接通仪器电源，开启仪器开关。轻按触摸屏上显示的"清除"键清空数据存储区，自动进入下一界面；点击室温区域，输入室温并按"OK"键；点击大气压区域，输入当前大气压并按"OK"键；按"搅拌"键打开水浴搅拌；按"下一步"进入仪器工作状态时的状态显示界面。

3. 气密性检查

(1) 整体气密性检查 将抽气阀、平衡阀 2 打开，平衡阀 1 关闭（三阀均为顺时针旋转关闭，逆时针旋转开启），观察压力示数稳定后按"采零"键。关平衡阀 2，打开平衡阀 1，启动真空泵抽真空至压力为 −90kPa 左右，关闭抽气阀，再关真空泵。观察压力显示窗口，若显示数值无上升，说明整体气密性良好。否则需查找并清除漏气原因。

(2) "微调部分"的气密性检查 关闭平衡阀 1，用平衡阀 2 调整"微调部分"的压力，使之低于压力罐中压力的 1/2，观察压力窗口，其显示值无变化，说明气密性良好。若显示数值上升，说明平衡阀 2 泄漏，下降则说明平衡阀 1 泄漏。检漏完毕，开启平衡阀 2 使微调部分泄压至零。

4. 装样

取下等位计，从加样口加入无水乙醇，使无水乙醇充满试液球体积的 2/3 及 U 形管等位计的大部分体积（图 3-12）。将装好溶液的等位计用固定夹固定到玻璃水槽的可升降支架上，并调整至等位计有溶液部分在恒温水浴水面以下，否则其温度与水浴温度不同。打开冷却水。

5. 测量

(1) 打开平衡阀 2，点击"采零"键，将压力值显示为 0.00kPa。

(2) 关闭平衡阀 2，打开平衡阀 1 和抽气阀，开启真空泵，至压力值显示为 −90kPa，关闭平衡阀 1 和抽气阀，再关真空泵。

(3) 设置温度 在置数状态下点击设定温度区域，输入设定温度，比如 40℃（所设温度必须大于系统显示的实时温度），按下"OK"键，再点击"置数"键，使仪器从置数状态切换到工作状态。

(4) 当温度达到设定温度，使 U 形管等位计内的乙醇沸腾 3～5min，调节平衡阀 2 和平衡阀 1 使 U 形管等位计中 b 管液面与 c 管液面平齐，点击"保存"键，记录压力和温度值。具体操作为：缓慢打开平衡阀 2，漏入空气，使 U 形管等位计中 b 管液面下降，c 管液面上升，当两边的液面平齐时关闭平衡阀 2（若是出现 c 管液面高于 b 管液面现象，关闭平衡阀 2，缓慢打开平衡阀 1，c 管液面下降，b 管液面上升，当两边的液面平齐时关闭平衡阀 1），待液柱不再变化时，按"保存"键保存测量数据，并记录此时的温度和压力值。缓慢打开平衡阀 1，使 U 形管等位计内的乙醇沸腾约 10s，关闭平衡阀 1，并重复上述调节操作三次，读取三次数据取平均值（每次读出的压力数字误差应 ≤0.1kPa，否则重复抽气和调节过程）。若测定过程中不慎使空气倒灌入试液球时，应重新抽真空后方能继续测定。

6. 重新设定温度，每次升温 2~3℃，重复上述操作，从低温到高温依次测定，共测7~8组。升温过程中会有气泡通过 U 形管逸出，为防止发生暴沸，可缓慢打开平衡阀 2 加以控制。

7. 实验结束后，关闭抽气阀，慢慢打开平衡阀 2，放入空气，使系统通大气，直到气压计显示为 0，关闭仪器电源。关闭冷却水。整理桌面。

【注意事项】

1. 水槽内的水不能剧冷剧热，防止玻璃爆裂。

2. 在减压操作时，减压速度不宜过快。

3. 缓冲储气罐的平衡阀 2 与大气相通，进气阀与真空泵相通。

4. 当真空泵与系统相通进行减压抽气时，压力计值降到一定程度（即 50kPa 以下），不再下降，说明缓冲储气罐内进水，所以在实验装置中必须加入冷阱，以防止缓冲储气罐进水。

5. 等压计 b、c 管中的液柱千万不要进入球体，以免有空气。

6. 升温速度不宜太快，一般控制在 $0.5℃ \cdot min^{-1}$ 左右。如果太快，测得的温度将偏离平衡温度。因为被测气体内外以及水银温度计本身都存在着温度滞后效应。

7. 整个实验过程中，要严防空气倒灌；否则，实验要重做。为了防止空气倒灌，在每次读取平衡温度和平衡压力数据后，应立即加热或缓慢减压。

【数据记录与处理】

1. 数据记录

将实验数据填入表 3-3 中。

表 3-3 乙醇的饱和蒸气压测定数据记录

室温 $t=$ _____ ℃；大气压 $p=$ _____ kPa

编号	温度/℃	表压/kPa				p^*/Pa	$\ln(p/[p])$	$\dfrac{1}{T}/K^{-1}$
		1	2	3	平均值			
1								
2								
3								
4								
5								
6								
7								
8								

2. 数据处理

（1）计算饱和蒸气压 $p^*=$ 大气压读数＋压差计读数（为负值！），填入表 3-3 中。

(2) 分别计算 $\ln(p/[p])$ 和 $1/T$，填入表 3-3 中。

(3) 以 $\ln(p/[p])$ 对 $1/T$ 作图，由直线的斜率求出 $\Delta_{vap}H_m^*$ 和正常沸点。

【思考题】

1. 如何判断等位计中试液球与等压计 U 形管间空气已全部排出？如未排尽空气，对实验有何影响？每次测定前是否需要重新抽气？

2. 测定蒸气压时为何要严格控制温度？

【注释】

蒸气压的测定方法除了静态法，还有动态法、饱和气流法等。

静态法适用于较大蒸气压的液体，准确性较高，但对较高温度下蒸气压的测定，因温度难以控制而准确性较低。

动态法较适用于沸点较低的液体，因它是利用液体沸点求出蒸气压与温度的关系。基本方法是改变外压测定不同压力下的沸点，从而得到不同温度下的蒸气压，实验装置中的等压管需要换成简易的蒸馏装置。

饱和气流法是在一定温度和压力下，使干燥的惰性气体通过被测液体，并使其为被测液体所饱和，然后测定所通过的气体中被测液体蒸气的含量，就可根据分压定律算出被测液体的饱和蒸气压。此法适用于蒸气压较小的液体，缺点是不易达到真正的饱和状态，实验值偏低。

【附录】

DP-AF-Ⅱc 型饱和蒸气压实验装置

1. 技术指标

(1) 压力测量范围：0～－101.3kPa。

(2) 压力分辨率：0.01kPa。

(3) 温度控制范围：室温至 99.99℃。

2. 使用条件

(1) 电源：AC 198～242V，50Hz。

(2) 环境温度：－5～50℃。

(3) 相对湿度：≤85%。

(4) 压介质：除氟化物气体外的各种气体介质均可使用。

(5) 无腐蚀性气体，无强烈振动的场所。

3. 数据存储及查询

(1) 数据存储　测量数据可以通过按状态界面的"保存"键保存。每个温度可以保存 5 个数据，当保存的数据大于 5 个时，会将前面的数据覆盖。仪器最多只能保存 10 个温度的数据。

(2) 数据查询　点击状态界面的"查询"键即可查到保存的数据。

4. 数据修正

实验过程中如发现温度测量或压力测量有较大误差时，可对其进行修正：将仪器切换到置数状态，点击实时温度或实时压力区，此时操作界面弹出密码输入对话框，点击密码区输入密码 8318 后按"OK"键进入数据修正对话框，点击修正温度（或修正压力）区输入修正后的数据，按"OK"键结束修正操作。

拓展阅读

克拉佩龙（Benoit Pierre Emile Clapeyron，1799—1864），1799年1月26日生于巴黎，是法国物理学家和土木工程师。1818年毕业于巴黎工艺学院。1820~1830年在俄国圣彼得堡交通工程部门担任工程师，在铁路部门有较大贡献。回到法国后，1844年起任巴黎桥梁道路学校教授。1848年被选为巴黎科学院院士。1864年1月28日克拉佩龙在巴黎逝世。

克拉佩龙主要从事热学、蒸汽机设计和理论、铁路工程技术方面研究。他设计了法国第一条铁路线。法国第一座铁路桥也是以他的计算为基础的，他在设计计算中发明了以他命名的支撑力矩计算法。克拉佩龙在物理上的贡献主要是热学方面。在他发表的《关于热的动力》论文中，克拉佩龙重新研究和发展了卡诺的热机理论，1834年赋予卡诺理论以易懂的数学形式，即克拉佩龙方程，使卡诺理论显出巨大意义。1851年克劳修斯从热力学理论也导出了这个方程。因而称之为克拉佩龙-克劳修斯方程。它是研究物质相变的基本方程。1834年克拉佩龙还由气体的实验定律归纳出了理想气体的状态方程，这个方程在1874年被门捷列夫推广，故称为克拉佩龙-门捷列夫方程。

克拉佩龙

克劳修斯（Clausius Rudolph，1822—1888），德国物理学家，热力学奠基人之一。1822年1月2日生于普鲁士的克斯林（今波兰科沙林），1840年入柏林大学，1847年获哈雷大学哲学博士学位。1850年因发表论文《论热的动力以及由此导出的关于热本身的诸定律》而闻名。1855年任苏黎世工业大学教授，1867年任德意志帝国维尔茨堡大学教授，1869年起任波恩大学教授，1888年8月24日卒于波恩。

在1850年的论文中，克劳修斯肯定了J.P.焦耳由实验确立的热与功的相当性（热功当量）而完全否定了热质说；他分清了热能与内能这两概念的关系和区别，并明确内能 U 是物质的一种状态函数，而功 A 与热量 Q 则不是状态函数，进而又证明了S.卡诺的卡诺定理结论的正确性及其推理中的失误。他认为这两者间的矛盾只有立足于"热不能自发地从低温物体向高温物体转移"的基本观点

克劳修斯

才能解决，这个观点就是首先由他提出的热力学第二定律的克氏表述。克劳修斯在气体分子运动论上的贡献是提出了严整的均位力积法来处理气体的状态方程，尤其是引进气体分子的自由程的概念来研究气体分子间的碰撞、其所属量（能量、动量和质量）的迁移及分子的几何尺寸与数密度等。这些都为研究气体的运输过程开辟了道路。

实验 4　二元气液相图

【实验目的】

1. 了解和巩固相图、相律的基本概念。
2. 绘制常压下环己烷-乙醇双液系的沸点-组成气液平衡相图（T-x 图），求出最低恒沸组成及恒沸点。
3. 学会用折射率确定双组分体系组成的方法。
4. 掌握阿贝折光仪的使用方法。

【实验原理】

化工生产中对产品进行分离、提纯时离不开蒸馏、结晶、萃取等各种单元操作，而这些单元操作的理论基础就是相平衡原理，因而相平衡的研究有着重要的实际意义。相平衡研究的主要内容之一就是如何表达一个相平衡系统的状态随其组成、温度、压力等变量的变化而变化的情况，要描述这种相平衡系统状态的变化主要有两种方法：一是从热力学的基本原理、公式出发，推导系统的温度、压力与各相组成间的关系，并用数学公式来表达拉乌尔定律；二是用图形表示相平衡系统温度、压力、组成间的关系，这种图形称为相图。

外界影响因素只有温度和压力两个变量时，根据相律，自由度数（F）、独立组分数（C）和相数（P）之间存在如下关系：

$$F = C - P + 2 \tag{3-18}$$

根据相律可知，二组分的自由度为 3，一般以温度、压力、组成来表达，如固定一个条件后，则条件自由度为 2，这样的图形有三种：保持 T 不变，p-x 图；保持 p 不变，T-x 图（常用）；保持 x 不变，p-T 图（少用）。

完全互溶双液系在恒定压力下的气液平衡 T-x 相图可分为三类：

(1) **相对于理想系统具有一般正、负偏差的系统**　其溶液沸点介于两纯物质沸点之间，如图 3-13。一般正偏差是指：理想的双液系，在全部组成范围内，实际蒸气总压比拉乌尔定律计算的蒸气总压大，且均介于两纯物质沸点之间（如苯-丙酮）；一般负偏差是指：在全部组成范围内，实际蒸气总压比拉乌尔定律计算的蒸气总压小，且均介于两纯物质沸点之间（如氯仿-乙醚）。

(2) **最大正偏差系统（图 3-14）**　实际溶液由于 A、B 两组分的相互影响（两种不同分子间吸引力小于各纯组分分子间的吸引力），实际蒸气总压比拉乌尔定律计算的蒸气总压大，且在某一组成范围内比易挥发组分的饱和蒸气压还大，实际蒸气总压出现最大值，在 T-x 图上可能有最低点出现（如乙醇-环己烷）。

(3) **最大负偏差系统（图 3-15）**　实际溶液由于 A、B 两组分的相互影响（两种不同分子间吸引力大于各纯组分分子间的吸引力），实际蒸气总压比拉乌尔定律计算的蒸气总压小，且在某一组成范围内比难挥发组分的饱和蒸气压还小，实际蒸气总压出现最小值，在 T-x 图上可能有最高点出现（如氯仿-丙酮）。

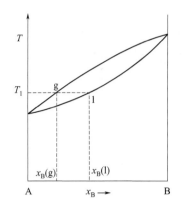

图 3-13 具有一般正、负偏差的系统

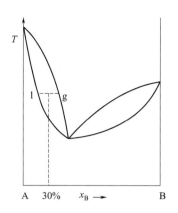

图 3-14 最大正偏差系统

有正、负偏差的两类溶液在最高或最低沸点时的气液两相组成相同，加热蒸发的结果只使气相总量增加，气液相组成及溶液沸点保持不变，这时的温度叫作恒沸点，相应的组成叫作恒沸组成。外界压力不同时，同一双液系的相图也不尽相同，所以恒沸点和恒沸点混合物的组成还与外压有关，一般在未注明压力时，外压为标准大气压（1个大气压或101325Pa）。

为了测定双液系的 T-x 图，需在气液平衡后，同时测定双液系的沸点和液相、气相的平衡组成。液体的沸点是指液体的蒸气压与外压相等时的温度。在一定的外压下，纯液体的沸点有确定的值，但对于双液系来说，沸点不仅与外压有关，而且还与双液系的组成有关，即与双液系中两种液体的相对含量有关。

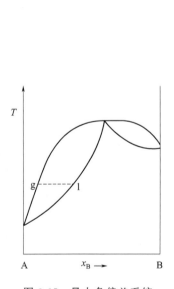

图 3-15 最大负偏差系统

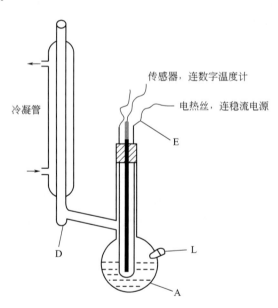

图 3-16 沸点测定仪

实验中气液平衡组分的分离是通过沸点仪实现的，各相组成的准确测定是通过阿贝折光仪测量其折射率而间接得到的。沸点仪的设计虽各有异，但其设计思想都集中在如何正确地测定沸点和气液相的组成，以及防止过热和避免分馏等方面。本实验所用的沸点测定仪如图 3-16 所示。

图 3-16 中，长颈圆底烧瓶带有回流冷凝管，冷凝管底部有一球形小室 D，用以收集冷凝下来的气相样品。在球形容器中的溶液不会溅入小球 D 的前提下，尽量缩短小球 D 与大球 A 的距离。为防止分馏，尽量减小小球 D 的体积。为了加速达到体系的平衡，可把 D 球中最初冷凝的液体倾回 A 中。液相样品则通过烧瓶上的支管 L 抽取。图中 E 是一根 300W 的电炉丝截制而成的电加热丝，直接浸入溶液中加热，以减少溶液沸腾时的过热暴沸现象。传感器与数字温度计相连用于测定温度。

分析气液两相组成的方法一般有化学方法和物理方法。本实验用阿贝折光仪测定溶液的折射率以确定其组成。因为在一定温度下，纯物质的折射率是一特征数值，两物质互溶形成溶液后，溶液的折射率就与其组成有一定的顺变关系。预先测定一定温度下一系列已知组成溶液的折射率，作组成-折射率工作曲线，然后根据待测溶液的折射率由工作曲线来确定待测溶液的组成。

【实验器材及试剂】

1. 实验器材

沸点测定仪 1 套；稳流电源 1 台；阿贝折光仪 1 台；25mL、10mL、5mL、1mL 移液管各 1 支；100mL 锥形瓶 2 个；滴管 2 支。

2. 实验试剂

环己烷（分析纯）；无水乙醇（分析纯）。

【实验步骤】

1. 测定标准物的折射率

用阿贝折光仪分别测定环己烷、无水乙醇及摩尔分数为 80%、60%、40%、20% 的环己烷-乙醇标准混合物的折射率。

2. 安装沸点测定仪。

3. 测定一系列待测液的沸点与组成。

（1）将"加热电源调节"旋钮逆时针旋转到底，电压显示为 0.00V，打开沸点测定仪开关，预热 15min。

（2）接通冷凝水。

（3）用移液管量取 20mL 乙醇从侧管加入蒸馏瓶内，并使传感器和加热丝浸入溶液内。调节"加热电源调节"旋钮，使电压为 12~14V 即可。将液体加热至缓慢沸腾，因最初在冷凝管下端小槽内的液体不能代表平衡时气相的组成，为加速达到平衡，须连同支架一起倾斜蒸馏瓶，使小槽中气相冷凝液倾回蒸馏瓶内，重复三次，待温度稳定后，记下乙醇的沸点和室内大气压。

（4）通过侧管加 0.5mL 环己烷于蒸馏瓶中，加热至沸腾，待温度变化缓慢时，同（3）回流三次，温度基本不变时记下沸点，停止加热。取出气相和液相样品，分别测其折射率。

（5）依次再加入 1.5mL、3mL、7mL、6mL 环己烷，测定溶液的沸点和平衡时气相、液相的折射率。

（6）实验完毕，将溶液倒入回收瓶，吹干蒸馏瓶。

（7）从侧管加入 20mL 环己烷，测其沸点。

（8）依次加入 1.0mL、1.0mL、2.0mL、2.0mL、6.0mL 乙醇，测其沸点和平衡时气相、液相的折射率。

(9) 实验结束后,关闭仪器和冷凝水,将溶液倒入回收瓶。

【注意事项】

1. 电热丝及其接触点不能露出液面,一定要浸没在待测液内,否则通电加热会引起有机溶剂燃烧或烧断电阻丝,甚至烧坏变压器,所加电压不能太大,加热丝上有小气泡逸出即可。温度计不要直接碰到加热丝。

2. 读取溶液沸点和停止加热准备测定折射率时,一定要使体系达到气液平衡。即温度读数稳定后,再取样。

3. 取样分析后,吸管不能倒置,测定折射率时一定要迅速,以防止由于挥发而改变其组成。

4. 注意保护阿贝折光仪的棱镜,不能用硬物触及(如滴管),擦拭棱镜需用擦镜纸。

【数据记录与处理】

(1) 把实验数据记录于表 3-4 和表 3-5 中。
(2) 根据表 3-4 数据绘制标准工作曲线。
(3) 根据标准工作曲线,计算气液相各组分的组成,填入表格 3-5 中。
(4) 根据表 3-5 数据绘制环己烷-乙醇的气液组成 T-x 相图。
(5) 从绘制的相图上找出恒沸点和恒沸组成。

表 3-4 环己烷-乙醇标准溶液的折射率-组成关系

室温:_____;气压:_____

环己烷摩尔分数/%	100(纯环己烷)	80	60	40	20	0
折射率						

表 3-5 环己烷-乙醇二组分体系相图测定记录表

溶液编号	溶液组成		沸点/℃	气相冷凝液组成分析		液相组成分析	
	环己烷/mL	乙醇/mL		折射率	环己烷 y_B/%	折射率	环己烷 x_B/%
1	0	20					
2	0.5	20					
3	1.5	20					
4	3.0	20					
5	7.0	20					
6	6.0	20					
7	20	0					
8	20	1.0					
9	20	1.0					
10	20	2.0					
11	20	2.0					
12	20	6.0					

【思考题】

1. 待测液的浓度是否需要精确计量？为什么？
2. 如果要测得纯环己烷、纯乙醇的沸点，蒸馏瓶必须洗净且烘干，而测混合液沸点和组成时，蒸馏瓶则不洗也不烘，为什么？
3. 如何判断气液相已达平衡状态？

【注释】

1. 文献值

标准压力下环己烷-乙醇体系相图的恒沸点数据见表 3-6，25℃时环己烷-乙醇体系的折射率-组成关系见表 3-7。

表 3-6 标准压力下环己烷-乙醇体系相图的恒沸点数据

沸点/℃	乙醇质量分数/%	环己烷摩尔分数/%
64.9	40	—
64.8	29.2	57.0
64.8	31.4	54.5
64.9	30.5	55.5

表 3-7 25℃时环己烷-乙醇体系的折射率-组成关系

乙醇质量分数	环己烷质量分数	折射率
1.00	0.00	1.35935
0.8992	0.1008	1.36867
0.7948	0.2052	1.37766
0.7089	0.2911	1.38412
0.5941	0.4059	1.39216
0.4986	0.5017	1.39836
0.4016	0.5984	1.40342
0.2987	0.7013	1.40890
0.2050	0.7950	1.41356
0.1030	0.8970	1.41855
0.00	1.00	1.42338

2. 在每一份样品的蒸馏过程中，由于整个体系的成分不可能保持恒定，因此平衡温度会略有变化，特别是当溶液中两种组成的量相差较大时，变化更为明显。为此每加入一次样品后，只要待溶液沸腾，正常回流 1~2min 后，即可取样测定，不宜等待时间过长。

3. 在 $p^{\ominus}$ 下测得的沸点为正常沸点。通常外界压力并不恰好等于 100kPa，因此应对实验测得值作压力校正。校正式系从特鲁顿（Trouton）规则及克劳修斯-克拉佩龙方程推导而得

$$\Delta t_{\text{压}}(℃) = \frac{273.15 + t_A}{10} \times \frac{100000 - p}{100000} \tag{3-19}$$

式中，$\Delta t_{\text{压}}$ 为由于压力不等于 100kPa 而带来的误差；t_A 为实验测得的沸点；p 为实验条件下的大气压。

经校正后的体系正常沸点应为

$$t_{沸} = t_A + \Delta t_压 \tag{3-20}$$

【附录】

WYA-3S 数字阿贝折光仪使用方法

1. 仪器结构

WYA-3S 数字阿贝折光仪见图 3-17。

图 3-17　WYA-3S 数字阿贝折光仪

2. 使用方法

(1) 连接电源，按下"POWER"电源开关，预热 30min，聚光照明部件中照明灯亮。

(2) 打开折射棱镜部件，移去擦镜纸，仪器不使用时擦镜纸放在两棱镜之间，防止在关上棱镜时，留在棱镜上的细小硬粒弄坏棱镜工作表面。擦镜纸只用单层。

(3) 检查上、下棱镜表面，并用水或乙醇小心清洁表面。测定每个样品以后也要仔细清洁两块棱镜表面，以免影响下一个样品的测定准确度。

(4) 将被测样品放在下面的折射镜的工作表面上。如样品为液体，用干净滴管吸 1~2 滴液体样品放在棱镜工作表面上，然后将上面的进光棱镜盖上。如样品为固体，则固体必须有一个经过抛光加工的平整光面。测量前需将抛光表面擦净，并在下面折射棱镜工作表面滴上 1~2 滴折射率比固体样品折射率高的透明液体，然后将固体样品抛光表面放在折射棱镜工作表面上，使其接触良好。测固体样品时无须将上面的进光棱镜盖上。

(5) 旋转聚光照明部件的转臂和聚光镜筒使进光棱镜的进光表面得到均匀照明。

(6) 通过目镜观察视场，同时旋转调节手轮，使明暗分界线落在交叉线视场中。如从目镜中看到视场是暗的，可将调节手轮逆时针旋转。如从目镜中看到视场是明亮的，则将调节手轮顺时针旋转。明亮区域是在视场顶部。在明亮视场情况下可旋转目镜，调节视度看清晰交叉线。

(7) 旋转目镜方缺口里的色散校正手轮，同时调节聚光镜位置，使视场中明暗两部分具有良好的反差和明暗分界线具有最小的色散。

（8）旋转调节手轮，使明暗分界线准确对准交叉线的交点。

（9）按"测试"键，显示"—"，数秒后"—"消失，显示被测样品的折射率。按下数值后的白色键，弹出单位选择界面，可根据测试需求选择合适的单位。

（10）测量界面中的"当前温度"一栏显示的是检测样品的实时温度。

（11）可以通过按主界面的"保存"记录该次测量数据。保存后的数据可按下主界面的"历史数据"按钮，在弹出的显示框查看。按下弹出显示框下方的"数据上传"后，当前显示的测量数据将上传至计算机的上位机软件中。也可以按下右上角的"打印"按钮，数据将通过仪器自动的串口发送至外接的串口打印机中。

（12）样品测量结束后，用乙醇或水进行小心清洁。

（13）本仪器折射棱镜部件中有通恒温水结构，如需测定样品在某一特定温度下的折射率，仪器外接恒温器，将温度调节到所需要温度再进行测量。

注意：仪器在罕见的情况下，可能出现自动复位或死机的现象，只要关闭电源后重新开启即可恢复，这是由外界强静电或外界电网波动所引起的。

拓展阅读

相图被形象地称为材料科学工作者的地图，它表示在以温度、压力、成分等参量为坐标的相空间中，物质的相组成变化图。目前，相图通过实验和计算两种途径获得。

材料性能与微观组织密切相关，如何设计材料得到所需的相及微观组织，这可以从相图上获得指导。相图可以提供合金的诸多信息，例如，对于某三元体系来说，等温截面不仅可以直观地告诉我们某一温度下某合金的平衡相组成，也可以告诉我们该合金在该温度下各种可能的亚稳相组成。从变温截面可以获知该合金的平衡凝固过程，结合相图计算，还可以了解在不同凝固条件下的各种可能的凝固路线以及最有可能发生的凝固行为。相图计算可以很方便地给出各种热力学为坐标的稳定及亚稳相图，有效地应用于合金成分和工艺的设计；还可以为动力学、组织结构演化等方面分析和计算模拟提供热力学信息。相图在材料科学中主要有以下几方面的应用：

（1）选择合金成分及设计制备工艺 根据相图信息能极大地减少材料设计过程中的盲目性。在材料的生产和处理过程中，熔炼和浇注温度、热变形温度范围、烧结温度、热处理类型及工艺参数均可以相图作为依据来确定。

（2）凝固和相变过程 通过相图计算可以分析与模拟合金的凝固及相变过程。

（3）界面反应及扩散通道 柳春雷等通过计算亚稳相图、比较界面处局部平衡时各相形成驱动力大小，预测了 Sn-3.5% Ag/Cu、Sn-2.5% Ag/Cu 和 Sn-3.5% Ag/Ni 扩散偶界面反应过程中的中间相形成序列，并利用 Scheil-Gulliver 凝固模型模拟了 Sn-2.5% Ag/Cu 体系中过剩焊料的非平衡凝固过程，预测了焊料在之后冷却过程中的相变化。根据微观组织与性能关系来评估焊接接头的可靠性，从而选择合理的焊料成分，优化焊接工艺。

（4）非平衡状态 通过相图不仅可以了解平衡态，也可以了解非平衡态。实际应用的材料处于真正的平衡状态几乎不可能，利用相图可以推测非平衡态下可能的组织变化。Perepezko 和 Boettinger 根据液相投影图分析了 Al-1.8%（质量分数）Fe-1.1% Si 合金不同冷却速度下的扩散通道。

(5) 合金性能谱　相图与材料的力学性能、物理性能等有一定的关系，因此可根据相图预测相关性能。赵继成提出了利用扩散偶来预测合金性能谱的技术，利用现代的各种显微分析手段，如电子探针、背散射等对扩散偶样品的各区域进行检测，可以分析和测定合金成分-相-性能之间的关系图，这可以加快合金的设计过程。

(6) 故障分析和服役寿命预测　利用相图可进行材料生产过程中的故障分析，工件在加工过程中出现的一些缺陷，可根据某些杂质元素可能的反应来分析和控制。还可进行服役寿命预测，Terminello 等通过计算 Pu-Ga 相图，预测出核武器中钚核心的使用寿命至少为 85 年。

实验 5　二元固液金属相图的绘制

【实验目的】

1. 了解固-液相图的特点。
2. 用热电偶-电位差计测定 Bi-Sn 体系的步冷曲线，绘制相图。
3. 掌握热电偶温度计的使用。
4. 掌握热分析法测定金属相图的方法。

【实验原理】

人们常用图形来表示体系的存在状态与组成、温度、压力等因素的关系。以体系所含物质的组成为自变量，温度为应变量所得到的 T-x 图是常见的一种相图。二组分相图已经得到广泛的研究和应用。固-液相图多应用于冶金、化工等领域。

二组分体系的自由度与相的数目有以下关系：

$$自由度 = 组分数 - 相数 + 2 \tag{3-21}$$

由于一般的相变均在常压下进行，所以压力 p 一定，因此以上的关系式变为：

$$自由度 = 组分数 - 相数 + 1 \tag{3-22}$$

又因为一般物质其固、液两相的摩尔体积相差不大，所以固-液相图受外界压力的影响颇小，即使压力有变化，固-液平衡体系的自由度也采用式(3-22)计算。这是它与气-液平衡体系的最大差别。

步冷曲线法是绘制相图的基本方法之一，是通过测定不同组成混合体系的冷却曲线来确定凝固点与溶液组成的关系。通常是将金属混合物或其合金加热全部熔化，然后让其在一定的环境中自行冷却，根据温度（T）与时间（t）的关系来判断有无相变的发生。图 3-18 是二元金属体系一种常见的步冷曲线。

当金属混合物加热熔化后冷却时，由于无相变发生，体系的温度随时间变化较大，冷却较快（1～2 段）。若冷却过程中发生放热凝固，产生固相，温度随时间的变化减

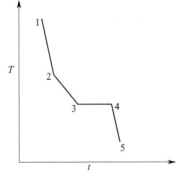

图 3-18　步冷曲线

小，体系的冷却速度减慢（2～3 段）。当熔融液继续冷却到某一点时，如 3 点，由于此时液相的组成为低共熔物，3 点的温度为低共熔物的熔点。在最低共熔混合物完全凝固以前，体系处于两个固相一个液相三相平衡状态，根据式(3-22)，此时体系自由度为 0，体系温度保持不变，步冷曲线出现平台（如 3～4 段）。当熔融液完全凝固形成两种固态金属后，体系温度又继续下降（4～5 段）。观察步冷曲线可以知道一定组成的合金在什么温度出现相变，绘制不同比例的二元金属系统的步冷曲线就可以确定系统的相变温度，因此，根据一系列不同组成混合体系的步冷曲线就可以绘制出完整的二组分固液平衡相图。本实验采用热分析法测绘 Bi-Sn 二元合金金属相图。

热分析法是相图绘制工作中常用的一种实验方法。按一定比例配成均匀的液相体系，让它缓慢冷却。以体系温度对时间作图，则为步冷曲线。曲线的转折点表征了某一温度下发生相变的信息。由体系的组成和相变点的温度作为 T-x 图上的一个点，众多实验点的合理连接就成了相图上的一些相线，并构成若干相区。这就是用热分析法绘制固-液相图的概要。

图 3-19(b) 与图 3-19(a) 为简单低共熔固-液相图及其步冷曲线。曲线 1 表示将纯 Bi 液体冷却至 a 点时，体系温度将保持恒定，直到样品完全凝固。曲线上出现一个水平段后再继续下降。曲线 6 表示纯 Sn 的步冷曲线。曲线 3 具有最低共熔物的成分，该液体冷却时，情况与纯 Bi 体系相似。与曲线 1 相比，曲线 3 的组分数由 1 变为 2，但析出的固相数也由 1 变为 2，所以 T_d 也是定值。

曲线 2 和 4 代表了上述两组成为非最低共熔物的情况。设把一个组成为 x_1 的液相冷却至 T_b 时，即有 Bi 的固相析出。与前两种纯物质情况不同，这时体系还有一个自由度，温度将继续下降。不过，由于 Bi 的凝固所释放的热效应将使该曲线的斜率明显变小，在 T_b 处出现一个转折。

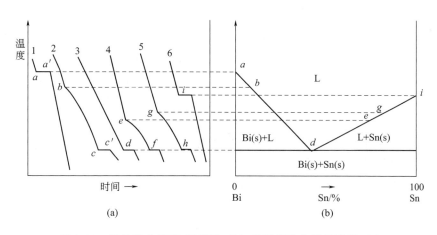

图 3-19　简单低共熔固-液相图（b）及其步冷曲线示意图（a）

【实验器材及试剂】

1. 实验器材

KWL-Ⅲ 金属相图实验装置 1 套（控温传感器、专用试管、KWL-10 可控升降温电炉、电子天平、SKWY-Ⅱ 数字测控温巡检仪、温度传感器）。

2. 实验试剂

Sn（化学纯）；Bi（化学纯）；石蜡油。

【实验步骤】

1. 样品配制

样品配方如下：

序号	1	2	3	4	5	6
Sn 质量/g	100	80	60	42	20	0
Bi 质量/g	0	20	40	58	80	100

用电子天平配制分别含 Sn 20%（纯 Bi 80g、纯 Sn 20g，序号 5）、42%（纯 Bi 58g、纯 Sn 42g，序号 4）、60%（纯 Bi 40g、纯 Sn 60g，序号 3）、80%（纯 Bi 20g、纯 Sn 80g，序号 2）的 Bi-Sn 混合物各 100g，分别混合均匀，另外称取纯 Bi、纯 Sn 各 100g，分别装入 6 个专用试管内（序号 6 和 1）。每根试管加入适量石蜡油（约 3g），将金属全部覆盖以防止金属加热过程中接触空气而氧化。

2. 连接仪器

用电源连接线把数字测控温巡检仪和可控升降温电炉连接，连接控温传感器，连接 6 个专用试管的测温温度传感器。

3. 绘制步冷曲线

分别打开数字测控温巡检仪和可控升降温电炉的电源。

按数字测控温巡检仪的"工作/置数"键至置数状态，设定控制温度为 350℃ 和定时时间为 60s，再按"工作/置数"键至工作状态。此时，仪器进入加热升温状态，按"自动/手动"键至自动巡检状态。

打开金属相图数据处理系统工作站，点击学生端的"多探头"按钮进入下一界面。在数据采集前，每个窗口需填写学生信息和各号样品的实验参数。

当控制温度及测量温度达到设定温度后，让其相对稳定 10min。待试管内样品完全熔化后，按数字测控温巡检仪的"工作/置数"键至置数状态。点击工具栏中"数据通讯"下拉框中的"开始通讯"按钮，此时，系统进入数据采取状态（注意：每个窗口都需要点击"开始通讯"）。可根据需要使用冷风量调节旋钮调节降温速率（建议采用自然降温）。待样品降温平台和拐点全部出现后停止记录数据与测定。

点击工作站数据采集窗口中各号窗口查看数据采集情况，点击数据处理窗口，再点击工具栏中"图形处理"下拉框中的"绘制相图"按钮绘制相图。

另外，也可以手动记录数据：待试管内样品完全熔化后，按数字测控温巡检仪的"工作/置数"键至置数状态，按"自动/手动"键至手动巡检状态，冷却，按"手动选择"键选择显示各号试管的测量温度，每半分钟记录一个温度值。步冷曲线测试装置见图 3-20。

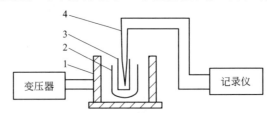

图 3-20　步冷曲线测试装置

1—加热炉；2—坩埚；3—玻璃套管；4—热电偶

【注意事项】

根据实验原理可知，要获得准确真实的相图，必须保证样品组成和测量温度的准确性，为此在实验过程中需注意以下几点。

1. 样品的组成是直接称重配成的，要保证样品的纯度，一般化学纯可以满足实验要求。为防止样品在高温下的挥发氧化，在配制样品时可加入少量的石墨粉，尽管如此，长期使用的样品难免发生氧化变质，可以将样品废弃，重新配制。或者加入适量石蜡油（约3g），将金属全部覆盖以防止金属加热过程中接触空气而氧化。

2. 加热熔化样品时的最高温度不超过样品熔点的30～50℃，既保证样品完全熔融，又不至于温度过高使样品氧化变质、石蜡油炭化。待样品熔融后，注意不要碰触电炉及样品管，以免烫伤。

3. 在样品降温过程中，必须使体系处于或接近于相平衡状态，因此要求降温速率缓慢、均匀。降温速率取决于体系与环境间的温差、体系的热容量和热传导速率等因素。当固体析出时，产生的凝固热使步冷曲线出现"拐点"。若产生的凝固热能够抵消散失热量的大部分，则"拐点"明显；反之，则不明显。但降温速率太慢，实验时间会延长。在本实验条件下，通过调整适当的风量以 3～5℃·min^{-1} 的速率降温，可在较短时间内完成一个样品的测试。

4. 样品在降温至"平阶"温度时，会出现十分明显的过冷现象，应该待温度回升出现"平阶"后温度再下降时，才能结束记录。另外，为了使热电偶指示温度能真实地反映被测样品的温度，本实验所设计的热电偶套管的底部正好处于样品的中部，所用热电偶的热容量小，具有较好的导热性。

5. 在测定一样品时，可将另一待测样品放入加热炉内预热，以便节约时间，体系有两个转折点，必须待第二个转折点测完后方可停止实验，否则须重新测定。

【数据记录与处理】

1. 数据记录

手动记录见表 3-8。

表 3-8　不同组成金属混合物的冷却时间-温度记录表

温度 T/℃ \ 时间 t/min	锡的组成/%					
	0	20	42	60	80	100

2. 数据处理

(1) 根据实验数据作温度（T）-时间（t）的步冷曲线。

(2) 找出纯 Bi、纯 Sn 的熔点，找出各步冷曲线中拐点和平台对应的温度值。

(3) 以温度为纵坐标，以质量分数为横坐标，绘出 Bi-Sn 合金相图。从相图中找出低共熔点的温度和低共熔混合物的成分。

【思考题】

1. 试用相律分析各步冷曲线上出现平台的原因。
2. 为什么在不同组分熔融液的步冷曲线上，最低共熔点的水平线段长度不同？
3. 作相图还有哪些方法？
4. 步冷曲线上为什么会出现转折点？纯金属、低共熔物及合金等的转折点各有几个？曲线形状有何不同？

【注释】

绘制固液二相平衡曲线的常用方法有溶解度法和热分析法。溶解度法是指在确定的温度下，直接测定固液二相平衡时溶液的浓度，然后依据测得的温度和相应的溶解度数据绘制成相图。此法适用于常温下易测定组成的体系，如水盐体系等。热分析法适用于常温下不便直接测定固液平衡时溶液组成的体系（如合金和有机化合物体系）。通常利用相变时的热效应来测定组成已确定体系的温度，然后依据选定的一系列不同组成的二组分体系所测定的温度，绘制相图。用热分析法测绘相图时，被测体系必须时时处于或接近相平衡状态。因此，体系的冷却速度必须足够慢才能得到较好的结果。体系温度的测量，可用水银温度计，也可选用合适的热电偶。由于水银温度计的测量范围有限，而且其易破损，所以目前大都采用热电偶来进行测温。用热电偶测温其优点是灵敏度高、重现性好、量度宽。而且由于它是将非电信号转换为电信号，故将它与电子电热差计配合使用，可自动记录温度-时间曲线。原则上也可用升温过程中的实验数据作温度-时间关系曲线，但由于升温过程中温度很难控制，不易做到均匀加热，由此产生的误差大于冷却过程，所以通常都绘制冷却曲线。本实验用热电偶作为感温元件，自动平衡电位差计测量各样品冷却过程中的热电势，作出电位-时间曲线（步冷曲线），再由热电偶的工作曲线找出相变温度，从而作出 Bi-Sn 体系的相图。

【附录】

SWKY-Ⅱ数字测控温巡检仪

SWKY-Ⅱ数字测控温巡检仪采用数字信号处理技术，用单片机对温度信号进行线性处理，具有 Woch Dog 功能。控温采用 PID 自整定技术，自动按设置调整加热体系，温度控制更为理想，并有定时提醒功能，便于定时观察、记录，测温显示采用巡检方式，可循环观测、记录 6 组数据，并可选配 RS232 串行接口，方便与计算机连接，实现与电脑数据的通信。

1. 技术指标

工作环境：

(1) 电源：AC 198～242V，50Hz。

(2) 温度：−10～50℃。

(3) 相对湿度：≤85%。

(4) 无腐蚀性气体的场所。

指标参数：

(1) 控温范围：室温至 1100℃；分辨率：0.1℃。

(2) 测温范围：−50～450℃；分辨率：0.1℃。

(3) 报警时间：10～99s。

(4) 功率输出：1.5kV·A。

2. 面板示意图

该仪器前面板见图3-21。

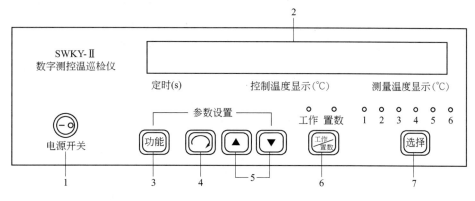

图3-21 前面板

图3-21中：
（1）电源开关。
（2）显示窗口。
（3）功能键：按此键切换定时/控制温度显示窗口的设置。
（4）移位键：置数时，按此键进行移位设置。
（5）置数增减键：置数时对设置值增减。
（6）控温置数切换键：对仪器工作状态进行切换。
（7）测温显示切换键：按此键轮流显示6组测量温度。

该仪器后面板见图3-22，具体如下：

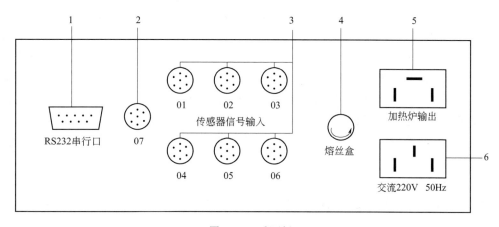

图3-22 后面板

（1）RS232串行口：计算机接口（可选配）。
（2）热电偶插座：将热电偶（K）插头插入此座。
（3）Pt100传感器插座：将测温传感器（Pt100）插入此座。
（4）熔丝：10A。
（5）控制电源输出：与加热炉连接。
（6）电源插座：与交流220V电源连接。

3. 使用方法

(1) 外观检查　新购仪器应进行验收检验，打开包装盒，整机与配件应完全符合。

(2) 通电检查　用配备的加热炉连接线将 SWKY-Ⅱ 数字测控温巡检仪后面板加热炉输出与加热炉对接。将 6 根 Pt100 传感器对应插入后面板上的传感器信号输入插座，即 01-01，02-02，…，06-06，控温热电偶（K）接"07"插座。用配备的电源线将交流 220V 与仪器后面板电源插座连接，按下前面板电源开关，此时，显示器和指示灯均应有显示，初始状态为

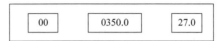

控制温度显示器首位 LED 闪烁，仪表处于置数工作状态，置数指示灯亮，将热电偶（07）插入加热炉热电偶插孔内，Pt100 传感器插入装有试剂的样品管。

(3) 设置控制温度　按工作/置数键至置数指示灯亮，此时，控制温度显示器的最高位 LED 闪烁。

例如欲设置 470℃，按动功能键，此时，控制温度显示器 LED 的百位上数字闪烁，再按▲键，此位将依次显示"0""1""2""3""4"，至显示"4"时停止按动▲键。按动功能键，此时，控制温度显示器 LED 的十位上数字闪烁，再按▼键，此位将依次显示"9""8""7"，至显示"7"时停止按动▼键。按动功能键，此时，控制温度显示器 LED 的个位上"0"闪烁。此时即为设定温度 470℃。

(4) 定时报警的设置　需定时观测、记录时，按功能键，定时显示 LED 闪烁，置数灯亮，用▲、▼键设置所需定时的时间，其有效设置时间在 10～99s。报警工作时，定时时间递减至零，报警器即鸣响 2s。然后，按所设定的报警时间往复循环报警。无须定时提醒报警功能时只需将报警时间设置 10s 之内（<10s）即可。

(5) 设置完毕，按一下工作/置数键，工作/置数两灯同亮，仪表显示值为环境温度。再按一下工作/置数键，置数指示灯熄灭，工作指示灯亮，仪表处于工作状态，即处于对加热炉进行控制加热的状态，这时显示器显示值为加热炉的温度值。仪表对加热炉自整定，将加热器温度自动准确地控制在所需的温度范围内。在加热过程中如需查看设置温度，只需按工作/置数键，将仪器切换至置数状态，置数指示灯亮时即可查看，查看完毕，只需再按一下工作/置数键，切换至工作状态，工作指示灯亮，仪表继续对加热炉进行控制加热。

(6) 在控温过程中，如需察看被加热介质的温度，只需按选择键即可，仪器将轮流显示 6 组测量温度值。

4. 维护及注意事项

(1) 为安全起见，设置温度前，须用连接线将 SWKY-Ⅱ 数字测控温巡检仪与加热器先连接好。

(2) 仪器不宜放置在潮湿及有腐蚀性气体的场所，应放置在干燥、通风的地方。

(3) 长期搁置，再启用前，一定要将灰尘清洁干净后，将仪器试通电、运行。避免因潮湿、灰尘而引起漏电现象。

(4) 在仪器正常运行过程中，欲观察定时环境温度，只需按工作/置数键，直至工作指示灯、置数指示灯亮，此时温度显示窗口显示值即为实时环境温度。

(5) 仪器在正常运行过程中，只有在置数指示灯亮时，才能改变温度或报警设置。

(6) 传感器和仪器必须配套使用，不可互换！互换虽也能工作，但测控温度的准确度、

可靠性必将有所下降。同时，没有专门检测设备的单位和个人，切勿打开机盖调整、更换元器件，以免影响仪器正常使用，造成不必要的损失。

KWL-10 可控升降温电炉

本设备采用立式加热，专为方便高校师生做金属相图实验而设计。可同时做多组实验，有独立的加热和冷却系统，与 SWKY-Ⅱ数字测控温巡检仪配合使用，配以软件可实现金属相图曲线的自动绘制和打印。

1. 技术指标

炉膛尺寸：$\phi 120$mm×70mm。

外观尺寸：380mm×270mm×250mm。

最大加热功率：1.2kW。

最快升温速度：20℃·min^{-1}。

最快降温速度：30℃·min^{-1}（通过"加热量调节"和"冷风量调节"控制降温速度）。

2. 面板示意图

前面板示意图见图 3-23，具体如下：

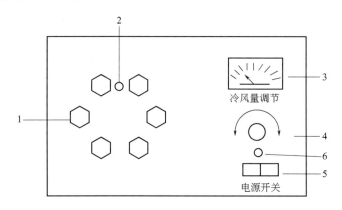

图 3-23　前面板示意图

(1) 实验试管摆放区。

(2) 控温热电偶插入处。

(3) 直流电压表：显示冷风机电压值。

(4) 冷风量调节：调节冷风机工作电压。

(5) 电源开关。

(6) 电源指示灯。

后面板示意图见图 3-24，具体如下：

(1) 电源插座：与交流 220V 相接。

(2) 外加热电源：与控温仪相连接。

(3) 熔丝：0.2A。

(4) 冷风机排风口。

3. 使用说明

本仪器与 SWKY-Ⅱ数字测控温巡检仪配套使用（有关 SWKY-Ⅱ的使用详见其使用说明书）。

(1) 按 SWKY-Ⅱ使用说明书将测控温巡检仪与 KWL-10 可控升降温电炉进行连接。将

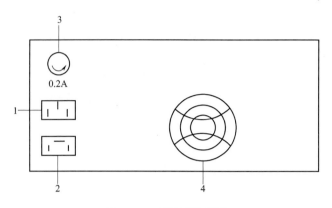

图 3-24　后面板示意图

"冷风量调节"逆时针旋转到底（最小）。

（2）将装有试剂的试管插入实验试管摆放区的炉膛内，按顺序将控温仪编号为 01～06 的 6 根测温传感器分别插入每一根试管内，将控温测量热电偶（K）插入炉膛小孔内。

（3）按 SWKY-Ⅱ 使用说明书设置控制温度、定时时间。

（4）控制温度显示达到所设定的温度并稳定一段时间（即在设置温度的 ±15℃ 范围内波动），试管内试剂完全熔化后，将 SWKY-Ⅱ 数字测控温巡检仪置于置数状态。置数指示灯亮（即巡检仪不对电炉加热），让巡检仪处于自然降温状态（如与电脑连接，点击"开始绘图"）。按 SWKY-Ⅱ 数字巡检仪测量温度"选择"键，对 6 组数据进行记录。

注意：实验过程中，如降温速度特别慢（降温速度一般以 5～8℃·min^{-1} 为佳），可稍许调节冷风量调节，进行降温。

（5）实验完毕，打开冷风量调节，待温度显示接近室温时，关闭电源。

4. 使用与维护注意事项

（1）为保证使用安全，必须先用对接线将两仪器"加热器电源"相连，然后将巡检仪及电炉与交流 220V 电源接通。

（2）仪器应放置在通风、干燥、无腐蚀性气体的场所。

（3）电炉长期搁置重新启用时，应将灰尘打扫干净后才能通电，并检查是否有漏电现象。

（4）在进行金属相图实验的降温时，要注意降温速率的保持。

（5）电炉的温度只受数字测控温巡检仪控制。

相图的应用：①在冶金工业中，控制金属的冶炼过程，对物质的高度提纯，分析金属组成和性能的关系，研制具有优良性能的新合金以及探讨稀土元素对钢的性能的改善都要应用相图；②在硅酸盐工业中，确定某种材料的配方，选择烧成制度，预测产品性能等也离不开相图；③在开发新材料的过程中，往往要研究用什么原料在什么条件下可以形成什么相，预计可以获得什么性能；④相图在化学、化工、矿物、地质和物理等领域中的应用也十分广泛。

相图的应用例子如下。

硫是钢铁中十分有害的杂质元素，根据 Fe-FeS 系统相图（图 3-25），假设钢液中

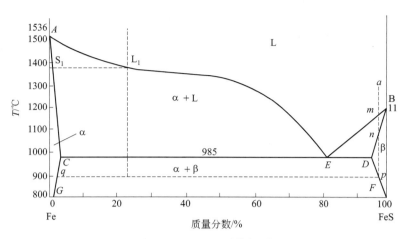

图 3-25 Fe-FeS 系统相图

图中各点组成（FeS 质量分数）：C 0.02%；G 0.013%；E 82%；D 95%；F 97.5%

含 FeS 在 C 点以右，即 FeS 的含量大于 C 点，则冷却时先析出 α 固溶体。当冷却到 985℃时，开始析出 α+β 固溶体共晶（组成点 E），这些共晶分布在先前析出的晶粒边界上。

具有这种结构特征的固体重新加热时，其中的共晶体首先熔化，这就是导致热加工时在晶界处产生断裂的原因，工业上称之为"热脆"现象。它破坏了钢的完整性，所以钢铁生产中对硫含量作了严格的规定。

实验 6　差热分析

【实验目的】

1. 掌握差热分析的基本原理和方法。
2. 了解差热分析仪的构造，学会其操作技术。
3. 用差热分析仪绘制 $CuSO_4 \cdot 5H_2O$ 和锡（Sn）样品的差热曲线，并解释差热谱图。

【实验原理】

物质在加热或冷却过程中往往会发生熔化、凝固、晶型转变、分解、化合、吸附、脱附等物理化学变化，这些变化伴随热效应，表现为该物质与外界环境之间有温度差。差热分析（differential thermal analysis，DTA）就是在程序控制下测量物质和参比物之间的温度差与温度（或时间）关系的一种热分析方法。

选择一种对热稳定的物质作为参比物，将其与样品一起置于可按设定速率升温的电炉中，分别记录参比物的温度以及样品与参比物间温度差，以温差对温度或时间作图就可得到一条曲线，称为差热分析曲线或差热图谱，理想的差热分析曲线见图 3-26，纵坐标表示样品和参比物的温差 ΔT，横坐标表示温度 T 或升温过程的时间 t。如果参比物的比热容和样品的比热容大致相同,而样品又无热效应时,两者的温度差很小,这时得到的是一条平滑的基线 OA。随着温度的上升,样品发生物理化学变化,产生了热效应,在差热图谱上就出现一个峰,如图 3-26 中的 ABC 和 DEF。

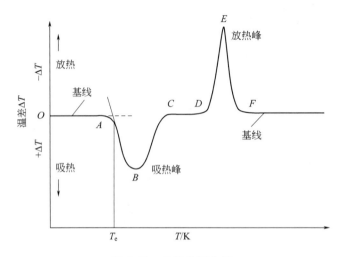

图 3-26　差热分析曲线

从差热图谱上可清晰地看到差热峰的数目、位置、方向、宽度、高度、对称性以及峰面积等。峰的数目表示物质发生物理化学变化的次数;峰的位置表示物质发生变化的转化温度和峰值温度,根据国际热分析协会(ICTA)的规定,样品发生热效应的起始温度应为峰前缘斜率最大处的切线与外推基线的交点所对应的温度 T_e(如图 3-26),该温度与其他方法测得的热效应起始温度较一致;峰的方向表明体系发生了吸热反应还是放热反应,从大的方面界定过程的类型,习惯上规定:吸热峰向下,为负峰,$\Delta T < 0$;放热峰向上,为正峰,$\Delta T > 0$。峰面积说明热效应的大小,相同条件下,峰面积大的表示热效应也大,在热量测量中,应用最为广泛的计算式是 Speil 式:

$$A = \int_{t_1}^{t_2} \Delta T dt = \frac{m_a \Delta H}{g \lambda s} = K(m_a \Delta H) = K Q_p \tag{3-23}$$

由此可以看出,差热分析曲线上的峰面积 A 与反应的热效应成正比,系数为 K,故通过差热分析确定峰面积后,用已知热效应的物质标定系数 K,即可求得待测物质反应的热效应 Q_p 和焓变 ΔH。本实验以锡为标准物质标定系数 K,其熔化热为 59.36 J·g^{-1}。

在相同的测定条件下,许多物质的差热图谱具有特征性,即一定的物质就有一定的差热峰的数目、位置、方向、峰温等。因此,可通过与已知的差热图谱的比较来鉴别样品的种类及相变温度、热效应等物理化学性质,广泛应用于化学、化工、冶金、陶瓷、地质和金属材料等领域的科研和生产部门。

实际测定中,由于影响差热分析曲线的形状和差热峰位置的因素很多,如升温速率、样品的传热特性、样品粒度及结晶度、试样的预处理及用量、样品的视堆积密度、炉内气氛等,要测得一条能够提供真实、客观信息的差热分析曲线并把它正确识读清楚需要大量的实验和经验逐步积累的过程。

【实验器材及试剂】

1. 实验器材

电脑 1 台;ZCR 差热分析仪 1 台;研钵 2 个;小坩埚;小药勺;镊子;天平;称量纸。

2. 实验试剂

$CuSO_4 \cdot 5H_2O$（分析纯）；$\alpha\text{-}Al_2O_3$（分析纯）；锡（Sn）样品。

【实验步骤】

(1) 打开 ZCR 差热分析仪开关，预热 30min。打开电脑开关，在电脑桌面上点击"差热分析软件"图标，打开分析软件。

(2) 调节电炉水平，调节方法详见本实验附录。

(3) 观察炉管是否在炉膛中央位置，不是的话，需要调节，方法见本实验附录。

(4) 制备样品 用研钵分别研磨 $CuSO_4 \cdot 5H_2O$ 和 $\alpha\text{-}Al_2O_3$，再用天平称量研磨好的 $CuSO_4 \cdot 5H_2O$ 和 $\alpha\text{-}Al_2O_3$ 各约 10mg，小心振动使其尽量在小坩埚中平铺均匀。

(5) 试样和参比物坩埚的放置：逆时针旋松两只炉体固定螺栓，双手小心轻轻向上托取炉体至最高点后（右定位杆脱离定位孔），将炉体逆时针方向推移到底（90°），此时将两坩埚分别放置在托盘上，左边托盘放置试样坩埚，右边托盘放置参比物坩埚。然后反序操作放下炉体，并旋紧炉体固定螺栓。

(6) 用配备的橡胶管将电炉冷却水接口与自来水（冷却液）相连接，开通冷却水。

(7) 选择"电脑控制"（开关在差热分析仪的后面板）。

(8) 联机操作 在热分析实验系统菜单栏中，点击"通信"，选择对应接口，至联机状态指示灯显示绿色，表示联机成功。

(9) 实验类型选择 在菜单中点击"实验类型"，选择"差热分析法"。在软件界面，输入样品名称及质量，实验信息（姓名、学号、班级等）。

(10) 参数设置 在菜单栏中点击"仪器设置"，选择"控制参数设置"，出现参数对话框，设定报警记录时间 60s，升温速率 10℃/min，目标温度为 400℃，控温传感器选择 T_0 控制温度，点击修改，设置完毕（注：当炉体内有气氛套管时，选择 T_S 控制，无套管时选择 T_0 控制）。

(11) DTA 采零 点击"仪器设置"，选择"DTA 采零"，清除仪器等产生的初始偏差。

(12) 电炉升温 点击"仪器设置"，选择"开始控温"，电炉开始升温。差热曲线开始扫描，等 T_0 温度升至目标温度，电炉停止加热，点击"停止控温"，差热曲线扫描结束，以 RFX 格式保存数据。

(13) 数据处理 在热分析实验系统软件的菜单中，点击"数据处理"，依次选择对应菜单分别求出各峰的起始温度 T_e 和峰顶温度 T_p 以及各个峰的面积，数据处理完，在菜单栏中点击"文件"，选择打印，以"PDF"或图片格式保存数据。

(14) 降温 等温度自然降温至 200℃，取冷却风扇辅助降温至室温。

(15) 用坩埚称量约 10mg 锡粉，参比物可重复使用，按前面的步骤，测定锡粉的差热曲线，在锡的第一个峰出来之后（约 232℃）的适当位置停止试验，保存数据。

(16) 实验结束关闭冷却水，并取出样品，关闭仪器电源，整理桌面。

【注意事项】

1. 坩埚一定要清理干净，否则不仅影响导热，杂质在受热过程中也会发生物理化学变化，影响实验结果的准确性。

2. 样品必须研磨得很细，否则差热峰不明显，但也不要太细。一般差热分析样品研磨到 200 目为宜。

3. 炉体的升降虽有定位保护装置，但在放下炉体时，务必将炉体转回原处，将定位杆插入定位孔后，再缓慢向下放入。因高钢玉管既是坩埚托盘支撑杆，又是差热分析电炉两只热电偶的套管，即细又脆，所以托取或放下炉体时要特别小心，轻拿轻放，以免碰断。

4. 样品和参比物都要均匀地平铺在坩埚底部，坩埚底部与支架应水平接触良好，否则作出的曲线极不平整。

5. 实际测量中，由于各种因素导致试样和参比物的比例系数 K 并不相同，所计算的热效应误差可能会比较大。

【数据记录与处理】

1. 数据记录

样品1：_____；质量：_____；参比物：_____；质量_____；

样品2：_____；质量：_____。

根据相关数据作出 $CuSO_4 \cdot 5H_2O$ 和锡的差热曲线。

2. 数据处理

(1) 根据差热分析曲线，分析 $CuSO_4 \cdot 5H_2O$ 脱水过程中出现热效应的次数，各峰的起始温度 T_e 和峰顶温度 T_p，将数据记入表3-9。

(2) 根据公式，由锡的差热峰面积求得 K，然后根据 $CuSO_4 \cdot 5H_2O$ 各个峰的面积计算热效应值（注意，五水硫酸铜失水后质量发生变化）。

(3) 分析样品 $CuSO_4 \cdot 5H_2O$ 各峰代表的变化，写出热反应方程式。推测 $CuSO_4 \cdot 5H_2O$ 中5个 H_2O 和 $CuSO_4$ 结合的可能形式。

表3-9 差热分析数据记录

样品	$CuSO_4 \cdot 5H_2O$			Sn
峰号	1	2	3	
开始温度/℃				
峰顶温度(T_p)/℃				
结束温度/℃				
峰的起始温度(T_e)/℃				
峰面积/V·s				
质量/mg				

【思考题】

1. DTA实验中如何选择参比物？常用的参比物有哪些？
2. 影响差热分析结果的主要因素是什么？
3. DTA和简单热分析（步冷曲线法）有何异同？

【注释】

1. 差热分析的应用

凡是在加热（或冷却）过程中，因物理化学变化而产生吸热或者放热效应的物质，均可以用差热分析法加以鉴定。其主要应用范围如下：

（1）含水化合物　对于含吸附水、结晶水或者结构水的物质，在加热过程中失水时，发生吸热作用，在差热分析曲线上形成吸热峰。

（2）高温下有气体放出的物质　一些化学物质，如碳酸盐、硫酸盐及硫化物等，在加热过程中由于 CO_2、SO_2 等气体的放出而产生吸热效应，在差热分析曲线上表现为吸热谷。不同类物质放出气体的温度不同，差热分析曲线的形态也不同，利用这些特征就可以对不同类物质进行区分鉴定。

（3）矿物中含有变价元素　矿物中含有变价元素，在高温下发生氧化，由低价元素变为高价元素而放出热量，在差热分析曲线上表现为放热峰。变价元素不同，以及在晶格结构中的情况不同，则因氧化而产生放热效应的温度也不同，如 Fe^{2+} 在 340~450℃ 变成 Fe^{3+}。

（4）非晶态物质的重结晶　有些非晶态物质在加热过程中伴随重结晶的现象发生，放出热量，在差热分析曲线上形成放热峰。此外，如果物质在加热过程中晶格结构被破坏，变为非晶态物质后发生晶格重构，则也形成放热峰。

（5）晶型转变　有些物质在加热过程中由于晶型转变而吸收热量，在差热分析曲线上形成吸热谷。因而适合对金属或者合金、一些无机矿物进行分析鉴定。

2. 影响差热分析曲线的因素

差热分析操作简单，但在实际工作中往往发现同一试样在不同仪器上测量，或由不同的人在同一仪器上测量，所得到的差热曲线结果有差异。峰的最高温度、形状、面积和峰值大小都会发生一定变化。其主要原因是热量与许多因素有关，传热情况比较复杂。虽然影响因素很多，但只要严格控制某种条件，仍可获得较好的重现性。

影响差热分析的主要因素：

（1）气氛和压力的选择　气氛和压力可以影响样品化学反应和物理变化的平衡温度、峰形。因此，必须根据样品的性质选择适当的气氛和压力。有的样品易氧化，可以通入 N_2、Ne 等惰性气体。

（2）升温速率的影响和选择　升温速率不仅影响峰温的位置，而且影响峰面积的大小。一般来说，在较快的升温速率下峰面积变大，峰变尖锐。但是快的升温速率使试样分解偏离平衡条件的程度也大，因而易使基线漂移。更可能导致相邻两个峰重叠，分辨力下降。较慢的升温速率，基线漂移小，使体系接近平衡条件，得到宽而浅的峰，也能使相邻两峰更好地分离，因而分辨力高。但测定时间长，需要仪器的灵敏度高。一般情况下选择 $10~15℃ \cdot min^{-1}$ 为宜。

（3）试样的预处理及用量　试样用量大，易使相邻两峰重叠，降低了分辨力。一般尽可能减少用量，最多大至毫克。样品的颗粒度在 100~200 目左右，颗粒小可以改善导热条件，但太小可能会破坏样品的结晶度。对易分解产生气体的样品，颗粒应大一些。参比物的颗粒、装填情况及紧密程度应与试样一致，以减少基线的漂移。

（4）参比物的选择　要获得平稳的基线，参比物的选择很重要。要求参比物在加热或冷却过程中不发生任何变化，在整个升温过程中参比物的比热容、热导率、粒度尽可能与试样一致或相近。常用三氧化二铝（α-Al_2O_3）或煅烧过的氧化镁或石英砂作参比物。如分析试样为金属，也可以用金属镍粉作参比物。如果试样与参比物的热性质相差很远，则可用稀释试样的方法解决，主要是减少反应剧烈程度。如果试样加热过程中有气体产生，应减少气体大量出现，以免使试样冲出。选择的稀释剂不能与试样有任何化学反应或催化反应，常用的稀释剂有 SiC、Al_2O_3 等。

除上述外还有许多因素，诸如样品管的材料、大小和形状，热电偶的材质，以及热电偶插在试样和参比物中的位置等都是应该考虑的因素。

【附录】

ZCR 差热分析装置使用方法

1. ZCR 差热分析装置的结构

ZCR 差热分析装置见图 3-27。

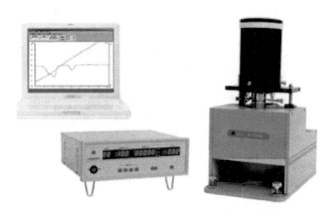

图 3-27　ZCR 差热分析装置

ZCR 差热分析装置主要由差热分析炉（电炉）、差热分析仪、温度传感器、差热分析软件、电脑和打印机等组成，具体见图 3-28。

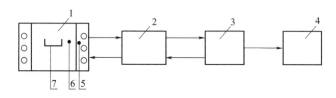

图 3-28　ZCR 差热分析装置结构方框图

1—差热分析炉；2—差热分析仪；3—电脑；4—打印机；5—温控（T_S）热电偶；
6—参比物测温热电偶（T_O）；7—DTA 测温热电偶及托盘

2. ZCR 差热分析炉结构

ZCR 差热分析炉结构见图 3-29。

3. 差热分析炉的使用方法

(1) 电炉放置水平的调节　电炉放置在具有一定支撑力的平整平台上，用水平调节螺栓（14）调节至水平仪（10）气泡在中心圆圈之内。

(2) 炉管中心位置的调节　取下保护罩（4），取去炉膛端盖（15），观察炉管（5）应在炉膛中，调节三只炉管调节螺栓（7），使炉管（5）处于炉膛中央后。拧紧三只炉管调节螺栓（7），使炉管稳固地置于炉膛中央，避免因样品杆、坩埚等因素引起的基线偏移。

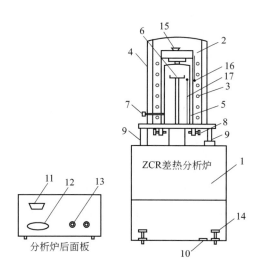

图 3-29　ZCR 差热分析炉结构示意图

1—电炉座（内含配件盒，两手分别抠住炉座前板标贴两侧凹槽处稍用力即可打开）；
2—炉体；3—电炉丝；4—保护罩；5—炉管；6—坩埚托盘及差热热电偶；
7—炉管调节螺栓；8—炉体固定螺栓；9—炉体定位(右) 及升降杆(左)；
10—水平仪；11—热电偶输出接口；12—电源插座；13—冷却水接口；
14—水平调节螺栓；15—炉膛端盖；16—炉温热电偶；17—参比物测温热电偶

（3）放置试样和参比物坩埚。

（4）开通冷却水。

（5）差热分析炉与差热分析仪的连接　用配备的加热炉电源线将差热分析炉与差热分析仪连接，用配备的数据线将差热分析炉与差热分析仪连接，配备的另一根数据线是差热分析仪与电脑的连接线。

4. 差热分析仪的结构

差热分析仪前面板示意图见图 3-30，具体如下：

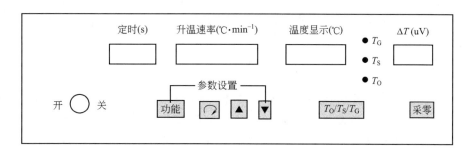

图 3-30　差热分析仪前面板示意图

（1）电源开关：差热分析炉和差热分析仪总电源开关。

（2）参数设置

功能：选择参数设置项目（定时、升温速率、差热分析炉最高炉温设置）。只有在 T_G 指示灯亮时，按此键参数设置才起作用。

⟳：移位键，选择参数设置项目位。

▲、▼：加、减键，增加或减少设置数值。

(3) $T_O/T_S/T_G$：温度显示键。T_O——参比物温度；T_S——加热炉温度；T_G——设定差热分析最高控制温度。

(4) 指示灯：T_O、T_S、T_G 仅其中某一指示灯亮时，温度显示器显示值即为与之对应的温度值，三个指示灯同时亮时，显示器显示值为冷端温度（作热电偶自动冷端补偿用）。

(5) 采零：清除 ΔT 的初始偏差。

(6) $\Delta T(uV)$：DTA 显示窗口。

(7) 温度显示(℃)：T_O、T_S、T_G 及冷端温度显示窗口，0~1100℃。

(8) 升温速率(℃·min^{-1})：升温速率窗口 1~20℃·min^{-1}。

(9) 定时(s)：定时器显示窗口，0~99s（10s 内不报警）。

5. 差热分析仪的参数设置及操作步骤

某差热分析实验需用电炉控制温度为 1100℃，升温速率 12℃·min^{-1}，报警记录时间 45s，应按下述步骤进行。

(1) 接通电源后，T_O、T_S、T_G 三指示灯中只有当 T_G 指示灯亮时，参数设置的功能才起作用，否则需按 $T_O/T_S/T_G$ 键，直至 T_G 指示灯亮。

(2) 按功能键，使定时显示器十位 LED 闪烁，用▲、▼键设定其值为 4，然后按移位键，定时显示器个位 LED 闪烁，用▲、▼键设定其值为 5，报警记录时间 45s 设定完毕。

(3) 再按一下功能键，此时升温速率显示器十位 LED 闪烁，用▲、▼键设定其值为 1，然后按移位键，显示器个位 LED 闪烁，用▲、▼键设定其值为 2，此时显示器显示值为 12，即升温速率为 12℃·min^{-1}。

(4) 再按一下功能键，此时 T_G 显示器千位 LED 闪烁，用▲、▼键设定其值为 1，按移位键百位 LED 闪烁，用▲、▼键设定其值为 1，连续按两下键，此时显示器显示值为 1100，即最高炉温为 1100℃，若此时再按一下功能键，程序返回步骤（2），即可循环选择参数设定。设置完毕，按 $T_O/T_S/T_G$ 键，三个指示灯同时亮，仪器进入升温阶段。

(5) 升温过程中如需观察 T_S 或 T_O 温度，只需按 $T_O/T_S/T_G$ 键，使之相对应的指示灯亮。

拓展阅读

热分析技术是在程序温度控制下研究材料的各种转变和反应，如脱水、结晶-熔融、蒸发、相变等，以及各种无机和有机材料的热分解过程和反应动力学问题等，是一种十分重要的分析测试方法，可以对物质进行定性、定量分析和鉴定，能为新材料的研究和开发提供热性能数据和结构信息。

热分析法的核心是研究物质在受热或冷却过程中产生的物理、化学性质的变迁速率与温度以及所涉及的能量和质量变化之间的关系。按照测定的物理量，如质量、温度、热量、尺寸、力学量、声学量、光学量、电学量和磁学量等对热分析方法加以分类，共有 9 类 17 种。常用的有 5 种，见表 3-10。

表 3-10　常用的差热分析简介

热分析法种类	测量物理参数	温度范围/℃	应用范围
差热分析法（DTA）	温度	20～1600	熔化及结晶转变、氧化还原反应、裂解反应等的分析研究，主要用于定性分析
差示扫描量热法（DSC）	热量	−170～1500	研究范围与 DTA 大致相同，但能定量测定多种热力学和动力学参数，如比热容、反应热、转变热、反应速率和高聚物结晶度等
热重法（TG）	质量	20～1500	沸点、热分解反应过程分析与脱水量测定等，生成挥发性物质的固相反应分析，固体与气体反应分析等
热机械分析法（TMA）	尺寸、体积	−150～1300	膨胀系数、体积变化、相转变温度、应力-应变关系测定、重结晶效应分析等
动态热机械法（DMA）	力学性质	−170～600	阻尼特性、固化、胶化、玻璃化等转变分析，模量、黏度测定等

实验 7　凝固点降低法测定摩尔质量

【实验目的】
1. 掌握凝固点降低法测定葡萄糖摩尔质量的原理和方法。
2. 掌握溶液凝固点的测定技术，并加深对稀溶液依数性的理解。

【实验原理】
当稀溶液凝固析出固体溶剂时，溶液的凝固点低于纯溶剂的凝固点，其降低值 ΔT_f 与溶质的质量摩尔浓度成正比，即

$$\Delta T_f = T_f^* - T_f = K_f \times \frac{m_B}{M_B m_A} \tag{3-24}$$

$$M_B = K_f \times \frac{m_B}{\Delta T_f m_A} \tag{3-25}$$

式中，K_f 为凝固点降低常数，它取决于溶剂的性质，K·kg·mol^{-1}；M_B 为溶质的摩尔质量，kg·mol^{-1}；m_B 为溶质的质量，kg；m_A 为溶剂的质量，kg。

根据式（3-25），我们只要测定已知浓度溶液的 ΔT_f 值，便可计算出溶质摩尔质量。

对于凝固点高于 0℃ 的物质，通常利用冰作为降温介质。纯物质在凝固前，液体的温度随时间均匀下降，当达到凝固点时，液体结晶，放出热量，补偿了对环境的热损失，因而温度保持恒定，直至全部凝固为止，以后温度又均匀下降，若以温度对时间作图得到的冷却曲

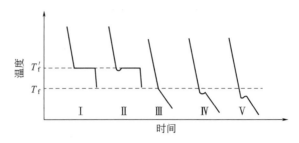

图 3-31 冷却曲线

线如图 3-31 Ⅰ 所示。实际上液体结晶过程往往有过冷现象，液体的温度要降到凝固点以下才析出晶体，随后温度再上升至凝固点，其冷却曲线如图 3-31 Ⅱ 所示。

溶液的冷却情况与之相同，当冷却至凝固点时，开始析出固体纯溶剂。由于溶剂自液相析出后，溶液的浓度相应地提高，因而溶液的凝固点并不是一个恒定温度，而是随着溶剂的不断析出凝固点也不断降低，故在测定一定浓度溶液的凝固点时，要求析出的固体越少越好，否则会影响原溶液浓度。过冷程度也尽量减少，过冷现象严重时的冷却曲线如图 3-31 Ⅴ 所示，则所测的凝固点将偏低。因此，在结晶时可加入少量溶剂的微小晶粒作为晶种，促使晶体形成，或用加速搅拌方法加快晶体形成。

由以上讨论可知，溶液的凝固点应为冷却曲线温度回升所达到的最高点。

本实验以水为溶剂，以葡萄糖为溶质，测定凝固点降低值 ΔT_f，按公式计算葡萄糖的摩尔质量。

【实验器材及试剂】

1. 实验器材

凝固点测定仪 1 套；烧杯（100mL）1 个；分析天平 1 台。

2. 实验试剂

葡萄糖（分析纯）；蒸馏水。

【实验步骤】

1. 将制冷系统冷却液出口与橡胶管一端相连，橡胶管另一端与测定系统的冷却液进口相连，将测定系统出口与制冷系统冷却液进口用橡胶管连接，橡胶管必须用保温管包裹。打开制冷系统的电源、制冷及循环开关，根据实验需要设定制冷系统温度（考虑到散热效应，温度设定一般低于样品凝固点 6℃ 左右）。

图 3-32 冷却系统-测定系统连接示意图

2. 安装样品管

准确移取 25mL 蒸馏水放入洗净烘干的样品管中，将样品管盖（连接搅拌棒）塞入样品管管口，再将样品管放入空气套管中，然后用蒸馏水把温度传感器冲洗干净，将其插入样品管底部。注意传感器应与样品管管壁平行，置于搅拌棒底部圆环内。

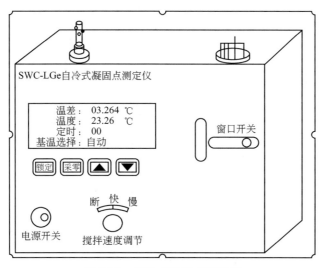

图 3-33 自冷式凝固点测定仪

3. 安装搅拌装置

将横连杆插入搅拌器螺杆上的定位孔中,然后将横连杆上的止紧橡胶圈(O 形圈)左推到底,防止搅拌时搅拌杆脱落。置搅拌开关于"慢"挡,使搅拌自如,下落时,以搅拌圈能碰到样品管底部为佳。

4. 样品管取出

将搅拌横连杆上的止紧橡胶圈右移,向左拉动横连杆,从横连杆上脱开挂钩,取出样品管。

5. 粗测样品的凝固点

当冷却系统达到设定温度时,打开水流阀,稳定 5min 后,将样品管从空气套管中取出(如有结冰,用手心将其焐化),放入冷却系统的冷却液中,用手动方式不停地快速搅拌样品。待样品温度降到 0~8℃之间时,按下"锁定"键,使基温选择由"自动"变为"锁定"。观察温差显示值,其值应是先下降至过冷温度,然后急剧升高,最后温差显示值稳定不变时,记下温差值,即为样品的粗测凝固点。

6. 精测蒸馏水的凝固点

取出样品管,手动搅拌让样品自然升温并熔化(不要用手焐),此时样品管中样品缓慢升温,当样品管温度升至高于初测凝固点 0.3℃时,将样品管放入空气套管中并连接好搅拌系统,将搅拌速度置于"慢"挡,此时应每隔 15s 记录温差值 ΔT(如与电脑连接此时点击开始绘图)。当温度低于粗测凝固点 0.1℃左右时,调节搅拌速度为"快"挡(此后无须再调节搅拌速度,直到实验结束),加快搅拌,促使固体析出,温度开始上升,注意观察温差显示值,直至稳定,持续 60s,此即为样品的凝固点。

若样品管管壁有结冰,一定要用搅拌杆将其刮落并熔化;若过冷太深,则按步骤 5 重新使样品结晶,再重新精测凝固点。

7. 按步骤 6 重复实验两次

8. 溶液凝固点的测定

取出样品管,用手心焐热,使管内冰晶完全融化,向其中投入已称重 1g 左右的葡萄糖,待其完全溶解后,按步骤 5 重复实验,测得该溶液的初测凝固点,再按步骤 6 重复实验三次，测得该溶液的凝固点。

9. 关闭搅拌系统，关闭电源开关，拔下电源插头。

【注意事项】

1. 实验过程中一般用慢挡搅拌，只有在过冷且晶体大量析出时采用快挡搅拌，以促使体系快速达到热平衡。
2. 实验的环境气氛和溶剂、溶质的纯度都直接影响实验的效果。
3. 冷却液温度应低于溶液凝固点3℃为佳。考虑到冷却液循环中的热效应，一般冷却系统温度设置为低于凝固点6℃左右。

【数据记录与处理】

1. 数据记录

按表3-11记录凝固点测定数据。

表3-11 凝固点测定记录

实验温度：_____；葡萄糖质量：_____

测量次数	1	2	3	平均值
蒸馏水的 ΔT				
葡萄糖溶液的 ΔT				

2. 数据处理

(1) 从相关理化手册上查出实验时水的密度，计算所取水的质量。

(2) 用葡萄糖的质量和校正后测得的 ΔT_f，计算葡萄糖的摩尔质量（要求三位有效数字），并计算与理论值的相对误差。

【思考题】

1. 在冷却过程中，凝固点管内液体有哪些热交换存在？它们对凝固点的测定有何影响？
2. 当溶质在溶液中有解离、缔合、溶剂化和形成配合物时，测定的结果有何意义？
3. 加入溶剂中的溶质量应如何确定？加入量太多或太少将会有何影响？
4. 估算实验测量结果的误差，说明影响测量结果的主要因素。
5. 若测定纯水的冰点不恰好等于0℃，可能由何种因素引起？这对测定某物质的分子量有无影响？
6. 为什么要先粗测样品凝固点？

【讨论】

本实验测量成败的关键是控制过冷程度和搅拌速度。理论上，在恒压下对单组分体系只要两相平衡共存就可以达到平衡温度；但实际上只有固相充分分散到液相中，也就是固液两相的接触面相当大时，平衡才能达到。如凝固点管置于空气套管中，温度不断降低达到凝固点后，由于固相是逐渐析出的，此时若放出的凝固热小于冷却所吸收的热量，则体系温度将继续不断降低，产生过冷现象。这时应控制过冷程度，采取突然搅拌的方式，使骤然析出的大量微小结晶得以保证两相的充分接触，从而测得固液两相共存的平衡温度。为判断过冷程度，本实验先测近似凝固点；为使过冷状况下大量微晶析出，本实验规定了搅拌方式。对于两组分的溶液体系，由于凝固的溶剂量的多少将会直接影响溶液的浓度，因此控制过冷程度和确定搅拌速度就更为重要。

实验 8　甲基红的酸解离平衡常数的测定

【实验目的】

1. 了解本实验的测定原理，并掌握 pH 计和分光光度计的使用方法。
2. 测定甲基红的酸解离平衡常数 K_a。

【实验原理】

甲基红（对二甲氨基邻羧基偶氮苯）是一种弱酸性的染料，是酸碱滴定时常用的指示剂，其分子式如图 3-34 所示。

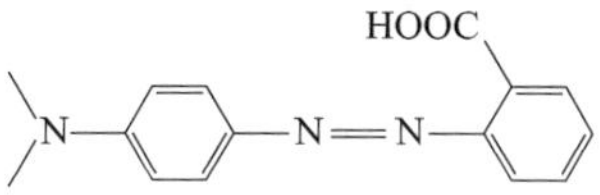

图 3-34　甲基红分子式

在溶液中它会部分解离，形成酸（HMR）和碱（MR$^-$）两种形式（如图 3-35 所示），其碱式体呈黄色，而酸式体呈红色。其解离过程可简单地写成

$$HMR \rightleftharpoons H^+ + MR^-$$
（酸式）　　　　　（碱式）

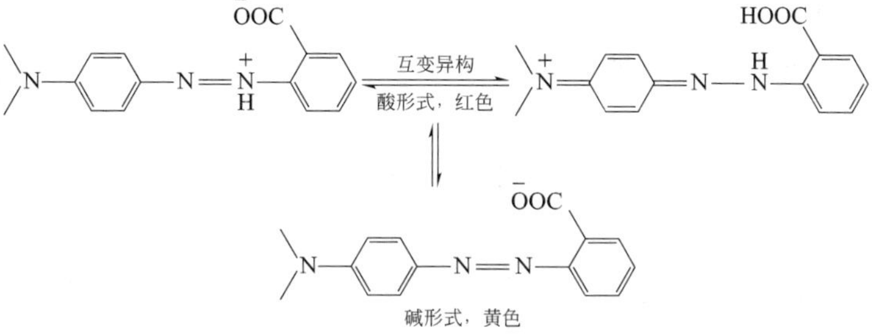

图 3-35　甲基红在溶液中的存在形式

甲基红的解离平衡常数可以表示为

$$K_a = \frac{[H^+][MR^-]}{[HMR]} \tag{3-26}$$

$$pK_a = pH - \lg\frac{[MR^-]}{[HMR]} \tag{3-27}$$

HMR 和 MR$^-$ 两者在可见光谱范围内具有很强的吸收峰，而且溶液离子强度的变化对它的酸解离平衡常数影响较小。因此，可以通过缓冲系统控制溶液的 pH 值使其颜色在一定的 pH 值范围内改变（如 CH$_3$COOH-CH$_3$COONa 缓冲系统，可以控制 pH 值范围在 4～6 之间的变化），而[MR$^-$]/[HMR]可通过分光光度法测定求得。

光吸收符合朗伯-比耳定律

$$A = \varepsilon bc$$

式中，A 为吸光度；c 为浓度，$mol \cdot L^{-1}$；b 为液层厚度，cm；ε 为摩尔吸光系数，$L \cdot mol^{-1} \cdot cm^{-1}$。

因此，可以根据 HMR 和 MR^- 两者在可见光谱范围内具有很强吸收峰的特点，利用吸光光度法来测量其浓度。

对于混合溶液，分光光度计只能测量系统中各物质共同吸收的吸光度。利用吸光度具有加和性，用 A_1、A_2 分别表示 HMR 和 MR^- 的最大吸收波长 λ_1 和 λ_2 处所测得的总吸光度，则有

$$A_1 = \varepsilon_{1,HMR}[HMR]b + \varepsilon_{1,MR^-}[MR^-]b \tag{3-28}$$

$$A_2 = \varepsilon_{2,HMR}[HMR]b + \varepsilon_{2,MR^-}[MR^-]b \tag{3-29}$$

式中，$\varepsilon_{1,HMR}$、ε_{1,MR^-} 和 $\varepsilon_{2,HMR}$、ε_{2,MR^-} 分别为在波长 λ_1 和 λ_2 下的摩尔吸光系数。各成分的摩尔吸光系数可以通过控制溶液酸度的方法测量并由作图法求得，因此联合式(3-28)和式(3-29)可求出$[MR^-]/[HMR]$，再结合溶液的 pH 值，根据式(3-27)求得甲基红的 pK_a 值。

【实验器材及试剂】

1. 实验器材

pH 计 1 台；分光光度计 1 台；10mL 移液管 3 支；100mL 容量瓶 6 个；0～100℃温度计 1 支。

2. 实验试剂

甲基红储备液：将 0.5g 晶体甲基红溶于 300mL 95％的乙醇中，用蒸馏水稀释至 500mL。

甲基红标准溶液：取 8mL 储备液于 50mL 95％的乙醇中，并用蒸馏水稀释至 100mL。

pH 值为 6.84 的标准缓冲溶液。

CH_3COONa 溶液：$0.01 mol \cdot L^{-1}$、$0.02 mol \cdot L^{-1}$、$0.04 mol \cdot L^{-1}$ 三种浓度。

HCl 溶液：$0.1 mol \cdot L^{-1}$、$0.01 mol \cdot L^{-1}$ 两种浓度。

【实验步骤】

(1) 测定甲基红酸式体（HMR）和碱式体（MR^-）的最大吸收波长。

按下述配制溶液甲和溶液乙。

溶液甲：甲基红标准溶液 10mL，$0.1 mol \cdot L^{-1}$ HCl 溶液 10mL。

溶液乙：$0.04 mol \cdot L^{-1}$ CH_3COONa 溶液 25mL，甲基红标准溶液 10mL。

最后用蒸馏水稀释至 100mL。

溶液甲的 pH 值大约为 2，甲基红以 HMR 形式存在。

溶液乙的 pH 值大约为 8，甲基红完全以 MR^- 形式存在。

取部分溶液甲和溶液乙分别放在 1cm 的比色皿内，以水为参比，在 350～600nm 每隔 10nm 测定它们的吸光度，找出最大吸收波长 λ_1 和 λ_2。

(2) 检验 HMR 和 MR^- 是否符合朗伯-比耳定律，并测定它们在 λ_1 和 λ_2 处的摩尔吸光系数。

分别取一定量的溶液甲和溶液乙，各用 $0.01 mol \cdot L^{-1}$ 的 HCl 和 $0.01 mol \cdot L^{-1}$ 的

CH$_3$COONa 溶液稀释至原溶液的 0.75、0.5、0.25 倍及原溶液。

以水为参比，在 λ_1 和 λ_2 下测定这些溶液的吸光度。以吸光度对溶液浓度作图，计算在 λ_1 及 λ_2 下甲基红碱式体（MR$^-$）的 ε_{1,MR^-}、ε_{2,MR^-} 和酸式体（HMR）的 $\varepsilon_{1,HMR}$、$\varepsilon_{2,HMR}$。

（3）求不同的 pH 值下[MR$^-$]/[HMR]。

在四个 100mL 的容量瓶（序号 1~4）中按下述配制溶液，然后用蒸馏水定容。

序号 1：甲基红标准溶液 10.00mL，0.04mol·L^{-1} 的 CH$_3$COONa 溶液 25mL，0.02mol·L^{-1} 的 CH$_3$COOH 溶液 50mL；

序号 2：甲基红标准溶液 10.00mL，0.04mol·L^{-1} 的 CH$_3$COONa 溶液 25mL，0.02mol·L^{-1} 的 CH$_3$COOH 溶液 25mL；

序号 3：甲基红标准溶液 10.00mL，0.04mol·L^{-1} 的 CH$_3$COONa 溶液 25mL，0.02mol·L^{-1} 的 CH$_3$COOH 溶液 10mL；

序号 4：甲基红标准溶液 10.00mL，0.04mol·L^{-1} 的 CH$_3$COONa 溶液 25mL，0.02mol·L^{-1} 的 CH$_3$COOH 溶液 5mL。

测定两波长下各溶液的吸光度 A_1、A_2，并用 pH 计测定各溶液的 pH 值。

利用式(3-28) 和式(3-29) 组成的方程组求算各溶液的[MR$^-$]/[HMR]。再利用式(3-27)求出甲基红的酸解离平衡常数 pK_a。

【注意事项】

1. 实验前先了解仪器设备的使用方法，正确使用仪器设备，如果发生故障，需报告指导教师，不能自行修理。

2. 溶液的准确配制是决定本实验成败的关键之一。

【数据记录与处理】

1. 数据记录

（1）测定甲基红酸式体（HMR）和碱式体（MR$^-$）的最大吸收波长　将实验温度及甲基红酸式体（HMR）和碱式体（MR$^-$）的吸光度记入表 3-12。

表 3-12　甲基红溶液的吸光度与光波长关系

实验温度_____

波长 λ/nm		350	360	370	380	...	600
吸光度 A	溶液甲					...	
	溶液乙					...	

（2）$\varepsilon_{1,HMR}$、ε_{1,MR^-} 和 $\varepsilon_{2,HMR}$、ε_{2,MR^-} 的测定　将 λ_1 和 λ_2 下各溶液相对于水的吸光度记入表 3-13。

（3）甲基红的酸解离平衡常数 pK_a 的测定　以水为参比，测定各溶液在 λ_1 和 λ_2 下的吸光度，并测各溶液的 pH 值，将测定结果记入表 3-14。

2. 数据处理

（1）根据表 3-12 的数据作 A-λ 图，找出甲基红酸式体（HMR）和碱式体（MR$^-$）的最大吸收波长。

表 3-13 不同浓度甲基红溶液的吸光度

	相对浓度 x	1	0.75	0.50	0.25
溶液甲	$V_{溶液甲}$/mL	—	7.50	5.00	2.50
	V_{HCl}/mL	0	2.50	5.00	7.50
	A_1				
	A_2				
溶液乙	$V_{溶液乙}$/mL	—	7.50	5.00	2.50
	V_{CH_3COONa}/mL	0	2.50	5.00	7.50
	A_1				
	A_2				

表 3-14 酸度对甲基红溶液的吸光度的影响

序号	$V_{甲基红溶液}$/mL	V_{CH_3COONa}/mL	V_{CH_3COOH}/mL	吸光度 A		pH
				λ_1	λ_2	
1	10.00	25	50			
2	10.00	25	25			
3	10.00	25	10			
4	10.00	25	5			

(2) $\varepsilon_{1,HMR}$、ε_{1,MR^-} 和 $\varepsilon_{2,HMR}$、ε_{2,MR^-} 的测定 根据表 3-15 的数据作吸光度-相对浓度图（A-x 图），由直线斜率求出摩尔吸光系数 $\varepsilon_{1,HMR}$、ε_{1,MR^-} 和 $\varepsilon_{2,HMR}$、ε_{2,MR^-}。

(3) 甲基红的酸解离平衡常数 pK_a 的测定 根据表 3-14 的实验数据计算 [MR$^-$]/[HMR]，再根据实验原理求出甲基红的酸解离平衡常数 pK_a。酸度对甲基红溶液吸光度的影响见表 3-15。

表 3-15 酸度对甲基红溶液吸光度的影响

序号	$V_{甲基红溶液}$/mL	V_{CH_3COONa}/mL	V_{CH_3COOH}/mL	吸光度 A		pH	$\dfrac{[MR^-]}{[HMR]}$	$\lg \dfrac{[MR^-]}{[HMR]}$	pK_a
				λ_1	λ_2				
1									
2									
3									
4									

【思考题】

1. 讨论温度对本实验的影响。应采取什么措施？

2. 甲基红酸式体吸收曲线与碱式体吸收曲线的交点称为"等色点"，此点处溶液的吸光度有什么特点？

3. 在吸光度测定中，选择比色皿和参比溶液有什么讲究？

4. 在本实验摩尔吸光系数测定过程中，用的是相对浓度而不是绝对浓度，为什么？

【注释】

本实验是利用甲基红在水中解离生成的酸式体（HMR）和碱式体（MR⁻）具有不同的特征吸收，通过分光光度计测定溶液的吸光度来计算[MR⁻]/[HMR]，再根据[MR⁻]/[HMR]计算甲基红 pK_a 值。

对其他一些简单的缔合和解离类型的反应，若溶液中包含的反应物和产物，在紫外可见光范围内具有不同的特征吸收，均可采用本实验方法进行反应的平衡研究，测量其反应的 pK_a 值。

【附录】

本实验所用数据：甲基红在溶液中离子强度 $I=0.1$、温度 20℃时，$pK_a=5.00$。

> **拓展阅读**
>
> 酸解离平衡常数（K_a）是物质在水溶液中和 H^+ 形成解离平衡时的参数。该解离常数可以给予物质的酸性或碱性以定量的量度。K_a 越大，对于质子给予体来说，其酸性越强，而对于质子接受体来说，其碱性越弱；K_a 越小，对于质子给予体来说，其酸性越弱，而对于质子接受体来说，其碱性越强。
>
> 酸解离平衡常数和其他平衡常数一样，其大小取决于反应体系的本性，在溶液离子强度不变的情况下，酸解离平衡常数只是温度的函数，即温度不改变时，它是一个常数。

实验 9　液体密度和黏度的测定

【实验目的】

测定无水乙醇的密度和黏度。

【实验原理】

1. 密度的测定

比重瓶法是准确测定液体密度的方法，操作步骤如下：先将比重瓶洗净、烘干，在分析天平上称重为 m_0，然后用滴管将待测液注入比重瓶内（不能有气泡混入），盖上瓶塞。用清洁的干毛巾和滤纸拭干（这时要特别小心，不要因手的温度过高而使瓶中的液体溢出，造成误差），再称量 m_2。

倒出比重瓶中的待测液，烘干或吹干，按上述方法注入水，在同一温度下称重为 m_1。待测液体的密度按下式计算：

$$\rho = \rho_{H_2O} \times \frac{m_2 - m_0}{m_1 - m_0} \tag{3-30}$$

式中，ρ_{H_2O} 为指定温度下水的密度。

2. 黏度的测定

液体黏度的大小，一般用黏度系数（η）表示。当用毛细管法测液体黏度时，则可通过泊肃叶公式计算黏度系数（简称黏度）：

$$\eta_1 = \frac{\pi p_1 r^4 t_1}{8Vl} \tag{3-31}$$

按上式由实验直接来测定液体的绝对黏度是件困难的工作，但测定液体对标准液体（如水）的相对黏度则是简单实用的。在已知标准液体的绝对黏度时，即可算出被测液体的绝对黏度。

设两种液体在本身重力作用下分别流经同一毛细管，且流出的体积相等，则：

$$\eta_1 = \frac{\pi p_1 r^4 t_1}{8Vl}, \quad \eta_2 = \frac{\pi p_2 r^4 t_2}{8Vl}$$

从而

$$\frac{\eta_1}{\eta_2} = \frac{p_1 t_1}{p_2 t_2} \tag{3-32}$$

式中，V 为在时间 t 内流过毛细管的液体体积；p 为管两端的压力差；r 为管半径；l 为管长；$p = \rho g h$，h 为推动液体流动的液位差，ρ 为液体密度，g 为重力加速度。在国际单位制中，黏度的单位为 Pa·s，在 CGS 单位制中黏度的单位为泊（P），其换算关系为 1P = 0.1Pa·s。

【实验器材及试剂】

1. 实验器材

奥氏黏度计1支；10mL 移液管1支；机械秒表1个；比重瓶1个；电子天平1台。

2. 实验试剂

无水乙醇（分析纯）。

【实验步骤】

（1）用电子天平称量干净、干燥比重瓶的质量，重复三次，取其平均值。

（2）将比重瓶中注入无水乙醇，盖上瓶塞，擦拭干净后称量，重复三次，取平均值。

（3）将比重瓶（与上面是同一个比重瓶）中注入水，盖上瓶塞，擦拭干净后称量，重复三次，取平均值。

（4）用移液管移取 10mL 无水乙醇注入黏度计，用洗耳球吸起无水乙醇使其超过上刻度，然后松开洗耳球，用机械秒表记录液面自上刻度降至下刻度所经历的时间。重复测定三次，取其平均值。

（5）按步骤（4）的方法测量水的流出时间［须用步骤（4）中同一支黏度计］。

【注意事项】

1. 比重瓶中注满液体时里面要求不能有气泡。
2. 实验用水须用蒸馏水。
3. 测量时奥氏黏度计须保持垂直。

【数据记录与处理】

1. 数据记录

密度、黏度测量的数据记录表，见表 3-16。

表 3-16　密度、黏度测量的数据记录表

温度：_____；大气压：_____

质量(m)			平均值	流出时间(t)			平均值
1	2	3		1	2	3	

2. 数据处理

分别计算待测液体的黏度和密度。

【思考题】

1. 为什么用奥氏黏度计时，加入标准物及被测物的体积应相同？
2. 测定黏度和密度的方法有哪些？它们适合哪些场合？

【注释】

黏度分为绝对黏度和相对黏度两大类。相对黏度是某液体黏度与标准液体黏度之比，无量纲。绝对黏度包含动力黏度、运动黏度两种。动力黏度是指流体单位面积上黏性力与垂直于运动方向上的速度变化率的比值，用 μ 表示，单位是 Pa·s。运动黏度是液体的动力黏度与同温度下该液体的密度 ρ 之比，用符号 υ 表示，其单位是平方米每秒（$m^2 \cdot s^{-1}$）。

黏度的测定有许多方法，如泊肃叶法、转筒法、落球法、阻尼振动法、杯式黏度计法、毛细管法等。对于黏度较小的流体，如水、乙醇、四氯化碳等，常用毛细管黏度计测量；而对于黏度较大的流体，如蓖麻油、变压器油、机油、甘油等透明（或半透明）液体，常用落球法测定；对于黏度为 0.1~100Pa·s 范围的液体，也可用转筒法进行测定。

化学实验室中常用玻璃毛细管黏度计测量液体黏度。此外，落球式黏度计、旋转式黏度计等也被广泛使用。

【附录】

不同温度下无水乙醇的黏度和密度见表 3-17。

表 3-17　不同温度下无水乙醇的黏度和密度

温度/℃	23	24	25	30	40
黏度/Pa·s	1.143×10^{-3}	1.123×10^{-3}	1.103×10^{-3}	0.991×10^{-3}	0.823×10^{-3}
密度/g·cm^{-3}	0.787	0.786	0.785	0.781	0.772

拓展阅读

润滑油最重要的物理性质是黏度。黏度是润滑油内摩擦阻力的程度，亦即内摩擦力的量度。黏度决定了油液的承载能力以及油液的流动性，是各种润滑油分类、分级、质量评定与选用及代用的主要指标。

运动黏度首先用来确定润滑油的牌号。润滑油的牌号绝大部分是以某一温度下运动黏度的平均值或近似值来决定的，同时黏度也是选用润滑油的主要依据。其次黏度也是轻质燃料油，如喷气燃料和柴油的质量指标之一。生产上从黏度变化可以判断润滑油的精制程度。而且黏度对于油料的输送有重要意义。测定不同温度下的黏度可以表示润滑油的黏温特性。黏温特性指润滑油黏度随温度变化的特性，常用黏度比、黏度系数和黏度指数来表示。

为了防止发动机运动零件间的接触面磨损，润滑油必须有足够的黏度，以便在各种运转温度下都能在运动零件间形成油膜，从而使得汽车发动机顺畅运转；但是，润滑油黏度过大会事倍功半，甚至会造成以下几方面的不良影响：发动机低温启动困难、启动过程零件磨损加剧、功率损失大、清洗作用差和冷却作用差等。

人体的密度仅有 $1.02\text{g}\cdot\text{cm}^{-3}$，只比水的密度多出一些。汽油的密度比水小，所以油渍会浮在水面上。海水的密度大于水，所以人体在海水中比较容易浮起来（死海海水密度达到 $1.3\text{g}\cdot\text{cm}^{-3}$，大于人体密度，所以人可以在死海中漂浮起来）。

实验 10　化学平衡常数和分配系数的测定

【实验目的】

1. 掌握通过分配系数求平衡常数的方法。
2. 通过测量不同温度的平衡常数计算 I_3^- 的解离热（焓）。

【实验原理】

温度恒定条件下，单质碘（I_2）溶在含有碘离子（I^-）的溶液中时，其中大部分的碘会和碘离子反应生成络离子（I_3^-），形成平衡

$$I_2 + I^- \rightleftharpoons I_3^-$$

该反应的平衡常数

$$K_a = \frac{a_{I_3^-}}{a_{I_2} a_{I^-}} = \frac{c^\ominus c_{I_3^-}}{c_{I_2} c_{I^-}} \times \frac{\gamma_{I_3^-}}{\gamma_{I_2} \gamma_{I^-}} \tag{3-33}$$

式中，a、c、γ 为活度、浓度和活度系数。

在同一溶液中，I^- 和 I_3^- 所带电荷数相等，离子强度相同，由德拜-休克尔公式

$$\lg \gamma_i = -AZ_i^2 \frac{\sqrt{I}}{1+\sqrt{I}} \tag{3-34}$$

溶液比较稀时，$1+\sqrt{I} \approx 1$，上式可整理成德拜-休克尔极限公式

$$\lg \gamma_i = -AZ_i^2 \sqrt{I} \tag{3-35}$$

在 25℃ 的水溶液中，$A = 0.509\text{kg}\cdot\text{mol}^{-1/2}$，可得 I^- 与 I_3^- 的活度系数

$$\gamma_{I^-} = \gamma_{I_3^-} \tag{3-36}$$

在浓度不大的溶液中

$$\frac{\gamma_{I_3^-}}{\gamma_{I^-}\gamma_{I_2}} \approx 1 \tag{3-37}$$

因此，一定温度下有

$$K_a \approx \frac{c_{I_3^-}}{c_{I^-}c_{I_2}} = K_c \tag{3-38}$$

测定平衡常数时，平衡组成的测定过程中不能破坏动态平衡的条件。因此，在本实验中，当达到上述平衡后，不能直接用硫代硫酸钠标准液来滴定溶液中的 I_2，否则会随着 I_2 的消耗，平衡向左端移动，使 I_3^- 继续分解，最终只能测得溶液中 I_2 和 I_3^- 的总量。

为了在分析过程中保持该动态平衡，在上述溶液中加入四氯化碳（CCl_4），并充分振荡。I^- 和 I_3^- 是离子，不溶于非极性溶剂 CCl_4，在温度一定时，系统中同时建立上述的化学平衡及 I_2 在四氯化碳层和水层的分配平衡（分配系数 K_d），如图 3-36 所示。

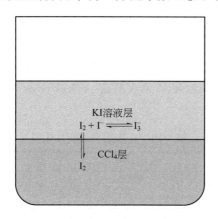

图 3-36　碘在水和四氯化碳中的平衡

$$K_d = \frac{c_{I_2(CCl_4)}}{c_{I_2(KI)}} \tag{3-39}$$

利用上述两个平衡关系，首先测出没有 I^- 存在时 I_2 在 CCl_4 及 H_2O 层中的分配系数 K_d，然后让 I_2 在 KI 水溶液和 CCl_4 中分配平衡，再测出 I_2 在 CCl_4 中的浓度，根据测得的分配系数算出 I_2 在 KI 水溶液中的浓度。再取上层水溶液分析 I_2 和 I_3^- 的总量。

$$(c_{I_2} + c_{I_3^-})_{水层} - c_{I_2,水层} = c_{I_3^-,平衡} \tag{3-40}$$

由于溶液中 I^- 的总量不变，因此：

$$c_{I^-,初始} - c_{I_3^-,平衡} = c_{I^-,平衡} \tag{3-41}$$

然后将平衡后各物质的浓度代入式(3-38)中即可求出该温度下的平衡常数 K_c。

测量不同温度的平衡常数 K_c，通过式(3-42)可计算 I_3^- 的解离焓。

$$\Delta_r H_m = -\frac{RT_1T_2}{T_2-T_1}\ln\frac{K_c(T_1)}{K_c(T_2)} \tag{3-42}$$

【实验器材及试剂】

1. 实验器材

恒温水浴 1 套；250mL 碘量瓶 2 个；250mL 锥形瓶 4 个；100mL 量筒 2 个；25mL 量筒 1 个；25mL 移液管 2 支；5mL 移液管 2 支；25mL 碱式滴定管 1 支；微量碱式滴定管 1 支。

2. 实验试剂

0.04mol·L^{-1} I$_2$ 的四氯化碳溶液；I$_2$ 的饱和水溶液；0.100mol·L^{-1} 的 KI 溶液；Na$_2$S$_2$O$_3$ 标准溶液（0.05mol·L^{-1}左右）；0.5%淀粉指示剂。

【实验步骤】

1. 将恒温水浴调节至温度为 (25.0±0.1)℃。
2. 配制平衡体系

按照表 3-18 配制平衡体系。

表 3-18　配制平衡体系的各溶液用量　　　　　　　　　　　　　单位：mL

编号	I$_2$ 的饱和水溶液	0.100mol·L^{-1} KI 水溶液	0.04mol·L^{-1} I$_2$ 的 CCl$_4$ 溶液
1	100	0	25
2	0	100	25

3. 平衡后取样分析

按照表 3-19 从平衡系统取样进行滴定，水层样品用 25mL 滴定管滴定，CCl$_4$ 层样品用微量管滴定。在取 CCl$_4$ 层样品时要避免水层进入移液管中，可用洗耳球使移液管尖鼓气，穿过水层插入 CCl$_4$ 层中取样。

表 3-19　从平衡系统取样体积　　　　　　　　　　　　　　　　单位：mL

编号	水层取样	CCl$_4$ 层取样
1	25	5
2	25	5

用 Na$_2$S$_2$O$_3$ 标准溶液滴定碘时，先要滴定至淡黄色再加淀粉指示剂溶液，若加入过早，由于淀粉对碘的吸附作用会影响浓度的准确度。另外，在滴定 CCl$_4$ 层样品的 I$_2$ 时，应加入 10mL 0.1mol·L^{-1} 的 KI 水溶液以使 CCl$_4$ 层中的 I$_2$ 完全提取到水层中，这样有利于 Na$_2$S$_2$O$_3$ 滴定的顺利进行。滴定时要充分摇荡，细心地滴至水层淀粉指示剂的蓝色消失，四氯化碳层不再显示红色。

4. 将恒温水浴温度升高到 (35.0±0.1)℃，重复以上操作。

【注意事项】

1. 实验过程应注意防止 CCl$_4$ 的挥发，滴定后的和未用完的 CCl$_4$ 皆应倒入回收瓶中。
2. 平衡常数和分配系数均与温度有关，因此本实验应严格控制温度。

【数据记录与处理】

1. 数据记录

将实验结果填入表 3-20。

2. 数据处理

(1) 根据 1 号样品的滴定结果，计算 25℃时 I$_2$ 在四氯化碳层和水层的分配系数 K_d。

(2) 根据 2 号样品的滴定结果，计算 25℃时反应 I$_2$ + I$^-$ ⇌ I$_3^-$ 平衡时各物质浓度及平衡常数 $K_c(T_1)$。

(3) 用同样方法计算 35℃时的平衡常数 $K_c(T_2)$。

表 3-20　从平衡系统取样体积

温度/℃	样品		取样/mL	消耗的 $Na_2S_2O_3$ 标准溶液体积/mL
25	1号	水层	25.00	
		CCl_4 层	5.00	
	2号	水层	25.00	
		CCl_4 层	5.00	
35	1号	水层	25.00	
		CCl_4 层	5.00	
	2号	水层	25.00	
		CCl_4 层	5.00	

(4) 通过式(3-42)计算 I_3^- 的解离焓 $\Delta_r H_m$。

【思考题】

1. 在 $KI + I_2 \Longrightarrow KI_3$ 反应稳定常数测定实验中，所用的碘量瓶和锥形瓶哪些需要干燥？哪些不需要干燥？为什么？

2. 在 $KI + I_2 \Longrightarrow KI_3$ 反应稳定常数测定实验中，为什么要配制 1、2 号溶液？

【注释】

平衡常数是温度的函数，本实验的 K_d 及 K_c 也不例外。在温度变化不是很大时，反应平衡常数的对数和反应焓成直线关系

$$\ln K = -\frac{\Delta_r H_m}{RT} + B$$

一般是测定一系列不同温度下的 K 值，再按上述公式作 $\lg K - 1/T$ 曲线图，根据其斜率可求得 $\Delta_r H_m$。但是由于实验时间的限制，本实验只测定了两个温度的 K 值，通过式 (3-42) 计算 I_3^- 的解离焓 $\Delta_r H_m$，此种办法往往会因为某次测量的误差偏大而导致最终结果的误差偏大。

【附录】

本实验所用数据：$K_c(25℃) = 716$。

在通过测定平衡组成来计算平衡常数时，如何在不破坏动态平衡条件的情况下去测定平衡组成是实验的关键方法，这些方法大都是物理的方法，比如吸光度法、电导率法、旋光度法、气体体积变化法等。

在本实验中，当 I_2 和 I^- 反应达到平衡后，不能直接用硫代硫酸钠标准溶液来滴定溶液中的 I_2，否则随着 I_2 的消耗，平衡将向左端移动，使 I_3^- 继续分解，最终只能测得溶液中 I_2 和 I_3^- 的总量。本实验巧妙地利用 I_2 化学平衡及分配平衡的关联，首先测出没有 I^- 存在时 I_2 在 CCl_4 及 H_2O 层中的分配系数 K_d，而分配系数 K_d 的大小只和温度有关，和 I_2 在水层中反应与否没有关系；然后再让 I_2 在 KI 水溶液和 CCl_4 中分配平衡，

再测出 I_2 在 CCl_4 中的浓度，根据前面测得的分配系数算出 I_2 在 KI 水溶液中的浓度；最后取上层水溶液分析 I_2 和 I_3^- 的总量，从而解决了平衡组成在测量过程的动态平衡条件破坏问题。

实验 11　氨基甲酸铵分解平衡

【实验目的】

1. 采用等压法测定氨基甲酸铵的分解压，并计算反应的平衡常数 $K^\ominus$。
2. 根据不同温度的平衡常数，计算反应的 $\Delta_r H_m^\ominus$、$\Delta_r G_m^\ominus$ 和 $\Delta_r S_m^\ominus$。

【实验原理】

氨基甲酸铵不稳定，易分解，在一定温度下其分解反应为：

$$NH_2COONH_4(s) \rightleftharpoons 2NH_3(g) + CO_2(g)$$

当实验压力不是很大时，可把氨和二氧化碳当作理想气体，该分解反应的标准平衡常数可表示为：

$$K^\ominus = \left(\frac{p_{NH_3}}{p^\ominus}\right)^2 \frac{p_{CO_2}}{p^\ominus} \tag{3-43}$$

假设平衡总压为 p，则 $p_{NH_3} = \frac{2}{3}p$，$p_{CO_2} = \frac{1}{3}p$。将其代入式(3-43) 得

$$K^\ominus = \frac{4}{27}\left(\frac{p}{p^\ominus}\right)^2 \tag{3-44}$$

平衡常数 $K^\ominus$ 仅和平衡总压 p 有关。因此，测得平衡总压后，即可按式(3-44) 算出给定温度下的平衡常数 $K^\ominus$。当温度变化的范围不大时，$\Delta_r H_m$ 变化很小，可视为常数，平衡常数 $K^\ominus$ 和反应温度有下列关系：

$$\ln K^\ominus = \frac{-\Delta_r H_m^\ominus}{RT} + C \tag{3-45}$$

测定一系列温度的平衡常数 $K^\ominus$，作 $\ln K^\ominus - 1/T$ 直线图，由直线斜率 $\left(-\frac{\Delta_r H_m^\ominus}{R}\right)$ 可求得实验温度范围内的 $\Delta_r H_m^\ominus$。

再根据 $\Delta_r G_m^\ominus = -RT\ln K^\ominus$，可求出实验温度下的 $\Delta_r G_m^\ominus$。由 $\Delta_r H_m^\ominus$ 及 $\Delta_r G_m^\ominus$，即可计算出反应的 $\Delta_r S_m^\ominus$。

【实验器材及试剂】

1. 实验器材

精密数字压力计 1 台；玻璃恒温水浴 1 套；缓冲储气罐 1 套；真空泵 1 台。

2. 实验试剂

氨基甲酸铵（化学纯）；硅油。

【实验步骤】

1. 缓冲储气罐的使用

缓冲储气罐见图 3-37。

（1）安装　用胶管将真空泵气嘴与缓冲储气罐接嘴相连接；端口 1 用堵头塞紧，端口 2 与数字压力计连接。

（2）气密性检查　将抽气阀、阀门 2 打开，阀门 1 关闭（均为顺时针旋转关闭，逆时针旋转开启）。启动真空泵抽真空至压力为 −100kPa 左右，关闭抽气阀、真空泵。观察数字压力计，若显示数值无上升，说明整体气密性良好。

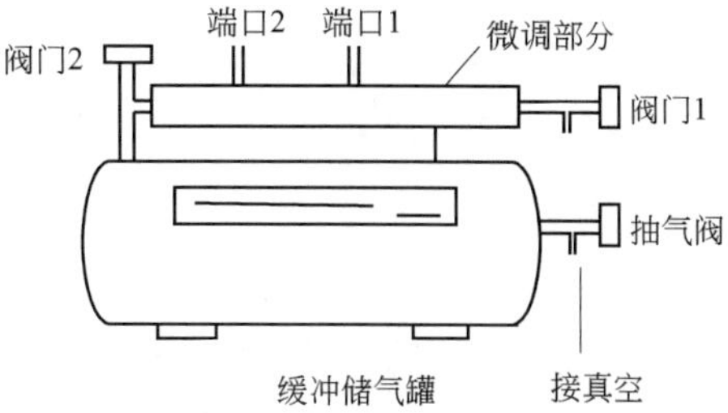

图 3-37　缓冲储气罐

（3）"微调部分"的气密性检查　关闭阀门 2，用阀门 1 调整"微调部分"的压力，使之低于压力罐中压力的 1/2，观察数字压力计，其显示值无变化，说明气密性良好。若显示值有上升说明阀门 1 泄漏，若下降说明阀门 2 泄漏。

（4）与被测系统连接进行测试　用橡胶管将缓冲储气罐端口 2 与被测系统连接，端口 1 与数字压力计连接。关闭阀门 1，开启阀门 2，使"微调部分"与罐内压力相等。之后，关闭阀门 2，缓慢开启阀门 1，泄压至低于气罐压力。关闭阀门 1，观察数字压力计，显示值变化 $\leq 0.01\text{kPa} \cdot 4\text{s}^{-1}$，即为合格。检漏完毕，开启阀门 1 使微调部分泄压至零。

2. 实验装置的组装

按照图 3-38，用橡胶管将各仪器连接成氨基甲酸铵分解的实验装置。

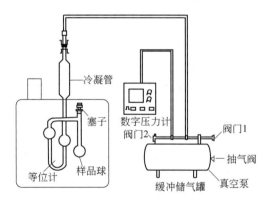

图 3-38　氨基甲酸铵分解实验装置示意图

3. 装样品

确定系统不漏气后，使系统与大气相通，取下塞子装入氨基甲酸铵，再用吸管吸取纯净的硅油放入已干燥好的 U 形等位计中，使之形成液封。

4. 测定

接通冷却水，设定玻璃恒温水浴温度为 25℃，打开搅拌器开关。当水浴温度达到 25℃时，将真空泵接到抽气阀上，关闭阀门 1，打开阀门 2（整个实验过程中阀门 2 始终处于打开状态）。开启真空泵，打开抽气阀使体系中的空气被抽出。当 U 形等位计内的硅油沸腾 3~5min 时，关闭抽气阀和真空泵，缓缓打开阀门 1，漏入空气，当 U 形等位计中两臂的液面平齐时关闭阀门1。

若等位计液柱再变化，再打开阀门1使液面平齐，待液柱不再变化时，记下恒温槽温度和压力计上的压力值。若液柱始终变化，说明空气未被抽干净，应重复步骤4。

分别测定30℃、35℃、40℃、45℃、50℃时的分解压。

5. 实验结束

慢慢打开抽气阀，使压力显示值为零，关闭冷却水，拔去电源插头。

【注意事项】

1. 实验过程中防止硅油进入样品球中，进而阻碍氨基甲酸铵的分解。
2. 测定过程中如不慎使空气倒灌入样品球，则需重新抽真空后方可继续测定。
3. 如升温过程中，U形等位计内液体发生暴沸，可缓缓打开阀门2，漏入少量空气，防止管内液体大量挥发而影响实验进行。

【数据记录与处理】

1. 数据记录

将实验条件及数据记入表3-21中。

表3-21 实验数据记录

室温：_____；大气压：_____

恒温温度 t/℃	25	30	35	40	45	50
分解压 p/mmHg						
分解压 p/Pa						

注：1mmHg＝133.322Pa。

2. 数据处理

(1) 计算等压反应的 $\Delta_r H_m^\ominus$、$\Delta_r G_m^\ominus$ 和 $\Delta_r S_m^\ominus$ 根据表3-21的数据计算相应的标准平衡常数 $K^\ominus$、$\ln K^\ominus$、$1/T$，并作 $\ln K^\ominus$-$1/T$ 图。根据直线斜率计算氨基甲酸铵在实验温度范围内的等压反应热效应的 $\Delta_r H_m^\ominus$；根据25℃的标准平衡常数 $K^\ominus$ 计算标准摩尔反应吉布斯自由能变化 $\Delta_r G_m^\ominus$ (298.15K)，并计算标准摩尔熵变 $\Delta_r S_m^\ominus$ (298.15K)。将数据记入表3-22中。

表3-22 氨基甲酸铵分解反应的 $\Delta_r H_m^\ominus$、$\Delta_r G_m^\ominus$ (298.15K) 和 $\Delta_r S_m^\ominus$ (298.15K)

恒温温度 t/℃	25	30	35	40	45	50
分解压 p/mmHg						
分解压 p/Pa						
$K^\ominus$						
$\ln K^\ominus$						
$1/T$						
$\Delta_r H_m^\ominus$/kJ·mol^{-1}						
$\Delta_r G_m^\ominus$(298.15K)/kJ·mol^{-1}						
$\Delta_r S_m^\ominus$(298.15K)/J·K^{-1}·mol^{-1}						

(2) 比较分析　将实验结果与文献值进行比较，计算误差值，分析误差来源，讨论减小误差的方法。

【思考题】

1. 为什么本实验可用测总压的办法测定该分解反应的平衡常数？谈谈用测总压的办法测定化学反应平衡常数的条件。

2. 为什么选择硅油作为等压计的封闭液？

【讨论】

本方法的特点是设备简单，取样少。该方法应用范围相对较广，常用于测定气-液或气-固的平衡压，如：纯液体或溶液的平衡蒸气压，固体的分解压和升华压。应用此方法可测定硫酸盐、亚硫酸盐、晶体水化物、氨合物、晶体氧化物、硫化物等分解反应的标准平衡常数。

【附录】

氨基甲酸铵分解压文献值见表 3-23。

表 3-23　氨基甲酸铵分解压文献值

恒温温度 t/℃	25	30	35	40	45	50
分解压 p/mmHg	88.0	128.0	178.5	247.0	340.0	472.0

我们可以通过热力学数据计算某一化学反应的平衡常数，进而计算平衡组成。另外，我们也可以反过来通过测定平衡组成来计算某一化学反应的平衡常数，进而计算获取相关的热力学数据。对于平衡组成的测定，如果采用化学反应测定的方法进行，由于会涉及动态平衡的破坏问题需要增加一些复杂的处理步骤，操作较为烦琐，因此，大多尽量采用物理方法。对于气体反应来讲，大多采用等压法测量系统平衡总压，再根据各成分和总压的定量关系来计算平衡常数。

氨基甲酸铵分解平衡实验是一个经典的物理化学实验，可以帮助学生更好地理解气体反应的化学平衡以及系统压力与平衡常数的关系，掌握用等压法测量系统压力的方法，同时根据化学平衡常数求出一些相关的热力学函数。

实验 12　原电池电动势的测定及其应用

【实验目的】

1. 掌握对消法测定原电池电动势的原理，熟悉电位差计的使用方法。
2. 学习制备简单的金属电极和盐桥。
3. 测定以下原电池的电动势

(1) $Zn(s)|ZnSO_4(0.1000 mol \cdot L^{-1}) \| KCl(饱和)|Hg_2Cl_2(s)|Hg(l)$；

(2) $Hg(l)|Hg_2Cl_2(s)|KCl(饱和) \parallel CuSO_4(0.1000 mol \cdot L^{-1})|Cu(s)$；

(3) $Zn(s)|ZnSO_4(0.1000 mol \cdot L^{-1}) \parallel CuSO_4(0.1000 mol \cdot L^{-1})|Cu(s)$；

(4) $Hg(l)|Hg_2Cl_2(s)|KCl(饱和) \parallel H^+(0.1 mol \cdot L^{-1} HAc + 0.1 mol \cdot L^{-1} NaAc$, $Q \cdot QH_2)|Pt$；

(5) $Cu(s) \parallel CuSO_4(0.0100 mol \cdot L^{-1}) \parallel CuSO_4(0.1000 mol \cdot L^{-1})|Cu(s)$。

【实验原理】

电池不仅可用作电源，还可用它来研究构成此电池的化学反应的热力学性质。从化学热力学得知，在恒温、恒压、可逆条件下，电池反应的 $\Delta_r G_m$ 与电动势有以下关系：

$$\Delta_r G_m = -nFE \tag{3-46}$$

式中，$\Delta_r G_m$ 为电池反应的吉布斯自由能增量；n 为电极反应中电子得失数；F 为法拉第常数；E 为电池的电动势。测得电池的电动势 E 后，便可求得 $\Delta_r G_m$。但只有可逆电池的电动势才有热力学上的应用价值，因此要求被测电池反应本身是可逆的。可逆电池的三个条件是：(1) 电池的电极反应是可逆的；(2) 电池放电和充电过程都必须在平衡状态下进行，此时只允许有无限小的电流通过电池；(3) 不存在不可逆的液接电势，常用"盐桥"来减小液接电势。

为了使电池反应在接近热力学可逆条件下进行，常采用根据对消法原理设计的电位差计来测量电池的电动势。电位差计的工作原理及使用方法，见本实验附录。

1. 原电池电动势的测定

原电池由两个"半电池"组成，每一个半电池含有一个电极和其对应的电解质溶液。在电池放电过程中，正极上起还原反应，负极上起氧化反应，而电池反应是这两个电极反应的总和。原电池电动势等于正、负电极的电极电势之差

$$E = \varphi_{正} - \varphi_{负} = \varphi_{右} - \varphi_{左}$$
$$= \left[\varphi_{右}^{\ominus} - \frac{RT}{nF}\ln\frac{(a_{还原态})_{右}^{\nu_1}}{(a_{氧化态})_{右}^{\nu_2}}\right] - \left[\varphi_{左}^{\ominus} - \frac{RT}{nF}\ln\frac{(a_{还原态})_{左}^{\nu_1}}{(a_{氧化态})_{左}^{\nu_1}}\right] \tag{3-47}$$

下面以锌-铜原电池为例进行分析。

电池表示式为：$Zn|ZnSO_4(m_1) \parallel CuSO_4(m_2)|Cu$

符号"|"代表固相（Zn 或 Cu）和液相（$ZnSO_4$ 或 $CuSO_4$）两相界面；"$\parallel$"代表连通两个液相的"盐桥"；m_1 和 m_2 分别为 $ZnSO_4$ 和 $CuSO_4$ 的质量摩尔浓度。

当电池放电时：

负极发生氧化反应　　　$Zn \longrightarrow Zn^{2+}(a_{Zn^{2+}}) + 2e^-$

正极发生还原反应　　　$Cu^{2+}(a_{Cu^{2+}}) + 2e^- \longrightarrow Cu$

电池总反应为　　　　　$Zn + Cu^{2+}(a_{Cu^{2+}}) \longrightarrow Zn^{2+}(a_{Zn^{2+}}) + Cu$

电池的电动势为

$$E = E^{\ominus} - \frac{RT}{nF}\ln\frac{a_{Zn^{2+}}}{a_{Cu^{2+}}} \tag{3-48}$$

其中，正负两极的电极电势的表达式如下

$$\varphi_- = \varphi_{Zn^{2+}/Zn}^{\ominus} - \frac{RT}{2F}\ln\frac{1}{a_{Zn^{2+}}} \tag{3-49}$$

$$\varphi_+ = \varphi_{Cu^{2+}/Cu}^{\ominus} - \frac{RT}{2F}\ln\frac{1}{a_{Cu^{2+}}} \tag{3-50}$$

式中，$\varphi^{\ominus}_{Cu^{2+}/Cu}$ 和 $\varphi^{\ominus}_{Zn^{2+}/Zn}$ 是当 $a_{Cu^{2+}} = a_{Zn^{2+}} = 1$ 时，铜电极和锌电极的标准电极电势。

对于单个离子，其活度是无法测定的，但强电解质的活度与物质的平均质量摩尔浓度和平均活度系数之间有以下关系

$$a_{Zn^{2+}} = \gamma_{\pm} m_1 \tag{3-51}$$

$$a_{Cu^{2+}} = \gamma_{\pm} m_2 \tag{3-52}$$

式中，m 是平均质量摩尔浓度；$\gamma_{\pm}$ 是离子的平均离子活度系数，其数值大小与物质浓度、离子的种类、实验温度等因素有关。$\gamma_{\pm}(Zn^{2+}) = \gamma_{\pm}(Cu^{2+}) = 0.15$，用此根据式(3-48)可计算铜锌原电池电动势的理论值。

2. 电极电势的测定

因电极电势绝对值无法测定，实际测量中，需用参比电极作为标准来进行测定，本实验采用饱和甘汞电极作为参比电极。甘汞电极的电极反应为：

$$Hg_2Cl_2(s) + 2e^- \longrightarrow 2Hg(l) + 2Cl^-$$

其电极电势表达式：

$$\varphi(Cl^-/Hg_2Cl_2, Hg) = \varphi^{\ominus} - \frac{RT}{F}\ln(Cl^-)$$

对于饱和甘汞电极，在一定温度下，其氯离子浓度是定值，故其电极电势只与温度有关，可用式(3-53)（温度校正公式）直接计算其实验温度下的电极电势：

$$\varphi_{饱和甘汞电极} = 0.2415 - 7.61 \times 10^{-4}(t-25) \quad (t \text{ 的单位为℃}) \tag{3-53}$$

如研究电极与甘汞电极组成电池，测量其电动势，则通过该电动势可计算研究电极的电极电势，进而计算出溶液离子的活度。

3. 原电池电动势法求未知溶液的 pH 值

本实验将醌氢醌电极与饱和甘汞电极组成原电池，测定其电动势，求未知溶液的 pH 值。

醌氢醌是一种暗绿色晶体，为醌（Q）与氢醌（H_2Q）等摩尔混合物，在水中的溶解度很小，常温下只有 $0.005 mol \cdot L^{-1}$，并部分分解。将待测溶液用醌氢醌饱和后，再插入一支光亮 Pt 电极就构成了 Q.QH_2 电极，Q.QH_2 作为还原电极时，其反应为

$$C_6H_4O_2 + 2H^+ + 2e^- \longrightarrow C_6H_4(OH)_2$$

在酸性溶液中，氢醌的解离度很小，因此醌和氢醌的活度可以认为相同，其电极电势为

$$\varphi_{Q.QH_2} = \varphi^{\ominus}_{Q.QH_2} - \frac{RT}{F}\ln\frac{1}{a_{H^+}} = \varphi^{\ominus}_{Q.QH_2} - \frac{2.303RT}{F}pH \tag{3-54}$$

如醌氢醌电极与饱和甘汞电极组成原电池的电动势为 E，则

$$pH = (\varphi^{\ominus}_{Q.QH_2} - E - \varphi_{饱和甘汞电极}) \div \frac{2.303RT}{F} \tag{3-55}$$

式中，$\varphi^{\ominus}_{Q.QH_2} = 0.6994 - 0.00074(t-25)$，$t$ 的单位为℃。

4. 浓差电池

上述讨论的电池是在电池总反应中发生了化学反应，称为化学电池，还有一类电池，其电池反应的净结果只是一种物质从高浓度（或高压力）状态向低浓度（或低压力）状态转移，从而产生电动势，这种电池称作浓差电池，其电池的标准电动势 $E^{\ominus}$ 等于零。例如电池：

$$Cu(s) | CuSO_4(0.0100 mol \cdot L^{-1}) \| CuSO_4(0.1000 mol \cdot L^{-1}) | Cu(s)$$

电池的电动势为

$$E = \frac{RT}{2F}\ln\frac{a_{Cu^{2+}}(2)}{a_{Cu^{2+}}(1)} = \frac{RT}{2F}\ln\frac{\gamma_{\pm}m_2}{\gamma_{\pm}m_1} \tag{3-56}$$

式中，$a_{Cu^{2+}}(1)$ 表示 $0.0100\,mol \cdot L^{-1}$ $CuSO_4$ 溶液；$a_{Cu^{2+}}(2)$ 表示 $0.1000\,mol \cdot L^{-1}$ $CuSO_4$ 溶液。

【实验器材及试剂】

1. 实验器材

数字电位差计1台；铂电极1支；饱和甘汞电极1支；铜电极1支；锌电极1支；U形管1支；100mL烧杯6个；250mL烧杯1个；电炉1台；玻璃棒1根；滴管1支。

2. 实验试剂

琼脂；KNO_3（分析纯）；$0.1000\,mol \cdot L^{-1}$ $ZnSO_4$ 溶液；$0.1000\,mol \cdot L^{-1}$ $CuSO_4$ 溶液；$3\,mol \cdot L^{-1}$ HNO_3；$6\,mol \cdot L^{-1}$ H_2SO_4；KCl 饱和溶液；醌氢醌晶体；未知 pH 溶液（$0.1\,mol \cdot L^{-1}$ HAc + $0.1\,mol \cdot L^{-1}$ NaAc）；镀铜溶液（其组成为每升中含 125g $CuSO_4 \cdot 5H_2O$，25g H_2SO_4，50mL 乙醇）。

【实验步骤】

1. 盐桥制备

将琼脂、蒸馏水以 3:100（质量比，以 g 为单位）的比例加入 250mL 烧杯中，于热水浴中使琼脂溶解，然后加入 40g 硝酸钾，充分搅拌使硝酸钾溶解，趁热用滴管将它灌入已经洗涤的 U 形管中，U 形管的两端或中间不能留有气泡，冷却后待用。

2. 电极的制备

（1）锌电极　将锌电极在稀硫酸溶液中浸泡片刻（2~5min），除去表面氧化物，取出洗净，浸入汞或饱和硝酸亚汞溶液中约3~5s，取出后用滤纸轻轻擦拭，表面上即生成一层光亮的汞齐，用蒸馏水冲洗晾干后，插入 $0.1000\,mol \cdot L^{-1}$ $ZnSO_4$ 中待用（因为汞蒸气剧毒，实验用过的滤纸不要乱扔，放在指定的地方）。

（2）铜电极　将铜电极在稀硝酸中浸泡片刻，取出洗净，作为阴极，以另一铜片（棒）作为阳极在镀铜溶液中电镀，线路见图 3-39。电镀时，控制电流密度为 $10\,mA \cdot cm^{-2}$ 左右，电镀 20~30min 得表面呈红色的 Cu 电极，洗净后放入 $0.1000\,mol \cdot L^{-1}$ $CuSO_4$ 中备用。

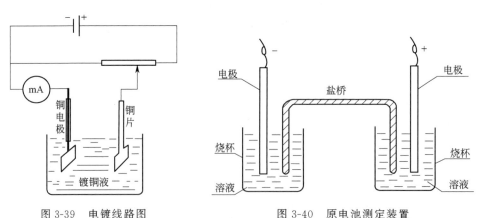

图 3-39　电镀线路图　　　　图 3-40　原电池测定装置

（3）甘汞电极　将甘汞电极上的橡胶塞拔下，检查电极管中饱和 KCl 溶液是否装满

（没过汞面），若不满可用滴管从侧孔处加入饱和 KCl 溶液，然后放入盛有饱和 KCl 溶液的烧杯中备用。

3. 电动势的测定

将 20mL 饱和氯化钾溶液注入 50mL 的烧杯中，插入甘汞电极，另取一个烧杯，注入 20mL 0.1000mol·L^{-1}ZnSO$_4$，插入锌电极，按图 3-40 组成原电池，锌电极为负极，甘汞电极为正极，分别接在电位差计的测量柱上，进行测量。测 2~3 次，取平均值，记下室温。电位差计的使用方法详见本实验附录。

4. 再依次测定以下 4 个原电池的电动势

(1) Hg(l)|Hg$_2$Cl$_2$(s)|KCl(饱和)‖CuSO$_4$(0.1000mol·L^{-1})|Cu(s)；

(2) Zn(s)|ZnSO$_4$(0.1000mol·L^{-1})‖CuSO$_4$(0.1000mol·L^{-1})|Cu(s)；

(3) Hg(l)|Hg$_2$Cl$_2$(s)|KCl(饱和)‖H$^+$(0.1mol·L^{-1}HAc+0.1mol·L^{-1}NaAc)Q.QH$_2$|Pt；

(4) Cu(s)‖CuSO$_4$(0.0100mol·L^{-1})‖CuSO$_4$(0.1000mol·L^{-1})|Cu(s)。

实验完毕后必须把盐桥放在水中加热溶解，并取出洗净。

【注意事项】

1. 电势测量方法属于平衡测量，但在测量过程中较难一下子找到平衡点，难免有极化现象，为使极化影响最小，可根据基本知识估算一下被测电池的电动势，以便快速找到平衡点。

2. 甘汞电极内必须充满氯化钾饱和溶液，电极槽内应有固体氯化钾存在，测定时应取下侧面加液的塞子，使其与大气相连，避免误差。

3. 电动势测定时应不时轻轻搅动电极，防止浓差极化。

4. 组装好的电极应固定在电极架上，不要手握电极，否则影响测量的精度。

【数据记录与处理】

1. 数据记录。

将实验数据记录在表 3-24 中。

表 3-24 原始数据记录表

温度：_____；压力：_____

待测电池	测量值（E）			平均值
	1	2	3	

2. 数据处理

(1) 根据饱和甘汞电极的温度校正式(3-53)计算实验温度下甘汞电极的电极电势。

(2) 根据测定的原电池电动势，分别计算铜、锌电极的电极电势。

(3) 计算 1~3 号原电池电动势的理论值，与实验值进行比较，计算相对误差。

(4) 计算未知溶液的 pH 值。

【思考题】

1. 补偿法测电动势的基本原理是什么？
2. 为什么用伏特计不能准确测定原电池的电动势？
3. 盐桥有什么作用？应选择什么样的电解质作盐桥？

【注释】

1. 电动势的测量在物理化学研究工作中具有重要的实际意义，通过电池电动势的测量可以获得氧化还原体系的许多热力学数据，如平衡常数、电解质活度及活度系数、离解常数、溶解度、络合常数、酸碱度以及某些热力学函数改变量等。例如：$\Delta_r G_m = -nFE$，$\Delta_r S_m = nF\left(\frac{\partial E}{\partial T}\right)_p$，$\Delta_r H_m = -nEF + nTF\left(\frac{\partial E}{\partial T}\right)_p$，改变实验温度，测量不同温度下电池的电动势，求出电池电动势与温度的关系，据此计算电池反应的热力学函数。

2. 制备锌电极要锌汞齐化，成为 Zn(Hg)，而不直接用锌棒。因为锌棒中不可避免地会含有其他金属杂质，在溶液中本身会成为微电池。锌电极电势较低（-0.7627V），在溶液中，氢离子会在锌的杂质（金属）上放电，且锌是较活泼的金属，易被氧化。如果直接用锌棒作电极，将严重影响测量结果的准确度。锌汞齐化能使锌溶解于汞中，或者说锌原子扩散在惰性金属汞中，处于饱和的平衡状态，此时锌的活度仍等于1，氢在汞上的超电势较大，在该实验条件下，不会释放出氢气。所以汞齐化后，锌电极易建立平衡。

3. 原电池电动势不能用伏特计测量，是因为电池与伏特计连通后有电流通过，在电极上会发生极化现象，使电极偏离平衡态。另外，电池本身有内阻，伏特计测定的仅仅是电池的端电压。

4. 盐桥是隔开半电池的液体部分而又可维持电的通道的装置，它的作用在于可以有效地减弱液接电势。液接电势是指当两种不同的溶液或同一种溶质不同浓度的两种溶液接通电流后，由于离子的迁移速度不同，使溶液的接界面上产生了电位差。接入盐桥后，这时越过溶液接界处的电流，主要由盐桥中的盐离子传递，盐桥中的正负离子迁移数大致相等，从而减小液接电势。因此选作盐桥的盐，除了正负离子迁移数大致相等外，还不能与两端溶液发生化学反应且浓度需大大高于被测溶液，以增加电流的容量。常用的盐有氯化钾、硝酸钾或硝酸铵。

【附录】

数字电位差综合测试仪（SDC-Ⅱ）使用方法

电位差计是按照抵消法原理设计的一种在电流接近于零的条件下测定电动势的基本仪器，它的精度很高，测量方便，在教学和科研中得到广泛的应用。

(1) 仪器面板结构，见图 3-41。

(2) 测量原理如图 3-42 所示，电路可分为辅助回路和补偿回路两部分。补偿回路由双刀双闸开关 S、待测电池（或标准电池）、电键 K、检流计 G 和滑线电阻的一部分组成。辅助回路由工作电池、可变电阻和滑线电阻 AB 组成，在 AB 两端产生电位降（E_w）。工作时，首先把电键 K 拨向标准电池，移动滑动接头 C，使 A、C 两端的电位降数值正好等于标准电池的电动势，这时检流计 G 中无电流通过。然后把电键 K 拨向待测电池，移动接头

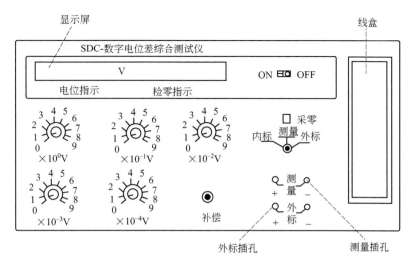

图 3-41 电位差计面板结构

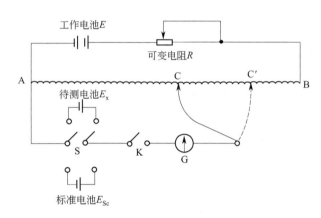

图 3-42 对消法测量原理

AB—滑线电阻；S—双刀双闸开关；K—电键；G—检流计

C'，使 A、C' 两端的电位降数值与电池待测电池电动势相等，这时检流计 G 中无电流通过（称达到平衡，若 $E < E_x$ 或 E、E_x 极性接反，则无法达到平衡），分别可得 E_{Sc} 和 E_x 的计算式

$$E_{Sc} = V_{AC} = \frac{E_W}{R_{AB}} R_{AC} = I R_{AC} \tag{3-57}$$

$$E_x = V_{AC'} = \frac{E_W}{R_{AB}} R_{AC'} = I R_{AC'} \tag{3-58}$$

把式(3-57)、式(3-58)相除，得

$$E_x = E_{Sc} \frac{R_{AC'}}{R_{AC}} \tag{3-59}$$

若已知 E_{Sc} 测量出 R_{AC}、$R_{AC'}$ 的长度，就可求出 E_x。实际的电位差计，滑线电阻由一系列标准电阻串联而成，工作电流总是标定为一固定数值 I_0，使电位差计总是在统一的 I_0 下达到平衡，从而将待测电动势的数值直接标度在各段电阻上（即标在仪器面板上），直接读取电压值，这称为电位差计的校准。显然一旦校准后，此可调电阻就不能再任意改动了，

但由于在使用过程中工作电池的电势因放电而一直在改变中，所以要求每测一次前都用标准电池校准。

(3) 电位差计的使用方法

① 内标校验。

a. 将仪器和交流 220V 电源连接，开启电源，预热 15min，再用测试线将被测电动势按"＋""－"极性与测量插孔连接；

b. 采用内标校验时，将"测量选择"旋钮置于"内标"位置；

c. 内标时，将"10V"旋钮置于"1"，补偿旋钮逆时针旋到底，其他旋钮均为"0"，此时电位指示显示"1.0000V"；

d. 待"检零指示"显示数值稳定后，按一下"采零"，使"检零指示"显示为"0.0000"。

② 测量。

a. 将"测量选择"旋钮置于"测量"位置。

b. 调节"$10^0 \sim 10^{-4}$"五个旋钮，使检零指示显示数值为负且绝对值最小。

c. 调节"补偿"旋钮使检零指示显示为"0.0000"，此时电位显示值即为被测电池的电动势。测量过程中，若"检零指示"显示溢出号"ou.L"，说明"电位指示"显示的数值与被测电动势相差过大。

d. 关机：首先关闭电源开关，然后拔下电源线。

③ 外标校验和测量。

a. 将已知电动势的标准电池按"＋""－"极性与外标插孔连接。

b. 将"测量选择"旋钮置于"外标"位置。

c. 调节"$10^0 \sim 10^{-4}$"五个旋钮和补偿旋钮，电位指示显示的数值与外标电池数值相同。

d. 待"检零指示"显示数值稳定后，按一下"采零"，使"检零指示"显示为"0.0000"。

e. 测量时，拔出"外标插孔"的测试线，再用测试线将被测电动势按"＋""－"极性与测量插孔连接，以下步骤同内标测定。

拓 展 阅 读

1780 年，意大利的医学家伽伐尼在偶然的情况下，两手分别拿着不同的金属的器械碰触到置于铁盘内的青蛙，发现其立刻产生抽搐现象，他认为那是有微电流流过的原因，并认为是生物本身内在的自发电流，提出了原电池的概念。意大利物理学家伏打多次重复了伽伐尼的实验，在此基础上，他尝试把许多对（40 对、60 对）圆形的铜片和锌片相间地叠起来，每一对铜锌片之间放上一块用盐水浸湿的麻布片，这时只要用两条金属线分别与顶面上的锌片和底面上的铜片焊接起来，则两金属端点就会产生电压。后来人们把伏打发明的这种电源装置叫作"伏打电堆"，这是最早的电池了。为纪念他的伟大成就，科学界将他的姓简化成 Volt（伏特），作为电压单位的名称。

1836 年，丹尼尔将锌电极浸于稀酸电解质与铜电极浸于硫酸铜溶液制成了丹尼尔电池，这是世界上第一个实用电池，并用于早期铁路的信号灯。丹尼尔的设计改善了原本电池电流过快衰减的缺点，增进了电池连续放电时的性能。之后，人们陆续发明了蓄电池、湿电池、干电池、燃料电池及太阳能电池。

实验 13　阳极极化曲线的测定

【实验目的】
1. 了解极化曲线的意义和应用。
2. 掌握恒电位法测定金属阳极极化曲线的原理和方法。
3. 分析各因素对碳钢阳极极化的影响。

【实验原理】
1. 电极极化

在研究可逆电池的电动势和反应时，电极上无电流通过，与之对应的电极电位为平衡电位。当有电流通过电极时，电池的平衡态受到破坏，此时电极反应处于不可逆的状态，随着电极上电流密度的增加，电极的不可逆程度也越来越大。这种当有电流通过电极时，由于电极反应的不可逆而使电极电势偏离平衡电位的现象称为电极的极化。阳极极化的结果是电极电势变得更正，阴极极化的结果是电极电势变得更负。如图3-43及图3-44所示。

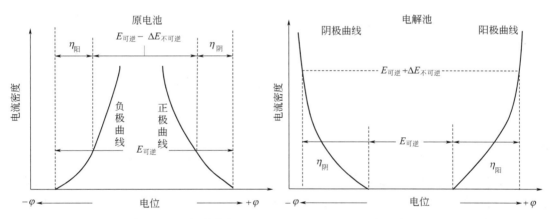

图 3-43　原电池中两电极的极化曲线　　　图 3-44　电解池中两电极的极化曲线

2. 金属的阳极过程

金属的阳极过程是指金属作为阳极时，通电到电极电势大于平衡电极电势时，阳极的溶解过程，如下式所示：

$$M \longrightarrow M^{n+} + ne^-$$

当阳极极化不大时，极化的速率随着电势变正而逐渐增大，这就是金属的正常溶解。当电极电势正到某一数值时，由于金属的表面状态发生了变化，其溶解速率随着电势变正，反而大幅度地降低，这种现象称为金属钝化。

溶液的组成、金属本身的化学组成和结构、温度、搅拌速度等因素都会影响金属钝化过程及钝化性质。例如，金属在酸性或某些碱性溶液中，不易钝化，而在中性溶液中则容易钝化；溶液中存在 Cl^-，能明显地阻止金属的钝化，而溶液中存在 CrO_4^{2-}，则可以促进金属的钝化；钢铁中添加镍、铬改变其化学组成，可以提高钢铁钝化能力及钝化的稳定性（三种金属的钝化能力为铬＞镍＞铁）；溶液中的溶解氧则可以减少金属上钝化膜遭受的破坏；通过升高温度和加剧搅拌，加速离子的扩散，可以推迟或防止钝化过程的发生，这与离子的扩散有关。在进行测量前，对研究电极活化处理的方式及其程度也将影响金属的钝化过程。

3. 极化曲线的测定方法

测定极化曲线是研究电极过程的机理及影响电极过程各种因素的一种重要的方法。

极化曲线是描述电流密度与电极电势之间关系的曲线，如图 3-45 所示的金属阳极极化曲线，其中 ab 曲线，电极电位从 a 点开始上升（即电位向正方向移动），电流密度也随之增加；当阳极电位正到某一数值时，其溶解速度达到一最大值，如图中 b 点所示，b 点的电流密度称为致钝电流密度，此后阳极溶解速度随着电位变正，电流密度反而大幅度降低至很小，这种现象称为金属的钝化现象，如图中 bc。到 c 点以后，电位即使再继续上升，电流仍保持在一个基本不变且很小的数值上；电位升到 d 点后，由于形成高价的离子或水电解生成的氧气，电流密度又随电位的上升而立刻增大。从 a 点到 b 点的范围称为活性溶解区；b 点到 c 点称为钝化过渡区；c 点到 d 点称为钝化稳定区；d 点以后称为过钝化区。对应于 $c\sim d$ 段的电流密度称为维钝电流密度。

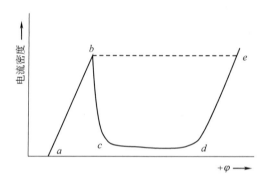

图 3-45　金属极化曲线

如果对金属通入致钝电流（致钝电流密度与表面积的乘积）使表面生成一层钝化膜，电势进入钝化区，再用维钝电流保持其表面的钝化膜不消失，则金属的腐蚀速度将大大降低，这就是阳极保护的基本原理。因此测定阳极极化曲线可以确定阳极保护的可能性及所需要的参数。

极化曲线的测定方法一般有恒电流法和恒电位法，恒电流法就是控制研究电极上的电流密度依次恒定在不同数值下，同时测定相应的稳定电极电势，以此得到极化曲线。但是恒电流法所得到的阳极极化曲线不能完整地描绘出碳钢的溶解和钝化的实际过程，因此本实验采用恒电位法。

恒电位法是指将研究电极上的电位控制在某一数值上，然后测量对应于该电位下的电流。由于电极表面状态在未建立稳定状态之前，电流会随时间而改变，故一般测出来的曲线为"暂态"极化曲线。在实际测量中，常采用的控制电位测量方法有下列两种。

（1）静态法　将研究电极的电极电位较长时间地维持在某一恒定值，同时测量相应极化状态下达到稳定后的电流，如此每隔 $20\sim 50$mV 逐点测量各个电极电位下的稳定电流值，即可获得完整的极化曲线。静态法测量结果较接近稳态值，但测量的时间较长。

（2）动态法　控制被研究电极的电极电位随时间线性连续地改变，并测量对应电位下的瞬时电流值，并以瞬时电流与对应的电极电位作图，获得整个极化曲线。电位变化的速度应根据研究体系的性质而定,如果电极表面建立稳态的速度较慢,则电位变化的速率也应较慢,这样才能使所测得的极化曲线与采用静态法的接近。动态法测量结果距稳态值相对误差较大,但测量的时间较短,故在实际工作中,常采用动态法来进行测量。

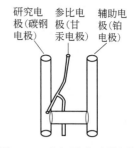

图 3-46 电解池实验装置图

本实验采用三电极体系测定极化曲线,装置见图 3-46。三电极体系是指由参比电极、研究电极、辅助电极三个电极组成的研究系统。三电极体系组成两个回路,其中研究电极和参比电极组成一个回路用来测试电极的电位,而研究电极和辅助电极组成另一个回路以形成对研究电极的极化,这就是所谓的"三电极两回路"系统。

【实验器材及试剂】

1. 实验器材

DHZ 系列电化学工作站 1 台;100mL 三口电解池 1 只;50mL 量筒 2 只;100mL 烧杯 3 个;碳钢电极(研究电极)1 支;铂电极(辅助电极)1 支;饱和甘汞电极(参比电极)1 支;200mL 容量瓶 1 个;砂纸;脱脂棉等。

2. 实验试剂

饱和碳酸氢铵溶液;浓氨水;碳酸铵(分析纯);氯化钾(分析纯);$0.1mol \cdot L^{-1}$ 的稀硫酸等。

【实验步骤】

1. 电极的处理。用金相砂纸将碳钢电极磨光亮,用脱脂棉擦干净,再用蒸馏水清洗,必要时可用 $0.1mol \cdot L^{-1}$ 的稀硫酸清洗 1min。电极除一个工作面外,其余各面均用环氧树脂封住。

2. 用容量瓶配制 $2mol \cdot L^{-1}$ 碳酸铵溶液 200mL。

3. 打开电化学工作站开关,预热 15min。

4. 联机。打开电脑,在电脑上运行"DHZ 电化学工作站"应用软件,在"操作"菜单下选择"联机"子菜单,若屏幕上弹出:"连接成功"信息框,即表示仪器与电脑通信联系正常,一旦联机成功,屏幕窗体右侧上方的"联机状态"指示灯呈绿色显示。

5. 在三口电解池中加入 50mL $2mol \cdot L^{-1}$ 碳酸铵溶液。将研究电极(即碳钢电极,碳钢电极平面靠近鲁金丝毛细管口 2mm 左右,以减小溶液的电阻,但不能靠得太近,靠得太近测得的微区电位不能代表整个表面的混合电位)、铂电极、甘汞电极插入三口电解池中。

6. 连线。将电极接线分别插入电化学工作站前面板上的电极插座,绿色——参比电极 RE,红色——辅助电极 CE,黄色——研究电极 WE,黑色——接地。鳄鱼夹端接线分别与碳钢电极(研究电极 WE)、铂电极(辅助电极 CE)、甘汞电极(参比电极 RE)连接,检查,注意不要接错。

7. 开路电位的测定。在"设置"菜单下,选择"实验设置",出现实验设置对话框,实验方法依次选择"伏安法""开路电位法",运行时间 10s,采样间隔 0.01s,测定开路电位,屏幕显示的电位应为 0.8V 以上,否则需要重新处理电极。

8. 极化曲线的测定

(1) 在"设置"菜单下,选择"实验设置",出现实验设置对话框,实验方法依次选择

"伏安法""线性扫描伏安法"。

(2) 实验参数设置为：初始电位（V）1.2（比开路电位负0.1V），终止电位（V）1.2，静止时间（s）30，扫描速度（V/s）0.01，采样间隔（mV）1，灵敏度10mA。

(3) 滤波参数设置：放大倍数为"1"，滤波参数为"自动"。参数设置完，点击"确定"。

注意：仪器可测量的最大电流为当前电流灵敏度设置值的10倍，例如当电流灵敏度设置为1mA时，仪器可记录的最大电流值为±10mA，超出此范围将导致电流量程溢出，严重时会诱发警告信息弹出并提前终止实验，从而无法得到正常的实验结果，此时，需将电流量程更改为10mA；反之，发现测得电流远小于±1mA，需将电流量程（灵敏度）切换为100μA。

(4) 参数设置完，开始实验：点击操作菜单下的"开始实验"命令；也可通过点击工具栏中"开始"命令图标按钮启动实验。屏幕上即显示当时的工作状况和电流对电位的极化曲线。

(5) 极化曲线扫描结束，点击工具栏中"停止"命令图标按钮终止实验，保存数据。

注意：本软件在实验运行中不能进行其他周边操作，只有在"停止"后才能进行其他操作。

9. 使用原有溶液，改变扫描速度，如0.02、0.05、0.1（V/s），重复以上步骤，依次测定极化曲线。注意每次测量都需要重新处理碳钢电极。

10. 使用原有溶液，改变静止时间，如60、90、120、150、180（s），重复以上步骤，依次测定极化曲线。

11. 使用原有溶液，改变采样间隔，如1.5、2、4、5（mV），重复以上步骤，依次测定极化曲线。

根据以上实验，确定最佳扫描速度、静止时间、采样间隔。

12. 在原有溶液中分别加入KCl固体，使之成为2mol·L^{-1}碳酸铵溶液＋0.01mol·L^{-1} KCl，2mol·L^{-1}碳酸铵溶液＋0.05mol·L^{-1} KCl，2mol·L^{-1}碳酸铵溶液＋0.1mol·L^{-1} KCl，实验参数设置为最佳参数，重复以上步骤，分别测碳钢电极在这些溶液中的极化曲线，考察Cl^{-}对极化曲线的影响。

13. 在100mL烧杯中分别加入25mL饱和碳酸氢铵溶液和25mL浓氨水，混合后加入100mL三口电解池中，测碳钢电极在饱和碳酸氢铵溶液中的极化曲线，然后同步骤12，在原有溶液中依次加入KCl固体，使溶液依次成为饱和碳酸氢铵溶液＋0.01mol·L^{-1} KCl，饱和碳酸氢铵溶液＋0.05mol·L^{-1} KCl，饱和碳酸氢铵溶液＋0.1mol·L^{-1} KCl，实验参数设置为最佳参数，再分别测定极化曲线。

14. 实验完毕，保存数据，再关掉仪器和电脑电源，取出电极，清洗仪器。

【注意事项】

1. 按照实验要求，严格进行研究电极表面的处理。
2. 每次调整测量条件，碳钢电极都需要重新处理。
3. 同一因素的极化曲线，保存在同一图表上，便于比较。
4. 四个鳄鱼夹严禁相互短路，严禁错接。

【数据记录与处理】

1. 数据记录

日期：_____；室温：_____；大气压：_____。

(1) 不同扫描速度的极化曲线；

(2) 不同静止时间的极化曲线；

(3) 不同采样间隔的极化曲线；

(4) 以 2mol·L^{-1} 碳酸铵溶液为电解质溶液的极化曲线，考察 Cl^- 对碳钢电极影响的极化曲线；

(5) 以饱和碳酸氢铵＋浓氨水为电解质溶液的极化曲线，考察 Cl^- 对碳钢电极影响的极化曲线。

2. 数据处理

(1) 根据数据记录，分析扫描速度、静止时间、采样间隔对极化曲线的影响，确定最佳扫描速度、静止时间、采样间隔。

(2) 分别在极化曲线上找出致钝电势、致钝电流（或电流密度）、维钝电流（或电流密度）的值及各区间电势范围，并将数据列表。

(3) 分析 Cl^- 对极化曲线的影响。

(4) 讨论所得实验结果及曲线的意义。

【思考题】

1. 测定阳极极化曲线为什么要用恒电位法？
2. 阳极保护的基本原理是什么？
3. 在测量电路中，参比电极和辅助电极各起什么作用？

【注释】

1. 金属的阳极过程在很多方面的研究和实际应用中都有涉及，因此金属的阳极行为研究具有重要的实际意义。例如：金属的钝化行为在金属的防腐蚀以及作为电镀的不溶性时是有利的，而在化学电源、电冶金和电镀中作为可溶性阳极时，却是非常有害的；在电镀工业中，通过测定不同条件的阴极极化曲线，可以选择理想的镀液组成、pH 值及电镀等工艺条件。

2. 研究电极过程的电化学基本方法分为稳态法和暂态法。稳态法是指在一定时间内，电化学系统的参数变化很小，可认为是不变化的状态。暂态法是指未达到稳态前的那个阶段，区分的标准是看参数是否有明显的变化。由于达到电化学稳态需要很长的时间，认定标准也因人而异，人们通常认为界定电极电势的是恒定时间或扫描速度，此法非常适用于研究不同因素对极化曲线的影响。

3. 金属由活化状态变为钝化状态，至今存在三种不同的观点。第一种理论为氧化物理论：认为金属钝化是由于金属表面形成了一层致密氧化膜，此膜阻止了金属的进一步溶解；第二种理论为表面吸附理论：认为金属钝化是由于金属表面吸附了氧，形成了氧吸附层或含氧化合物吸附层，因而抑制了腐蚀行为；第三种理论为连续膜理论：认为开始是氧的吸附，然后金属从基底迁移至氧吸附膜中，再发展为无定形的金属-氧基结构而降低金属溶解速度。

【附录】

DHZ 系列电化学工作站的使用方法

1. DHZ 系列电化学工作站及前后面板见图 3-47 及图 3-48。

仪器支持的电化学实验方法有：

循环伏安法（CV）；线性伏安法（LSV）；开路电位法（OCV）；计时电流法（CA）；计

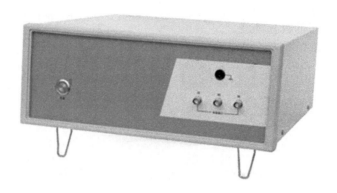

图 3-47　DHZ 系列电化学工作站

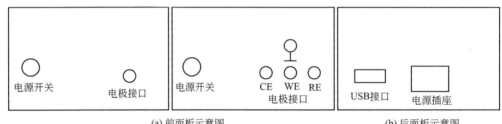

图 3-48　前后面板示意图

电极接口：CE 接红色鳄鱼夹，WE 接黄色鳄鱼夹，RE 接绿色鳄鱼夹，⊥接黑色鳄鱼夹

注：四个鳄鱼夹严禁相互短路，严禁错接

时库仑法（CC）；计时电位法（CP）；电流-时间曲线（ITC）；差分脉冲法（DPV）；常规脉冲法（NPV）；方波伏安法（SWV）；阶梯波伏安法（SCV）；线性电流计时电位法（CPCR）；控制电位电解库仑法（BE）。

2. 开机测试

确认各连接线正确连接完毕后，按下前面板上的电源开关按钮，按钮上的蓝色指示灯亮，表明仪器交流电源已接通，此时可通过以下测试了解仪器的工作状态。

（1）在 PC 机上运行"电化学工作站"应用软件，在"操作"菜单下选择"联机"子菜单，若屏幕弹出"连接成功"信息提示框，即表示仪器与 PC 机通信联系正常，一旦联机成功，屏幕窗体右侧上方的"联机状态"指示灯呈绿色显示。

（2）检测仪器是否工作正常，可用随机附带的 $10k\Omega$ 精密电阻作为模拟电解池，将参比电极与辅助电极的鳄鱼夹短接到该电阻的一端，工作电极的鳄鱼夹夹到电阻的另一端，在打开的应用软件中选择"线性扫描伏安法"，实验参数可选择为：初始电位 $-1.2V$，终止电位 $1.2V$，扫描速度 $0.1V/s$，灵敏度 $100\mu A$。完毕点击工具栏中"开始"命令图标按钮启动实验，PC 机屏幕显示一条斜率约为 1 的直线，如图 3-49 所示，说明仪器运行正常。

3. 菜单功能说明

（1）设置菜单（图 3-50）

"实验设置"：选择"实验设置"命令时，屏幕弹出如图 3-51、图 3-52 所示选择对话框，以供选择不同的实验方法及与实验相关的参数设置。

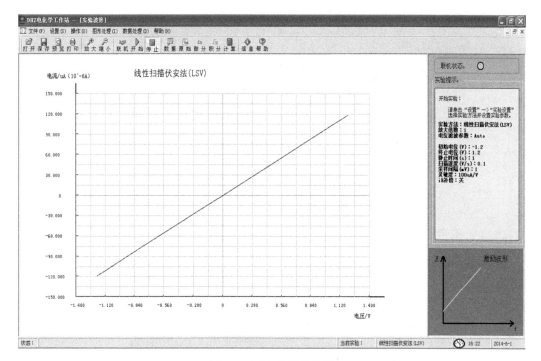

图 3-49 PC 机屏幕显示

图 3-50 设置菜单

电化学工作站提供的实验技术分为"伏安技术"和"脉冲技术"两大类,其中每类又包含许多具体的实验方法。具体操作时,先在对话框的"实验方法"栏中选定实验技术种类,并在方法列表框中选定具体方法;实验方法选定后,再在上述对话框右侧的"实验参数"和"滤波参数"栏中设置和选择与实验有关的运行参数,如果用户输入的参数超出了许可范围,程序会给出警告,并提示许可范围让用户修改;若要在具体实验方法中启用溶液电阻补偿功能,则勾选"溶液电阻补偿"(说明:实验方法一旦作了改变,已作的勾选会自动被取消),启用溶液电阻补偿功能后的相关测试操作详见电化学工作站使用说明书。

仪器设有电位信号低通滤波器,相关滤波参数设置选择如图 3-52 "滤波参数"栏所示。当某滤波参数选为"None"时,所对应的低通滤波器不起作用;当滤波参数选为"Auto"时,本软件会根据用户在"实验参数"栏的设置,自动设定低通滤波器的具体滤波参数;用户也可人工选择滤波器的具体滤波参数,为了避免因滤波参数设置过小而造成实验信号失真,建议从较大滤波参数开始选择,若实验波形曲线较粗或噪声较大,再选择较小一级滤波参数重新实验。

图 3-52 中"放大倍数"旁的下拉式列表框用于设置实验运行时的测量放大倍数。

(2)"系统设置"

选择"系统设置"命令时,屏幕弹出如图 3-53 所示选择对话框,用于用户对主界面绘

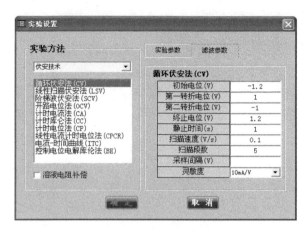

图 3-51　实验方法设置

图 3-52　参数设置

图 3-53　系统参数设置

图区坐标系统颜色的设置，包括坐标背景颜色、坐标轴颜色和曲线颜色等。

(3) 操作菜单

操作菜单界面见图 3-54。

"清屏"：清除绘图区图形。

图 3-54　操作菜单

"联机"：测试仪器硬件设备与 PC 机 USB 通信连接是否正常；也可通过点击工具栏中"联机"命令图标按钮进行联机测试。

"开始实验"：启动实验命令；也可通过点击工具栏中"开始"命令图标按钮启动实验。

"停止实验"：终止实验命令；也可通过点击工具栏中"停止"命令图标按钮终止实验。注意，本软件在实验运行中不能进行其他周边操作，只有在"停止"后才能进行其他操作。

(4) 图像处理菜单

图像处理菜单界面见图 3-55。

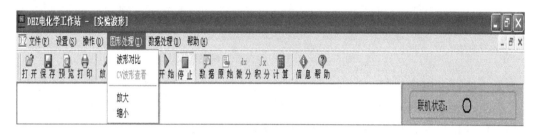

图 3-55　图像处理菜单

波形对比：该命令主要用于将同一实验方法下的多组数据在屏幕上重叠显示，用以直观对比。选择"波形对比"命令时，屏幕会弹出数据文件目录，选择多个文件可按住键盘上的"Ctrl"键，同时用鼠标选择所要叠加的文件名，完毕点击"打开"命令键。多组数据重叠显示时，绘图区 X-Y 轴的范围会根据当前打开的数据自动调整，无需用户干预。

CV 波形查看：该命令专用于对循环伏安法（CV）实验的扫描波形数据进行选择性查看。该命令通常处于浅灰色的无效状态，仅在当前循环伏安法实验结束时才激活生效，点击激活后的"CV 波形查看"命令，屏幕弹出如图 3-56 所示"CV 波形查看"对话框。

对当前结束的 CV 实验，对话框提供了对一个循环或连续多个循环的扫描波形数据进行查看和存储功能，操作如下。

A. 首先确定欲查看的循环序号。在"选择循环序号"栏下左边输入框输入起始序号，右边输入框输入终止序号，终止序号不能小于起始序号；两输入框输入序号一致时表示仅查看某个循环，不一致时表示可查看连续多个循环；循环序号输入完成并点击"确定"按钮后，方可进行其他操作。

B. 如果勾选"仅显示所选循环波形"，点击"查看波形"按钮，仅有所选循环对应的扫描波形以"波形显示设置"栏中设置的"曲线颜色"显示于绘图区；不勾选时点击"查看波形"按钮，将已设置的曲线颜色把所选循环对应扫描波形衬托显示于当前实验波形中。

C. 点击"查看数据"按钮，弹出对话框显示所选循环对应的实验数据。

D. 点击"保存数据"按钮，弹出对话框保存所选循环对应的实验数据到文件。

E. 上述操作可以反复进行，上述对话框一旦关闭，"CV 波形查看"菜单功能将被屏蔽。

图 3-56 "CV 波形查看"对话框

放大：该命令用于将局部数据放大显示。点击工具栏的"放大"图标按钮后，将鼠标指针移至欲要放大显示的矩形区域的一角，按住鼠标左键并移动鼠标指针至矩形窗口的对角，松开鼠标左键后矩形窗口区域的数据被放大显示；软件支持局部数据的多次放大显示；此外，"放大"状态下，按下鼠标右键并移动鼠标还可实现数据波形的移动功能。再次点击弹起"放大"图标按钮，局部放大显示功能取消，全部数据重新显示在屏幕上。

缩小：该命令用于将放大显示后的局部数据缩小显示。"放大"状态下，点击工具栏的"缩小"图标按钮后，将鼠标指针移至屏幕绘图区，之后每点击一次鼠标左键，局部数据按一定比例缩小显示，直至全部数据重新显示在屏幕上。

(5) 数据处理菜单（图 3-57）

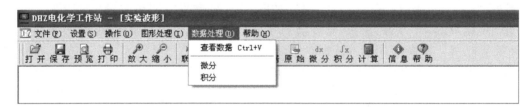

图 3-57 数据处理菜单

查看数据：该命令用于将当前实验缓冲区内的数据以列表的形式显示出来。

微分：该命令用于对当前实验缓冲区数据进行微分处理，得到微分曲线（注意：本操作不可逆）。

积分：该命令用于对当前实验缓冲区数据进行积分处理，得到积分曲线（注意：本操作不可逆）。

(6) 绘图说明

实验运行时,为了使屏幕主界面显示的实验波形有较佳视觉效果,绘图区 X-Y 轴的范围会根据当前所接收数据值的大小自动拓展调整。在实验累积的数据量过大时,考虑到计算机显示的实时性,X-Y 坐标自动调整后,绘图区实时显示的波形会因显示数据的抽取而与实际波形有所出入,由于系统保留了实验自始至终的全部原始数据,在当次实验结束且用户点击"停止"按钮后,全部原始数据重新显示于屏幕绘出实际波形。

4. 几种实验方法及参数设置介绍

(1) 线性扫描伏安法(Linear Sweep Voltammetry,LSV)

控制极化电位(注意:本仪器极化电位指工作电极相对于参比电极的电位)由"初始电位"开始,以特定的"扫描速度"随时间向"终止电位"线性变化,同时记录扫描过程中电流与电位($i\text{-}E$)关系曲线的方法,称为线性扫描伏安法。极化电位波形如图 3-58 所示。

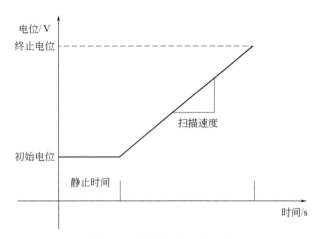

图 3-58 线性极化电位波形

线性扫描伏安法的参数设置对话框如图 3-59 所示。

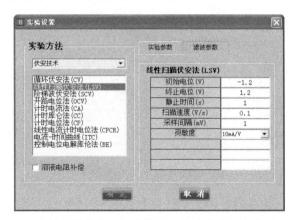

图 3-59 线性扫描伏安法的参数设置实验参数设置范围及说明

实验参数设置范围及说明:

初始电位(扫描起始时的电极电位),$-10\sim10\text{V}$;终止电位(扫描结束时的电极电位),$-10\sim10\text{V}$;静止时间(电位扫描前静止时间),$1\sim1000\text{s}$;扫描速度(电位变化的速率)$10^{-6}\sim10^{3}\text{V/s}$;采样间隔(数据采样间隔),$0.1\sim64\text{mV}$;灵敏度(电流电压转换灵敏度），$10^{-10}$～$0.1$A/V。

该参数表示电位每变化多少进行一次电流采样；在规定的参数设置范围内，可设置的最小采样间隔与扫描速度有关，即扫描速度越快，允许设置的最小采样间隔值将自动提高。

(2) 循环伏安法（Cyclic Voltammetry，CV）

在循环伏安法中，极化电位由"初始电位"开始，以特定的"扫描速度"随时间向"第一转折电位"连续线性扫描；到达"第一转折电位"之后，反转扫描方向向"第二转折电位"连续扫描；到达"第二转折电位"后可再次反转扫描方向，以此类推，直到完成用户设定的循环次数（扫描方向往返一次记为一次循环或一周），仪器同时记录极化电位扫描过程中电流与电位的关系曲线。

极化电位波形如图 3-60 所示。

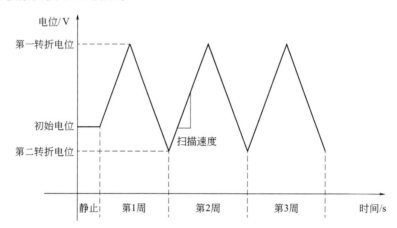

图 3-60　循环伏安法极化电位波形

循环伏安法的参数设置对话框如图 3-61 所示。

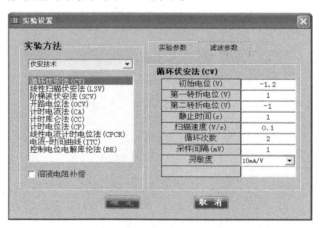

图 3-61　循环伏安法的参数设置

实验参数设置范围及说明：

初始电位（扫描起始时的电极电位），-10～10V；第一转折电位，-10～10V；第二转折电位，-10～10V；静止时间（电位扫描前静止时间），1～1000s；扫描速度（电位变化的速率），10^{-6}～10^3 V/s；循环次数（电位循环扫描周期数），1～1000 周；采样间隔（数据采样间隔），0.1～64mV；灵敏度（电流电压转换灵敏度），10^{-10}～0.1A/V。

电位扫描形式因循环次数不同而有所不同，有以下两种类型。

① 循环次数＝1时，扫描形式为：初始电位→第一转折电位→第二转折电位；

② 循环次数≥2时，扫描形式为：初始电位→第一转折电位→第二转折电位→第一转折电位→…→第二转折电位。

该参数表示电位每变化多少进行一次电流采样；在规定的参数设置范围内，可设置的最小采样间隔与扫描速度有关，即扫描速度越快，允许设置的最小采样间隔值将自动提高。

(3) 开路电位法（Open Circuit Voltage，OCV）

开路电位法中，在"辅助电极"开路情况下，仪器以特定的时间间隔采样"工作电极"相对"参比电极"之间的开路电位并显示。开路电位法的参数设置对话框如图3-62所示。

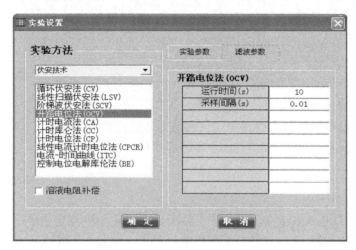

图3-62 开路电位法的参数设置

实验参数设置范围及说明：

运行时间（实验运行时间，s），$0.1 \sim 10^6$；采样间隔（采样的时间间隔，s），$4 \times 10^{-5} \sim 10^2$。

运行时间和采样间隔共同决定最终实验数据量的大小。例如运行时间设为100s，采样间隔设为0.001s时，每秒采样1000次，共10万数据点。数据量太大会导致计算机停止响应，也不便于处理。用户应合理设置参数，使总数据点数小于100万。

拓展阅读

腐蚀使金属材料向着离子化或化合物状态变化，破坏了材料的性能。腐蚀破坏所造成的直接或间接的经济损失很严重，研究腐蚀规律、解决腐蚀破坏，成为国民经济中迫切需要解决的问题。

人们使用金属后不久，便提出了防止金属腐蚀的问题。例如，早在公元前，古希腊就提出了用锡来防止铁的腐蚀。在我国商朝，出现了锡青铜，即用锡来改善铜的耐蚀性。

1790年，凯依尔（Keir）详细论述了铁在硝酸中的钝化行为，从此人们才开始积极研究金属在各种介质中的破坏。1819年，哈尔（Holl）证明铁在没有氧的情况下是不会生锈的。1824年，德维（Dary）证明，当没有氧时，海水并不对钢起作用；同年他又提出了用锌保护钢壳船的原理。

电离理论以及法拉第定律的出现对腐蚀的电化学理论的发展起到了重要的推动作用。1830年，李夫提出了腐蚀电化学的概念（即微电池理论），随后能斯特定律、热力学腐蚀图等也相继产生，并创立了电极动力学过程的理论。到了20世纪初，腐蚀学在科学领域中占有一定的位置，并成为一门独立的科学。

实验 14 电化学法测定氯化银的溶度积常数

【实验目的】

1. 掌握电池电动势测定的基本原理，进一步加深对可逆电池、可逆电极概念的了解，熟悉有关电池电动势和电极电势的基本计算。
2. 学会用 SDC 数字电位差综合测试仪测定电池电动势。
3. 学会用电化学方法测定微溶盐 AgCl 的溶度积常数。

【实验原理】

1. 电极电势的测定

由于电极电势的绝对值至今还无法测定，所以在电化学中规定电池"Pt，$H_2(p^\ominus)$｜H^+($a=1$)‖待测电极"的电动势就是待测电极的电势值。即规定标准氢电极的电势值为 0。但标准氢电极的使用比较麻烦，因此常用具有稳定电势的电极如甘汞电极、Ag-AgCl 电极作为参比电极。

本实验是测定电池"Hg(l)｜Hg_2Cl_2(s)｜KCl(饱和)‖Ag^+($a_\pm$)｜Ag(s)"（用饱和 NH_4NO_3 溶液作为盐桥）的电动势。并由此计算 $\varphi^\ominus(Ag^+/Ag)$ 电极电势。该电池的电动势为：

$$E = \varphi(Ag^+/Ag) - \varphi_{甘汞} = \varphi^\ominus(Ag^+/Ag) + \frac{RT}{nF}\ln a(Ag^+) - \varphi_{甘汞} \qquad (3-60)$$

所以
$$\varphi^\ominus(Ag^+/Ag) = E - \frac{RT}{nF}\ln a(Ag^+) + \varphi_{甘汞} \qquad (3-61)$$

2. AgCl 溶度积常数的测定

Ag｜$AgNO_3$(a_1)‖$AgNO_3$(a_2)｜Ag（用饱和 NH_4NO_3 溶液作为盐桥），这是一个消除了液接电势的浓差电池，其电动势为：

$$E = \frac{RT}{F}\ln\frac{a_2}{a_1} = \frac{RT}{F}\ln\frac{\gamma_2 c_2}{\gamma_1 c_1} \qquad (3-62)$$

式中，γ 为活度因子；c 为物质的量浓度。

对于电池：Ag｜KCl(0.1mol·L^{-1})、AgCl(饱和)‖$AgNO_3$(0.1mol·L^{-1})｜Ag（用饱和 NH_4NO_3 溶液作盐桥），若令 0.10mol·L^{-1} KCl 中的 Ag^+ 活度为 $a(Ag^+)$ 则其电动势为：

$$E = \frac{RT}{F}\ln\frac{a_2}{a_1} = \frac{RT}{F}\ln\frac{0.734 \times 0.10}{a(Ag^+)} \qquad (3-63)$$

式中，0.734 为 25℃时 0.1mol·L^{-1} AgNO$_3$ 的平均离子活度系数。因为 AgCl 活度积 $K_{sp}=a(Ag^+)a(Cl^-)$，所以 $a(Ag^+)=\dfrac{K_{sp}}{a(Cl^-)}$ 代入式(3-63) 得：

$$E=-\frac{RT}{F}\ln K_{sp}+\frac{RT}{F}\ln(0.734\times0.10)+\frac{RT}{F}\ln a(Cl^-) \tag{3-64}$$

故

$$\ln K_{sp}=\ln(0.734\times0.10)+\ln(0.770\times0.10)-\frac{EF}{RT} \tag{3-65}$$

式中，0.770 为 25℃时 0.10mol·L^{-1} KCl 的离子平均活度系数，在纯水中 AgCl 的溶解度很小，故活度积就是溶度积。

【实验器材及试剂】

1. 实验器材

SDC-Ⅱ数字电位差综合测试仪 1 台（或 UJ-25 型电位差计）；801 型饱和甘汞电极 1 支；银电极 2 支；半电极管 2 根；100mL 小烧杯 2 个。

2. 实验试剂

饱和 NH$_4$NO$_3$ 溶液；0.100mol/kg AgNO$_3$ 溶液；0.100mol/kg KCl 溶液。

【实验步骤】

1. 电极电势的测定

(1) 温度的测定

在 100mL 烧杯中倒入饱和 NH$_4$NO$_3$ 溶液，将温度计插入其中 5min 左右，测定该溶液的温度。

(2) 测定电池电动势

将银电极插入洁净的半电极管中并塞紧，从半电极管的吸管口处用洗耳球吸入 0.100mol·kg^{-1} 的 AgNO$_3$ 溶液至浸没银电极略高一点，用夹子夹紧其胶管，使半电极管的支管处没有液体滴出。以 Ag｜AgNO$_3$（0.100mol·kg^{-1}）电极为正极，饱和甘汞电极为负极，一同插入上述饱和 NH$_4$NO$_3$ 溶液中，用 SDC-Ⅱ数字电位差综合测试仪测其电池电动势。

2. AgCl 溶度积的测定

(1) 电极的准备

将两根 Ag 电极用细砂纸轻轻打光，再用蒸馏水洗净，浸入同样浓度的 AgNO$_3$ 溶液中，用 SDC-Ⅱ数字电位差综合测试仪测其电动势，若电动势小于 0.001V，则可以做下面实验，否则 Ag 电极应重新处理。

(2) 测定电池电动势

将 0.100mol·kg^{-1} KCl 溶液倒入一洁净半电池管的一半处，并滴入一滴 0.100mol·kg^{-1} AgNO$_3$ 溶液，充分振动，静置 10min 左右，将一支处理好的银电极插入其中并塞紧，从其吸管口处用洗耳球再吸入 0.100mol·kg^{-1} KCl 溶液，至半电极管的支管中全都充满了溶液，用夹子夹紧其胶管，使半电池管的虹吸管处没有液体滴出也没有气泡。将另一支处理好的银电极插入另一半电极管中并塞紧，从其吸管口处用洗耳球吸入 0.100mol·kg^{-1} 的 AgNO$_3$ 溶液至浸没电极略高一点，并使半电池管的虹吸管处没有液体滴出也没有气泡。将

两半电池管一同插入饱和 NH_4NO_3 溶液中。以 $Ag|AgNO_3$（$0.100 mol \cdot kg^{-1}$）为正极，$Ag|KCl$（$0.100 mol \cdot kg^{-1}$），$AgCl$（饱和）为负极测其电池电动势。

【注意事项】

1. 盐桥中 NH_4NO_3 的浓度一定要饱和，即溶液中一定要有固体 NH_4NO_3 存在，否则电池电动势的测量值不准。

2. 制作的"$Ag|KCl$（$0.100 mol \cdot kg^{-1}$），$AgCl$（饱和）"电极静置时间应足够长，否则不能测到电池电动势的稳定值。

【数据记录与处理】

1. 实验记录

(1) 电极电势的测定：$t=$_____；$E=$_____

(2) AgCl 溶度积的测定：E（测量）$=$_____

2. 数据处理

(1) 电势的测定

由实验测得的电池电动势求 $\varphi^{\ominus}(Ag^+/Ag)$ 并将结果与 $\varphi^{\ominus}(Ag^+/Ag)=0.7991-9.88\times10^{-4}(t-25)$ 进行比较，要求相对误差小于 3%。已知：

$$\varphi_{甘汞}=0.2415-7.6\times10^{-4}(t-25)$$

$0.100 mol \cdot kg^{-1}$ $AgNO_3$ 的 $\gamma(Ag^+)=\gamma_{\pm}=0.734$

(2) AgCl 溶度积的测定

将实验测得的电池电动势 E（测量）代入式(3-65)，计算 AgCl 的 K_{sp}。并将 $K_{sp}=1.8\times10^{-10}$ 代入式(3-64)，计算 E（计算），将 E（测量）与 E（计算）进行相对误差的计算，要求相对误差小于 5%。

【思考题】

1. 试写出本实验中 AgCl 溶度积常数测定的电池表达式。
2. 测定电池电动势时为何要采用对消法？
3. 测定电池电动势时为何要用盐桥？如何选择盐桥中的电解质？

【注释】

此方法可以用于其他难溶盐溶度积的测定，也可用于某些络合物的络合平衡常数的测定。

【附录】

SDC 数字电位差综合测试仪工作原理

SDC 数字电位差综合测试仪是采用抵消法测量原理设计的一种电位测量仪器，它将普通电位差计、检流计、标准电池及工作电池合为一体，保持了普通电位差计的测量结构，并在电路设计中采用了对称设计，保证了测量的高精确度。

仪器的工作原理与操作面板如图 3-63 所示。当测量开关置于内标时，拨动精密电阻箱通过恒电流电路产生电位数模转换电路送入 CPU，由 CPU 显示电位，使电位显示为 1V。这时，精密电阻箱产生的电压信号与内标 1V 电压送至测量电路，由测量电路测量出误差信号，经数模转换电路再送入 CPU，由检零显示误差值，由采零按钮控制并记忆误差，以便测量待测电动势时进行误差补偿。

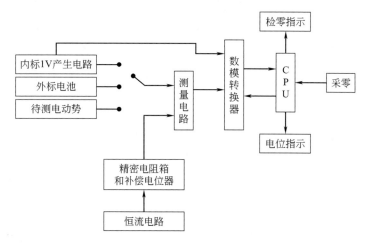

图 3-63　SDC 数字电位差综合测试仪工作原理简图

SDC 数字电位差综合测试仪的使用方法见本章实验 12。

拓展阅读

电化学法测定微溶盐 AgCl 的溶度积常数是以能斯特方程为基本手段进行的实验，而能斯特方程在电化学领域中有着非常重要的地位。能斯特方程得名于它的提出者德国化学家能斯特。

沃尔特 H·能斯特（Walther H. Nernst，1864—1941），他对化学热力学的贡献是建立起联系化学能和原电池电极电位关系的方程式。能斯特是德国卓越的物理学家、物理化学家和化学史家，是奥斯特瓦尔德的学生，热力学第三定律创始人，能斯特灯的发明者。1864 年 6 月 25 日生于西普鲁士的布里森，1887 年毕业于维尔茨堡大学，并获博士学位，在那里，他认识了阿仑尼乌斯，并把他推荐给奥斯特瓦尔德当助手。第二年，他得出了电极电势与溶液浓度的关系式，即能斯特方程。

能斯特

能斯特先后在格丁根大学和柏林大学任教，他的研究成果很多，主要有：发明了闻名于世的白炽灯（能斯特灯），建议用铂氢电极为零电位电极、能斯特方程、能斯特热定理（即热力学第三定律），低温下固体比热容测定等。因为他在热化学方面卓越的贡献，获得了 1920 年诺贝尔化学奖。他把成绩的取得归功于导师奥斯特瓦尔德的培养，因而自己也毫无保留地把知识传给学生。他的学生中先后有三位诺贝尔物理学奖获得者（米利肯 1923 年，安德森 1936 年，格拉泽 1960 年），师徒五代相传是诺贝尔奖史上空前的。由于纳粹迫害，能斯特于 1933 年离职，1941 年 11 月 18 日逝世，终年 77 岁，1951 年，他的骨灰移葬格丁根大学。

实验 15　电解质溶液活度系数测定

【实验目的】

1. 掌握电池的设计和电动势测定。
2. 用电动势法测定 $AgNO_3$ 溶液中的离子平均活度系数 $\gamma_\pm$，并计算 $AgNO_3$ 的活度 a。

【实验原理】

活度（a）又称为表观浓度，是根据规律和实际性质相对应的浓度数值，它和溶质的浓度（b）有关联但又不完全相等，它受到溶液中所有离子的影响。活度和浓度的关系为：

$$a = \gamma b/b^\ominus$$

式中，γ 为活度系数；$b^\ominus = 1\,\mathrm{mol\cdot kg^{-1}}$。

电解质在溶液中是以正负离子的形式存在的，而且正负离子没办法分开而独立存在，因此，离子的浓度或活度只能以离子平均浓度（$b_\pm$）或离子平均活度（$a_\pm$）的形式来表示，而且是采取几何平均的方法。对于分子式为 $M_{\nu^+}N_{\nu^-}$ 的溶质，有

$$b_\pm^\nu = b_+^{\nu^+} b_-^{\nu^-}，\quad a = a_+^{\nu^+} a_-^{\nu^-} = a_\pm^\nu = (\gamma_\pm b_\pm/b^\ominus)^\nu$$

式中，$\nu = \nu^+ + \nu^-$。

本实验用电动势法测定 $AgNO_3$ 溶液中的离子平均活度系数 $\gamma_\pm$。要测定电动势，首先要设计一个合适的电池，本实验采用饱和甘汞电极 $Hg\mid Hg_2Cl_2\mid KCl$（饱和）作为参比电极，以饱和甘汞电极作为负极和银电极 $Ag\mid AgNO_3(b)$（正极）组成电池：

$$Hg\mid Hg_2Cl_2\mid KCl(饱和)\parallel AgNO_3(b)\mid Ag$$

该电池为双液电池（以饱和 KNO_3 溶液为盐桥），其电池电动势 $E = \varphi_{Ag} - \varphi_{甘汞}$。饱和甘汞电极的电极电势较为稳定，其电势值与温度的关系为：

$$\varphi_{甘汞} = [0.2415 - 7.61\times 10^{-4}(t/℃ - 25)]$$

当温度为 25℃ 时，则电池电动势为

$$E = \varphi_{Ag}^\ominus + 0.05915\lg a_{Ag^+} - 0.2415 = \varphi_{Ag}^\ominus + 0.05915\lg a_\pm - 0.2415$$

由于 $AgNO_3$ 是 1-1 型电解质，其 $b_\pm = b$，所以电池电动势为

$$E = \varphi_{Ag}^\ominus + 0.05915\lg(\gamma_\pm b/b^\ominus) - 0.2415 \tag{3-66}$$

即

$$\lg\gamma_\pm = \frac{E - (\varphi_{Ag}^\ominus - 0.2415) - 0.05915\lg(b/b^\ominus)}{0.05915} \tag{3-67}$$

根据德拜-休克尔公式，对 1-1 型电解质来说，其极稀溶液的离子平均活度系数和浓度有如下关系式：

$$\lg\gamma_\pm = -A\sqrt{b}$$

结合式（3-67）可得

$$\frac{E - (\varphi_{Ag}^\ominus - 0.2415) - 0.05915\lg(b/b^\ominus)}{0.05915} = -A\sqrt{b}$$

整理得

$$E - 0.05915\lg(b/b^\ominus) = (\varphi_{Ag}^\ominus - 0.2415) - 0.05914 A\sqrt{b} \tag{3-68}$$

设 $E' = \varphi_{Ag}^{\ominus} - 0.2415$,则

$$E - 0.05915\lg(b/b^{\ominus}) = E' - 0.05915A\sqrt{b} \tag{3-69}$$

根据以上式子,使用不同浓度的 $AgNO_3$ 溶液构成双液电池,并测出它们相应的 E 值,以 $E - 0.05915\lg(b/b^{\ominus})$ 对 $\sqrt{b}$ 作图,可得一直线,将直线外推,与纵坐标相交所得的截距可视为 E'。再将各浓度所测得的相应的 E 值代入式(3-67),就可计算出不同浓度下的 $\gamma_{\pm}$。

根据 $a_{AgNO_3} = a_{Ag^+} a_{NO_3^-} = a_{\pm}^2 = (\gamma_{\pm} b/b^{\ominus})^2$ 的关系,可计算出各溶液中 $AgNO_3$ 的相对活度 a_{AgNO_3}。

【实验器材及试剂】

1. 实验器材

超级恒温槽1台;SDC-Ⅱ型数字电位差综合测试仪1台(或UJ-25型电位差计);银电极1支;半电极管1支;饱和甘汞电极1支;5mL、10mL移液管各1支;100mL的容量瓶1个;50mL、100mL小烧杯各1个。

2. 实验试剂

$0.1000 mol \cdot kg^{-1}$ 的 $AgNO_3$ 溶液;饱和 KNO_3 溶液。

【实验步骤】

1. 打开恒温槽,调节恒温至25℃。
2. 银电极的预处理。

用细砂纸将银电极轻轻打光,然后蒸馏水冲洗2~3次,备用。

3. 溶液的配制。

用 $0.1000 mol \cdot kg^{-1}$ $AgNO_3$ 溶液配制浓度为 $0.0015 mol \cdot kg^{-1}$、$0.0030 mol \cdot kg^{-1}$、$0.0050 mol \cdot kg^{-1}$、$0.0080 mol \cdot kg^{-1}$、$0.0100 mol \cdot kg^{-1}$ 的 $AgNO_3$ 溶液(由于浓度很稀,所以可以用体积摩尔浓度代替质量摩尔浓度)。注意:一定要用同一容量瓶与移液管由稀到浓进行配制,而且是测定完一个溶液,再配制下一浓度的溶液。

4. 电池电动势的测定。

用 $0.1000 mol \cdot kg^{-1}$ $AgNO_3$ 溶液配制100mL浓度为 $0.0015 mol \cdot kg^{-1}$ 的 $AgNO_3$ 溶液。用少量配好的溶液刷洗电极管与银电极2~3次,再将此溶液吸入插有银电极的电极管中作为 $Ag|AgNO_3(b)$ 电极。用夹子夹紧其胶管,使电极管的虹吸管处既没有气泡又没有液体滴出。

以饱和甘汞电极作为负极,银电极 $Ag|AgNO_3(b)$ 为正极,饱和 KNO_3 溶液为盐桥组成电池:$Hg|Hg_2Cl_2|KCl(饱和)‖AgNO_3(b)|Ag$。将该电池置于超级恒温槽中25℃恒温约10min。然后用电位差综合测试仪测定该电池的电动势。在电动势的测定过程中,必须等到电位显示值基本稳定后(即5min内电位显示值的变化不超过0.02mV),才能记录电位显示值。

用相同的方法测定其他浓度的电池的电动势,并记录相应的电动势。

【注意事项】

1. $AgNO_3$ 溶液的放置时间不宜过久,一般不超过1周。
2. 若要使用旧的饱和甘汞电极(217型),应以新的217型饱和甘汞电极为标准进行比

较，两者差值不超过 3mV 时方可使用。

【数据记录与处理】

1. 数据记录

将实验数据记入表 3-25 中。

表 3-25　不同电池电动势测定原始数据表

b_{AgNO_3}/mol·kg^{-1}	0.0015	0.0030	0.0050	0.0080	0.0100
E/V					

2. 数据处理

(1) 在表 3-26 中对实验数据进行处理。

表 3-26　数据处理表

b_{AgNO_3}/mol·kg^{-1}	
$\sqrt{b}$	
$E-0.05915\lg(b/b^{\ominus})$	
$\gamma_{\pm}$	
$a_{\pm}$	
a_{AgNO_3}	

(2) 以 $E-0.05915\lg(b/b^{\ominus})$ 为纵坐标，$\sqrt{b}$ 为横坐标作图，并用外推法求出 E'。查出 $\varphi_{Ag}^{\ominus}$ 的手册值，计算出 E' 的手册值，并与实验值进行比较，计算相对误差，并分析误差来源。

(3) 计算上述浓度 AgNO$_3$ 溶液的离子平均活度系数 $\gamma_{\pm}$，并与德拜-休克尔公式 $\lg\gamma_{\pm}=-0.509|Z_+Z_-|\sqrt{I}$ $(I=\frac{1}{2}b_i Z_i^2)$ 的计算值进行比较，计算相对误差。

【思考题】

1. 为什么 1-1 型电解质溶液有 $b_{\pm}=b$？其他类型的电解质溶液是否有此关系？

2. 假设将一系列不同浓度的 ZnCl$_2$ 溶液组成电池：Zn|ZnCl$_2(b)$|AgCl(s)|Ag，并分别测定 25℃时该电池的电动势 E，试推导该电池电解质溶液 $\gamma_{\pm}$ 的计算公式（即用 E 和 $b_{\pm}$ 表示）。

【注释】

电动势法是较为常用的测定电解质活度及活度系数的一种方法，此方法可以用于其他电解质溶液活度系数的测定。

【附录】

SDC-Ⅱ数字电位差综合测试仪的使用方法见本章实验 12 原电池电动势的测定及其应用。

拓展阅读

活度又称为表观浓度，是和化学势及化学势导出的一系列性质相对应的浓度数值。在溶液离子浓度较低时，活度和浓度在数值上差别不大，可以忽略不计，经常把浓度当成活度使用。但是当离子浓度较大时，电解质的活度和浓度会有很多差别，此时就不能忽略离子浓度对电解质活度的影响。

活度的概念首先由美国化学家吉尔伯特·牛顿·路易斯（Gilbert Newton Lewis，1875—1946 年）提出，后来迅速被应用于电化学研究当中。

吉尔伯特·牛顿·路易斯

路易斯是美国加州大学伯克利分校教授。在伯克利任教期间，路易斯培养及影响了多位诺贝尔奖得主，其中包括哈罗德·克莱顿·尤里、格伦·西奥多·西博格、威拉得·利比、威廉·弗朗西斯·吉奥克、梅尔文·卡尔文，但他自己却从未获得过诺贝尔奖，而曾 41 次获得诺贝尔化学奖提名的他成了诺贝尔奖历史上的最大争议之一。

路易斯是化学热力学创始人之一。他于 1901 年和 1907 年先后提出了逸度和活度的概念，对于真实体系用逸度代替压力，用活度代替浓度，使原来根据理想条件推导的热力学关系式可推广用于真实体系。1921 年他又根据大量的实验结果提出离子强度的概念，总结出稀溶液中盐的活度系数取决于离子强度的经验定律。1923 年他与兰德尔合著《化学物质的热力学和自由能》一书，对化学平衡进行深入讨论，并提出了自由能和活度关系的新解释。同一年，他从电子对的给予和接受角度提出了新的广义酸碱概念，即所谓的路易斯酸碱理论。

实验 16　旋光法测定蔗糖水解反应速率常数

【实验目的】

1. 了解旋光仪的简单结构和测量原理，掌握旋光仪的使用方法。
2. 了解反应物与旋光度之间的关系。
3. 测定蔗糖水解反应的速率常数。

【实验原理】

蔗糖水解转化为葡萄糖和果糖，其反应为：

$$C_{12}H_{22}O_{11} + H_2O \xrightarrow{H^+} C_6H_{12}O_6 + C_6H_{12}O_6$$
　　蔗糖　　　　　　　　葡萄糖　　果糖

这是一个二级反应，在纯水中此反应的速率极慢，通常需要酸催化。由于反应时水是大量存在的，尽管有部分水分子参加了反应，但仍可近似地认为整个反应过程中水的浓度是不变的；而且 H^+ 是催化剂，其浓度也保持不变。因此蔗糖转化反应可以看作一级反应（假一级反应）。

一级反应的速率方程可由下式表示：

$$-\frac{dc}{dt} = kc \tag{3-70}$$

对上式积分可得：

$$\ln c = \ln c_0 - kt \tag{3-71}$$

从式(3-71)可看出，在不同时间测定反应物的相应浓度，并以 $\ln c$ 对 t 作图，可得一直线，由直线斜率可求得反应速率常数 k。然而反应在不断进行，要快速分析出反应物的浓度是困难的。但蔗糖及其转化产物，都具有旋光性，而且它们的旋光能力不同，由于蔗糖的水解能进行到底，且果糖的左旋（负值，$[\alpha]_{果}^{20} = -91.9°$）远大于葡萄糖的右旋（正值，$[\alpha]_{蔗}^{20} = 66.65°$），因此随着反应的进行，系统的右旋角不断减小，反应至某一瞬间，反应液的旋光度可恰好等于零，而后变成左旋，直至水解完全。故可以利用体系在反应进程中旋光度的变化来度量反应的进程。

用旋光仪测定的旋光度的大小与溶液中被测物质的旋光性、溶剂性质和光源波长、光源所经过的厚度、测定时的温度等因素有关，当这些条件固定时，旋光度 α 与被测溶液的浓度是直线关系，所以：

$$\alpha_0 = A_{反}a \quad (t=0 \text{ 蔗糖未转化时的旋光度}) \tag{3-72}$$

$$\alpha_\infty = A_{生}a \quad (t=\infty \text{ 蔗糖全部转化时的旋光度}) \tag{3-73}$$

$$\alpha_t = A_{反}(a-x) + A_{生}x \quad [t=t \text{ 蔗糖浓度为}(a-x)\text{即为} c \text{时的旋光度}] \tag{3-74}$$

式中，$A_{反}$、$A_{生}$ 为反应物和生成物的比例常数；a 为反应起始浓度，也是水解结束生成物的浓度；x 为 t 时生成物的浓度。

由式(3-72)～式(3-74)整理得：

$$\frac{a}{a-x} = \frac{\alpha_0 - \alpha_\infty}{\alpha_t - \alpha_\infty} \tag{3-75}$$

将式(3-75)代入式(3-71)并整理得：

$$\ln(\alpha_t - \alpha_\infty) = -kt + \ln(\alpha_0 - \alpha_\infty) \tag{3-76}$$

即

$$\lg(\alpha_t - \alpha_\infty) = -\frac{k}{2.303}t + \lg(\alpha_0 - \alpha_\infty) \tag{3-77}$$

显然，如以 $\lg(\alpha_t - \alpha_\infty)$ 对 t 作图，从直线斜率即可求得反应速率常数 k。

由于测定 α_∞ 的方法存在不足，所以本实验采用古根海默（Guggenheim）法处理数据，可以不测 α_∞。把时间 t 和 $t+\Delta$ 测得的 α 分别用 α_t 和 $\alpha_{t+\Delta}$ 表示，则根据式(3-76)整理可得：

$$\ln(\alpha_t - \alpha_{t+\Delta}) = -kt + \ln[(\alpha_0 - \alpha_\infty)(1-e^{-k\Delta})] \tag{3-78}$$

从式(3-78)可以看出用 $\ln(\alpha_t - \alpha_{t+\Delta})$ 对 t 作图可得反应速率常数 k。

【实验器材及试剂】

1. 实验器材

WZZ-2S 型旋光仪（或 WXG-4 目视旋光仪）1 台；容量瓶 1 个；移液管 1 支；玻璃棒；

烧杯 1 个；天平 1 台等。

2. 实验试剂

$4mol \cdot L^{-1}$ 盐酸；蔗糖；蒸馏水。

【实验步骤】

1. 打开旋光仪电源，预热 5min。

2. 用蒸馏水进行旋光仪的零点校正。

洗净旋光管后，将管的一端加上盖子，并由另一端向管内灌满蒸馏水，在上面形成一凸面，然后盖上玻璃片和套盖，玻璃片应紧贴旋光管，此时管内不能有气泡。注意在旋紧套盖时，一手握住管上的金属鼓轮，另一手旋套盖，不能用力过猛。最后用滤纸将管外的水擦干，再用擦镜纸将旋光管两端玻璃片擦净，放入旋光仪光路中。按清零按键，使旋光仪读数显示为零。

3. 称 5.0g 蔗糖配成 25mL 的标准溶液，取 $4mol \cdot L^{-1}$ 盐酸 25mL，迅速混合并使其均匀，混合的同时计时。

4. 用反应液润洗旋光管，然后用反应液灌满旋光管（操作参照步骤 2），把装满反应液的旋光管放入旋光仪光路，反应开始第 5min 读第一个数据，以后每隔 5min 读一次数据，1h 后结束实验。

【注意事项】

1. 往旋光管中装溶液时注意保护玻璃片，防止丢失或摔碎。

2. 实验结束一定要清洗旋光管。

3. 做仪器零点校正的时候要学会寻找视场（用目视旋光仪时）。

【数据记录与处理】

1. 数据记录。

见表 3-27。

表 3-27 不同时刻反应液旋光度

室温：_____℃；大气压：_____Pa

t/min	α_t	$(t+\Delta)$/min	$\alpha_{t+\Delta}$	$\alpha_t - \alpha_{t+\Delta}$	$\ln(\alpha_t - \alpha_{t+\Delta})$
5		35			
10		40			
15		45			
20		50			
25		55			
30		60			

2. 计算 α_t 和 $\alpha_{t+\Delta}$。

3. 作图求出反应速率常数。

【思考题】

1. 如果蔗糖不纯，对实验有什么影响？

2. 为什么此反应可做一级反应处理？本实验是否一定要校正旋光仪的零点？
3. 配制蔗糖溶液时是将盐酸加入到蔗糖溶液里去，可否反过来？为什么？

【注释】

通常，规定旋光管的长度为1dm，待测物质溶液的浓度为$1g·mL^{-1}$，在此条件下测得的旋光度叫做该物质的比旋光度，用$[\alpha]_\lambda^t$表示。

$$[\alpha]_\lambda^t = \frac{Q}{lc} \times 100 \tag{3-79}$$

式中，Q为温度t时用波长为λ的光测得的旋光度；l为旋光管长度；c为样品浓度。旋光度的影响因素主要有以下方面。

1. 溶剂

旋光物质的旋光度主要取决于物质本身的结构。另外，还与光线透过物质的厚度，测量时所用光的波长和温度有关。如果被测物质是溶液，影响因素还包括物质的浓度，溶剂也有一定的影响。因此旋光物质的旋光度，在不同的条件下，测定结果通常不一样。

2. 温度

温度升高会使旋光管膨胀而长度加长，从而导致待测液体的密度降低。另外，温度变化还会使待测物质分子间发生缔合或解离，使旋光度发生改变。不同物质的温度系数不同，一般在$-(0.01 \sim 0.04)℃$之间。为此在实验测定时必须恒温，旋光管上装有恒温夹套，与超级恒温槽连接。

3. 浓度和旋光管长度

在一定的实验条件下，常将旋光物质的旋光度与浓度视为成正比，因此将比旋光度作为常数。而旋光度和溶液浓度之间并不是呈严格的线性关系，因此严格来讲比旋光度并非常数，旋光度与旋光管的长度成正比。旋光管通常有10cm、20cm、22cm三种规格。经常使用的是10cm长度的。但对旋光能力较弱或者较稀的溶液，为提高准确度，降低读数的相对误差，需用20cm或22cm长度的旋光管。

【附录】

WZZ-2S自动旋光仪

1. 仪器的工作原理与结构

（1）光学零位原理

若使自然光依次经过起偏器和检偏器，以起偏器和检偏器的通光方向正交时作为零位，检偏器偏离正交位置的角度α与入射检偏器的光强I之间的关系，按马吕斯定律为

$$I = I_0 \cos^2 \alpha$$

如图3-64曲线A所示。

法拉第线圈两端加以频率为f的正弦交变电压$U = U\sin 2\pi f t$时，按照法拉第磁光效应，通过的平面偏振光振动平面将叠加一个附加转动：$\alpha^1 = \beta \sin 2\pi f t$。在起偏器与检偏器之间有法拉第线圈时出射检偏器光强信号如下：

(a) 在正交位置时可得图3-64曲线B与B'，光强信号为某一恒定的光强叠加一个频率为$2f$的交变光强，见曲线B'。

(b) 向右偏离正交位置时可得图3-64曲线C与C'，光强信号为某一恒定的光强叠加一个频率为f的交变光强，见曲线C'。

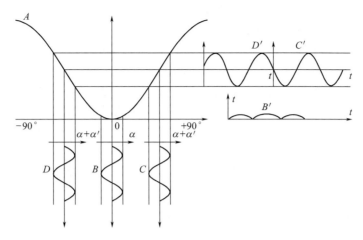

图 3-64 光学零位原理图

（c）向左偏离正交位置时，可得图 3-64 曲线 D 与 D'，光强信号为某一恒定的光强，叠加一个频率为 f 的交变光强，见曲线 D'，但交变光强的相位正好与向右偏离正交位置时的交变光强信号相位相反。

故鉴别光强信号中 f 分量的交变光强是否为零，可精确判断起偏器与检偏器是否处于正交位置，鉴别 f 分量交变光强的相位，可判断检偏器是向左还是向右偏离正交位置。

（2）仪器结构与原理

图 3-65 是仪器的结构图。发光二极管发出的光依次通过光阑、聚光镜、起偏器、法拉第调制器、准直镜，形成一束振动面随法拉第线圈中交变电压而变化的准直的平面偏振光，经过装有待测溶液的试管后射入检偏器，再经过接收物镜、干涉滤光片、光阑后单色光进入光电倍增管，光电倍增管将光强信号转变成电信号，并经前置放大器放大。自动高压是按照入射到光电倍增管的光强自动改变光电倍增管的高压，以适应测量透过率较低的深色样品的需要。

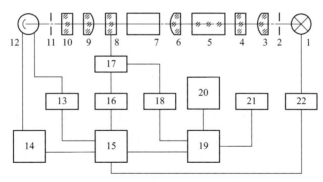

图 3-65 WZZ-2S 自动旋光仪结构图

1—发光二极管；2,11—光阑；3—聚光镜；4—起偏器；5—法拉第调制器；6—准直镜；7—试管；
8—检偏器；9—物镜；10—滤光片；12—光电倍增管；13—自动高压；14—前置放大器；
15—电机控制器；16—伺服电机；17—机械传动；18—码盘计数器；19—单片机控制器；
20—液晶显示器；21—输出接口；22—光源控制器

若检偏器相对于射入的偏振光平面偏离正交位置，则通过频率为 f 的交变光强信号，经光电倍增管转换成频率 f 的电信号，此电信号经过前置放大后输入电机控制部分，再经选频、功放后驱动伺服电机通过机械传动带动检偏器转动,使检偏器与起偏器产生的偏振光平面到达正交位置,频率为 f 的电信号消失,伺服电机停转。

仪器一开始正常工作,检偏器按照上述过程自动停在正交位置上,此时将计数器清零,定义为零位,若将装有旋光度为 α 的样品的试管放入样品室中时,入射的平面偏振光相对于检偏器偏离了正交位置 α 角,于是检偏器按照前述过程转过 α 角再次使偏振光获得新的正交位置。码盘计数器和单片机电路将起偏器转过的 α 角转换成旋光度并在液晶显示器上显示测量结果。

2. 仪器使用方法

(1) 接通电源,将随机所附电源线一端插入 220V 50Hz 电源。另一端插入仪器背后的电源插座。

(2) 接通电源后,打开电源开关,等待 5min 使钠灯发光稳定。

(3) 准备试管。

(4) 清零。在已准备好的试管中注入蒸馏水或待测试样的溶剂放入仪器试样室的试样槽中,按下"清零"键,使显示为零。一般情况下,本仪器如在不放试管时示数为零,放入无旋光度溶剂后(例如蒸馏水)测数也为零,则需注意倘若在测试光束的通路上有小气泡或试管的护片上有油污、不洁物或将试管护片旋得过紧而引起附加旋光数,将会影响空白测数,在有空白测数存在时必须仔细检查上述因素或者用装有溶剂的空白试管放入试样槽后再清零。

(5) 测试。除去空白溶剂,注入待测样品,将装有试样的试管放入试样室的试样槽中,仪器的伺服系统动作,液晶屏显示所测的旋光度值,此时指示灯"1"点亮(图 3-65)。

注意:试管内腔应用少量被测试样冲洗 3~5 次。

(6) 复测。按"复测"键一次,指示灯"2"点亮,表示仪器显示第二次测量结果,再次按"复测"键,指示灯"3"点亮,表示仪器显示第三次测量结果。按"Shift/123"键,可切换显示各次测量的旋光度值。按"平均"键,显示平均值,指示灯"AV"点亮。

(7) 温度校正。测试前或测试后,测定试样溶液的温度,将测试结果进行温度校正计算。

(8) 测深色样品。当被测样品透过率接近 1% 时仪器的示数重复性将有所降低,此系正常现象。

(9) 糖度测试。仪器开机后默认状态为测量旋光度,指示灯"Z"不点亮。如需测量糖度,可按"糖度/旋光度"键,指示灯"Z"点亮,液晶屏显示"0.000",必须重新放入试管,所示值才为该样品的糖度。

(10) 测定浓度或含量。先将已知纯度的标准品或参比样品按一定比例稀释成若干不同浓度的试样,分别测出其旋光度。然后以浓度为横轴,旋光度为纵轴,绘成旋光曲线。

测定时,先测出样品的旋光度,根据旋光度从旋光曲线上查出被测样品的浓度或含量。旋光曲线应用同一台仪器、同一支试管来做,测定时应予注意。

(11) 测定比旋光度和纯度。先按药典规定的浓度配制好溶液,依法测出旋光度,然后按下列公式计算比旋光度(a):

$$a = A/Lc$$

式中,A 为测得的旋光度,(°);c 为溶液的浓度,$g \cdot mL^{-1}$;L 为溶液的长度即试管长度,dm。由测得的比旋光度,可得样品的纯度:

$$纯度 = 实际比旋光度/理论比旋光度$$

拓展阅读

路易斯·巴斯德（Louis Pasteur，1822—1895 年），出生于法国东尔城，毕业于巴黎大学，法国著名的微生物学家、化学家。

分子的旋光性最早由巴斯德发现。巴斯德研究了微生物的类型、习性、繁殖、作用等，把微生物的研究从主要研究微生物的形态转移到研究微生物的生理途径上来，从而奠定了工业微生物学和医学微生物学的基础，并开创了微生物生理学。

路易斯·巴斯德

巴斯德在战胜狂犬病、鸡霍乱、炭疽病、蚕病等方面都取得了一系列成果。英国医生李斯特据此解决了创口感染问题，从此，整个医学迈进了细菌学时代，得到了空前的发展。美国学者麦克·哈特所著的《影响人类历史进程的100名人排行榜》中，巴斯德名列第12位，可见其在人类历史上巨大的影响力。其发明的巴氏消毒法直至现在仍被应用。

实验 17　乙酸乙酯皂化反应速率常数的测定

【实验目的】

1. 了解二级反应的特点，学会用图解计算法求取二级反应的速率常数。
2. 用电导法测定乙酸乙酯皂化反应的速率常数，了解反应活化能的测定方法。

【实验原理】

乙酸乙酯皂化反应是一个二级反应，其反应式为：

$$CH_3COOC_2H_5 + OH^- \longrightarrow CH_3COO^- + C_2H_5OH$$

在反应过程中，各个物质的浓度随时间而改变。某一时刻的 OH^- 浓度可用标准酸进行滴定求得，也可通过测量溶液的某些物理性质而得到。用电导仪测定溶液的电导值随时间的变化关系，可以检测反应的进程，进而可求算反应的速率常数。二级反应的速率与反应物的浓度有关。如果 $CH_3COOC_2H_5$ 和 $NaOH$ 的初始浓度都为 c，则反应时间 t 时，反应所产生的 CH_3COO^- 和 C_2H_5OH 的浓度为 x，而 $CH_3COOC_2H_5$ 和 $NaOH$ 的浓度均为 $c-x$。设逆反应可忽略，则反应物和生成物的浓度随时间的关系为：

$$CH_3COOC_2H_5 + NaOH \longrightarrow CH_3COONa + C_2H_5OH$$

$t=0$	c	c	0	0
$t=t$	$c-x$	$c-x$	x	x
t 趋无穷大	$\to 0$	$\to 0$	$\to c$	$\to c$

对上述的二级反应的速率方程可表示为：

$$\frac{dx}{dt} = k(c-x)(c-x) \tag{3-80}$$

积分得：
$$kt = \frac{x}{c(c-x)} \tag{3-81}$$

显然，只要测出反应进程中 t 时的 x，再将 c 代入上面公式，就可得到反应速率常数 k 值。

由于反应物是稀的水溶液，故可假定 CH_3COONa 全部电离。则溶液中参与导电的离子有钠离子、氢氧根离子和乙酸根离子等，而钠离子在反应前后浓度不变，氢氧根的迁移率比乙酸根大得多。随着反应时间的增加，氢氧根不断减少，而乙酸根则不断增加，所以体系的电导值不断下降。在一定范围内，可认为体系电导值的减小量与 CH_3COONa 的浓度增加量成正比，即

$$t = t : x = \beta(G_0 - G_t) \tag{3-82}$$

$$t = \infty : c = \beta(G_0 - G_\infty) \tag{3-83}$$

式中，G_0 和 G_t 分别为溶液起始和 t 时的电导值；G_∞ 为反应终了时的电导值；β 为比例常数。将式(3-82)和式(3-83)代入式(3-81)得到：

$$\frac{G_0 - G_t}{G_t - G_\infty} = ckt \tag{3-84}$$

从直线方程式(3-84)可知，只要测出 G_0、G_∞ 及一组 G_t 值，利用 $(G_0 - G_t)/(G_t - G_\infty)$ 对 t 作图，应得一直线，由斜率即可求得反应速率常数 k 值，其单位为 $min^{-1} \cdot mol^{-1} \cdot L$。

把 $G = K\dfrac{A}{L}$ 代入式(3-84)整理可得

$$K_t = \frac{1}{c_0 k} \frac{K_0 - K_t}{t} + K_\infty \tag{3-85}$$

根据式(3-85) 以 K_t 对 $\dfrac{K_0 - K_t}{t}$ 作图即可求得反应速率常数。

【实验器材及试剂】

1. 实验器材

DDSJ-308A 型电导率仪；恒温水浴；移液管；锥形瓶或恒温反应器一套；铁夹；玻璃棒；秒表；电子天平；药匙；烧杯；容量瓶；量筒。

2. 实验试剂

$CH_3COOC_2H_5$（分析纯）；NaOH（分析纯）。

【实验步骤】

1. 开启恒温水浴电源，将温度调至所需。开启电导率仪电源，预热 10min。
2. 配制 $0.100mol \cdot L^{-1}$ 的 $CH_3COOC_2H_5$ 溶液及 $0.100mol \cdot L^{-1}$ 的 NaOH 溶液。
3. 用移液管分别移取 20mL $0.100mol \cdot L^{-1}$ 的 NaOH 和 20mL 蒸馏水混合均匀，用少量混合液润洗电极后用电导率仪测量 K_0。
4. 各取 $0.100mol \cdot L^{-1}$ 的 NaOH 溶液和 $0.100mol \cdot L^{-1}$ 的 $CH_3COOC_2H_5$ 溶液 20mL，混合，计时，用电导率仪测量 K_t。从开始计时（氢氧化钠溶液和乙酸乙酯溶液接触时）算起，每隔 30s 记录一次电导率，记录四个；然后每隔 1min 记录一次电导率，记录四个；接着每隔 2min 记录一次电导率，记录两个；最后隔 3min 记录一次电导率，记录一个。

5. 在 35℃恒温水浴中重复步骤 3 和步骤 4 的操作。
6. 整理清洁仪器、实验台。

【注意事项】

1. 在 35℃时的测量都是先将氢氧化钠溶液和乙酸乙酯溶液取来,在 35℃的恒温水浴中恒温 10min 后再进行操作,且溶液一直要保持浸没在水浴中。
2. 注意记录电导率的单位。
3. 测量前要用待测液润洗电极,实验结束后要用电导水将电极充分冲洗干净。
4. 防止空气中的二氧化碳气体进入配好的氢氧化钠溶液。

【数据记录与处理】

1. 数据记录。

见表 3-28。

表 3-28 反应液不同时刻的电导率

室温:_____℃;大气压:_____Pa

t								
K_t								
$\dfrac{K_0-K_t}{t}$								

2. 计算反应活化能 E_a。

【思考题】

1. 乙酸乙酯皂化反应为吸热反应,试问在实验过程中如何处置这一影响而使实验得到较好结果?
2. 如果 $CH_3COOC_2H_5$ 和 NaOH 溶液均为浓溶液,试问能否用此方法求得 k 值?为什么?
3. 被测溶液的电导是哪些离子贡献的?反应过程中溶液的电导为何发生变化?

【注释】

1. 测得两个温度下的反应速率常数,然后代入下面公式计算该反应的活化能。

$$\ln \frac{k_2}{k_1}=\frac{E_a}{R}\left(\frac{T_2-T_1}{T_1 T_2}\right) \tag{3-86}$$

2. 由于空气中的 CO_2 会溶入电导水和配制的 NaOH 溶液中,而使溶液的浓度发生改变。因此在实验中可用煮沸的电导水,同时可在配好的 NaOH 溶液上装配碱石灰吸收管等方法处理。由于乙酸乙酯溶液水解缓慢,且水解产物会部分消耗 NaOH,故所用的溶液必须新鲜配制。

【附录】

DDSJ-308A 型实验室电导率仪是采用单片微处理器技术设计的仪器,具有精确测量水溶液的电导率、纯水电阻率、总溶解固体量(TDS)、盐度(以 NaCl 为标准)和温度的功能。

1. 仪器的结构

DDSJ-308A 型电导率仪的结构见图 3-66。

2. 仪器的使用方法

1) 按键的说明

"模式"：按此键可选择测量电导率、TDS、盐度。液晶显示器显示测量状态。"储存"：按此键可储存当前测量值和当前时间（年、月、日、时、分）。"打印"：按此键可打印当前测量值和当前时间（年、月、日、时、分）。"▲""▼"：按此二键可选择模式状态或增加、减小设置的参数值。"确定"：按此键可进入相应的模式状态或确定保存设置的参数值并退出。"取消"：按此键可取消参数设置并退出。

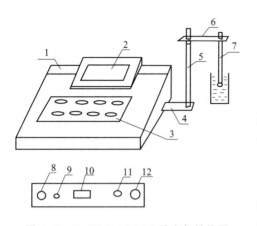

图 3-66　DDSJ-308A 型电导率仪结构图

1—机箱；2—显示屏；3—键盘；
4—电极梗座；5—电极梗；6—电极夹；
7—电极；8—测量电极插座；
9—温度电极插座；10—打印接口；
11—电源开关；12—电源插座

2) 操作

(a) 测量：按"模式"键可切换电导率、TDS、盐度三种测量模式，液晶显示器右上角会提示当前的测量模式。若温度电极不接入仪器，则温度显示为 25.0℃ 或 18.0℃（盐度测量状态）。

(b) 设置电极常数：按"电极常数"键，使三角形指示键指向"选择"，再按"▲"或"▼"键选择需要的电导电极档次值，即：0.01、0.1、1、5 或 10。再按"电极常数"键，使三角形指示键指向"调节"，再按"▲"或"▼"键调节电极常数至需要的常数值（如 0.98）。按"确认"按键，仪器将电极常数 0.98 存入并返回测量状态，在测量状态中即显示此电极常数值。

(c) 标定电极常数：电极清洗、润洗干净后，将电导电极浸入标准溶液中，控制溶液温度恒定，根据 (b) 选择好电极常数的档次，并回到测量状态，待仪器读数稳定，按下"标定"按键，再按"▲"或"▼"键，使仪器显示表 3-29 对应类型下的表 3-30 中所对应的数据，然后按"确认"键，仪器将自动算出电极常数值并贮存，随机自动返回测量状态。

(d) 设置温度系数：按"温度系数"键，再按"▲"或"▼"键选中"温度系数"，按"确定"键，再按"▲"或"▼"键调节被测溶液的温度系数，有 0.0%/℃ 到 10.0%/℃ 可调。一般水溶液取 2.0%/℃。

(e) 设置或标定 TDS 转换系数：在 TDS 测量状态下，按"电极常数"键，再按"▲"或"▼"修改到需要的转换系数，按"确认"键，仪器将保存设置并返回测量状态。

表 3-29　标定电极常数用的校准溶液

电极常数类型/cm	0.01	0.1	1	10
校准溶液近似浓度/mol·L^{-1}	0.001	0.01	0.01 或 0.1	0.1 或 1

表 3-30　KCl 校准溶液随温度变化的电导率值的数据表

温度/℃	电导率/S·cm^{-1} 近似浓度/mol·L^{-1}	1	0.1	0.01	0.001
15		0.09212	0.010455	0.0011414	0.0001185
18		0.09780	0.011163	0.0012200	0.0001267
20		0.10170	0.011644	0.0012737	0.0001322
25		0.11131	0.012852	0.0014083	0.0001465
35		0.13110	0.015351	0.0016876	0.0001765

拓展阅读

电导率，物理学概念，也称为导电率，是用来描述物质中电荷流动难易程度的参数，单位以西门子每米（S/m）表示，为电阻率 ρ 的倒数。

2019 年复旦大学物理学系修发贤课题组在砷化铌纳米带中观测到其表面态具有超高电导率，这也是目前二维体系中的最高电导率，其低电子散射概率的机制源自外尔半金属特有的电子结构（即费米弧表面态）。

实验 18　丙酮碘化反应

【实验目的】

1. 学习用分光光度法测定化学反应的动力学特征。
2. 学习孤立法测定化学反应级数的方法，加深对复合反应特征的理解。
3. 掌握分光光度计的正确使用。

【实验原理】

在化学反应的动力学理论中，将经过一步反应直接生成产物的称为基元反应。在实验中，只有少数化学反应是由一个基元反应组成的简单反应，大多数化学反应是由若干个基元反应组合的复合反应。对于复合反应，其反应速率和反应浓度间的关系较为复杂，必须通过实验测量。对具有简单反应级数的复合反应，可以通过实验测定反应速率与反应物浓度的关系，即确定各反应组分的分级数，从而得到复合反应的速率方程。当知道反应速率方程的具体形式后，就可以对反应机理进行合理推测。

丙酮会发生以下反应：

$$CH_3COCH_3 + I_2 \longrightarrow CH_3COCH_2I + I^- + H^+ \tag{3-87}$$

实验发现，该反应的反应速率并不是随反应时间的延长而降低，在一定时间内观察到反应速率随反应的进行而增加的现象，表面体系中可能存在自催化现象，起催化作用的就是生成的 H^+。所以该反应的速率方程表示为：

$$r = -\frac{dc(I_2)}{dt} = kc^\alpha(CH_3COCH_3)c^\beta(I_2)c^\gamma(H^+) \tag{3-88}$$

式中，r 为反应速率；k 为反应速率常数；α、β、γ 分别为丙酮、碘、氢离子的分级数。实验测定表明，丙酮与碘在稀薄的中性水溶液中反应是很慢的。在强酸（如盐酸）条件下，该反应进行得相当快。所以往往预先加入一定量的酸，以加快反应。

反应速率、速率常数及反应级数均可由实验测定。各个反应物的分级数可以通过孤立法确定。分别做两个对比反应测量，其中保持碘和氢离子的起始浓度一致，改变丙酮的起始浓度，两个反应的初始速率为：

$$r_0 = kc_0^\alpha(CH_3COCH_3)c_0^\beta(I_2)c_0^\gamma(H^+) \tag{3-89}$$

$$r_0' = kc_0'^\alpha(CH_3COCH_3)c_0'^\beta(I_2)c_0'^\gamma(H^+) \tag{3-90}$$

对两个表达式取对数后，相减得：

$$\ln\frac{r_0}{r_0'} = \alpha\ln\frac{c_0}{c_0'} \Rightarrow \alpha = \left(\ln\frac{r_0}{r_0'}\right)\bigg/\left(\ln\frac{c_0}{c_0'}\right) \tag{3-91}$$

只要知道了反应起始浓度和起始速率，就可以确定反应物的分级数。氢离子和碘离子的分级数可以同理确定。在具体实验过程中，为了加大碘的溶解度，需要加入大量的KI，有：

$$I^- + I_2 \longrightarrow I_3^-$$

相应的反应速率方程变为：

$$r = -\frac{dc(I_3^-)}{dt} = kc^\alpha(CH_3COCH_3)c^\beta(I_3^-)c^\gamma(H^+) \tag{3-92}$$

I_3^- 和 I_2 在可见区域都有电子吸附峰，而其他反应组分无明显吸收峰，所以，可以用电子吸收光谱来测量碘的浓度，并由此记录反应浓度随时间的变化。

根据朗伯-比耳定律，一定波长下物质的吸光度 A 为：

$$A = \varepsilon l c \tag{3-93}$$

式中，ε 为吸光系数；l 为吸光路径长度（即比色皿宽度）；c 为吸光物质浓度。εl 可通过测定已知浓度的碘溶液的吸光度 A 代入式(3-93)中求得。

将式(3-93)代入反应速率表达式，有：

$$r = -\frac{dc(I_3^-)}{dt} = \frac{-d[A/(\varepsilon l)]}{dt} = -\frac{1}{\varepsilon l}\frac{dA}{dt} \tag{3-94}$$

测得不同时间点的 A 值，作 A-t 曲线，在 $t=0$ 处作曲线的切线，斜率就是初始反应的 $\frac{dA}{dt}$，再乘以 $-\frac{1}{\varepsilon l}$，就是反应的初始速率。

求出反应速率后，结合起始浓度，就可以根据反应速率方程计算出反应速率常数 k。测量出两种反应温度下的反应常数后，就可以根据 Arrhenius 公式计算出反应的活化能 E_a。

$$\ln\frac{k_2}{k_1} = \frac{E_a}{R}\left(\frac{T_2 - T_1}{T_2 T_1}\right) \tag{3-95}$$

【实验器材及试剂】

1. 实验器材

分光光度计（附比色皿）1台；超级恒温槽1台；25mL 容量瓶 4 个；5mL 移液管、10mL 移液管各四支；100mL 锥形瓶 5 个。

2. 实验试剂

4.000mol·L^{-1}丙酮溶液（精确称量配制），1.000mol·L^{-1} HCl标准溶液（标定），0.0200mol·L^{-1}碘溶液（含4% KI），0.00500mol·L^{-1}碘溶液（含4% KI）。

【实验步骤】

1. 调节恒温水浴锅的温度到30℃。
2. 打开分光光度计，预热20min。
3. 测εl值：调分光光度计为560nm，在两个恒温比色皿中分别注入0.00500mol/L碘溶液和蒸馏水，用蒸馏水调吸光度零点，测碘溶液的吸光度A（平行测量三次）。
4. 配制表3-31中的四组溶液，分别在定温下测量A-t数据。

反应前，将干净的锥形瓶、25mL容量瓶分别贴上标签。取一锥形瓶，加入50mL蒸馏水，再按表3-31（序号1）用移液管分别准确移取相对应体积的丙酮和水到另一锥形瓶，移取碘溶液和盐酸到一25mL容量瓶中，同法配制其他溶液。将装有蒸馏水的锥形瓶和装有溶液的锥形瓶和容量瓶放入恒温水浴中恒温10～15min后，将锥形瓶中的溶液倒入容量瓶中，再用少量蒸馏水将锥形瓶中剩余的丙酮和盐酸洗入容量瓶，并加水到刻度后混匀。当锥形瓶中溶液倒入容量瓶后开始计时，作为反应的起始时间。将反应液装入比色皿中，每次用蒸馏水调吸光度零点后，测其吸光度值，每隔2min测定一次，测24min即可结束实验。

5. 测35℃时的εl值和不同时刻t的吸光度A。方法同上（每隔2min测一次吸光度A）。

表3-31　待测反应速率的四组溶液配比

序号	V(碘溶液)/mL	V(丙酮溶液)/mL	V(盐酸)/mL	V(水)/mL
1	5.0	1.5	5.0	5.0
2	5.0	0.75	5.0	5.0
3	5.0	1.5	2.5	5.0
4	2.5	1.5	5.0	5.0

注：所用碘溶液浓度为0.0200mol·L^{-1}。

【注意事项】

1. 本实验要求控制好反应和测量温度，对反应物要预热至反应温度后再混合。
2. 测量时，比色皿一定要清洗干净，防止吸附污染。
3. 生成物碘化丙酮对眼睛有刺激作用，故测定完后要倒入指定的回收瓶中。
4. 本实验容器应用蒸馏水充分荡洗，否则会造成沉淀使实验失败。
5. 反应液混合后应迅速进行测定，如果从加入丙酮到开始读数之间的延迟时间较长，可能无法读到足够的数据，当酸浓度或丙酮浓度较大时更容易出现这种情况。为了避免实验失败，应先将分光光度计调好，加入丙酮后应尽快操作。

【数据记录与处理】

1. 实验数据记录

实验数据记录于表3-32～表3-34。

表 3-32　各容量瓶溶液浓度

原始浓度　c_{I_2} _____ mol·L^{-1}；c_{HCl} _____ mol·L^{-1}；$c_{丙}$ _____ mol·L^{-1}

容量瓶编号	1	2	3	4
H$_2$O/mL				
HCl 溶液/mL				
丙酮溶液/mL				
碘溶液/mL				
$c(H^+)$/mol·L^{-1}				
c_A/mol·L^{-1}				
$c(I_2)$/mol·L^{-1}				

表 3-33　测定 εl 值

c_{I_2} _____ mol·L^{-1}；c_{HCl} _____ mol·L^{-1}；$c_{丙}$ _____ mol·L^{-1}

| 温度/℃ | 0.0050 mol·L^{-1} 碘溶液吸光度 A | | | | |
	A_1	A_2	A_3	$\overline{A}=\dfrac{\sum A_i}{n}$	εl
25					
35					

表 3-34　测不同时刻 t 的吸光度 A

c_{I_2} _____ mol·L^{-1}；c_{HCl} _____ mol·L^{-1}；$c_{丙}$ _____ mol·L^{-1}　温度 T：_____

时间/min						
吸光度 A(1)						
吸光度 A(2)						
吸光度 A(3)						
吸光度 A(4)						

2. 数据处理

(1) 计算四组溶液的浓度，填入表 3-32。

(2) 由已知碘溶液的浓度和测得的吸光度值（表 3-33），计算 εl 值。

(3) 由不同 t 时刻的吸光度 A（表 3-34），绘制 A→t 图，求出 t=0 处的斜率，根据公式(3-94)由直线斜率求反应速率，再求出反应对各物质的级数 α、β、γ。

(4) 由式(3-92)计算反应速率常数 k。

(5) 将 30℃、35℃的反应速度常数值代入阿伦尼乌斯公式，计算反应的活化能。

【思考题】

1. 本实验如果计时稍晚，是否对实验结果有所影响？为什么？
2. 影响本实验结果的主要因素是什么？
3. 如果 H$^+$ 起始浓度很高，本反应的表观反应级数有无变化？

【注释】

1. $\alpha=1$，$\gamma=1$，$\beta=0$。
2. 反应速率常数

项目	0℃	25℃	27℃	35℃
$10^5 k/\text{L}\cdot\text{mol}^{-1}\cdot\text{s}^{-1}$	0.115	2.86	3.60	8.80
$10^3 k/\text{L}\cdot\text{mol}^{-1}\cdot\text{min}^{-1}$	0.69	1.72	2.16	5.28

3. 活化能

$$E=20.6\text{kcal}\cdot\text{mol}^{-1}=86.2\text{kJ}\cdot\text{mol}^{-1}$$

【附录】

i3 紫外可见分光光度计的使用方法

1. 主机外表面图

主机外形图见图 3-67，操作面板图见图 3-68。

图 3-67　分光光度计

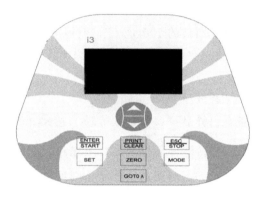

图 3-68　操作面板

2. 操作面板图

功能键描述：

(MODE)用于测量模式 [T（透过率测试模式），A（吸光度测试模式），C（浓度测试模式），F（系数法测试模式）] 的切换。

(SET)用于系统参数设定。

(GOTO λ)用于波长设置。

(ZERO)校空白键，用于调 0.000 A 和 100.0%T。

(PRINT/CLEAR)用于打印测试结果及数据删除。

(△)选择向上移动键。

(▽)选择向下移动键。

(ESC/STOP)返回上级菜单和停止键。

`ENTER/START` 确认键,用于数据和菜单的确认。

3. 透过率测试

在此功能下,可进行固定波长下的透过率测量,也可以将测量结果打印输出。

(1) 设定工作波长

在系统主界面下,系统的默认功能选项为透过率测试,此时直接按 `GOTO λ` 键可以进入波长设定界面。用 `△` 或 `▽` 键来改变波长值,每按一次该键则屏幕上的波长值相应增加或减少 0.1nm,按 `ENTER` 键确认。

提示:可以长按此二键,则数字会快速变化,直到所需波长值为止,按 `ENTER` 键确认。波长设置完成后自动返回上级界面。

(2) 调 0.000A/100.0%T

按 `ZERO` 键对当前工作波长下的空白样品进行调 100.0%T。

★ 注意:在调 100.0%T 之前记得将空白样品拉(推)入光路中,否则调 100.0%T 的结果不是空白液的 100.0%T,使得测量结果不正确。

校 100.0%T 完成后,把待测样品拉(推)入光路,此时屏幕上显示的即为该样品的透过率值。

(3) 多样品测量

把空白样品拉(推)入光路,按 `ENTER` 键进入数据记录界面,进入该界面后系统自动校空白。把待测样品拉(推)入光路,按 `START` 键,则系统自动记录该次测量结果并显示在屏幕上。如需测试其他样品,则重复上述步骤即可。

4. 吸光度测试

按 `MODE` 键切换到 A 模式。

吸光度测试的所有操作与透过率测试相同,可参考上面所述。

5. 标准曲线

标准曲线法是用已知浓度的标准样品,建立标准曲线,然后用所建立的标准曲线来测量未知样品浓度的一种定量测试方法。本部分将详细介绍新建标准曲线的步骤、用标准曲线测试待测样品浓度、打开已存储的标准曲线和删除标准曲线的步骤等。

(1) 进入标准曲线法主界面(C 模式)

按 `MODE` 键直至光标切换到 `C` 上即进入标准曲线模式。在此功能下,可以利用标准样品建立标准曲线,并可用所建标准曲线对未知样品浓度进行测试。

(2) 新建曲线

在标准曲线法主界面下,用上下键(`△` 和 `▽`),选定"新建曲线"(新建曲线左边圆圈内有圆点,表示选定),按 `ENTER` 键进入建立标准曲线步骤。根据仪器界面的提示逐步操作。

第一步:选定"新建曲线"后,按 `ENTER` 键,进入标准样品个数设定界面。根据自己的需要，按上下键（ⒶⒹ和ⒷⓎ）选择标准样品个数，按 ENTER 键确认。

第二步：设定标准样品浓度。

当样品个数输入完成后自动进入样品浓度设定界面。

① 此时将参比样拉入光路，然后按 ZERO 键校空白。

② 根据提示将1号标样拉入光路，并输入1号标准样品的浓度。输入方法如下：

光标最初停留在第一位上闪烁，此时按上下键（ⒶⓎ），则该位数字会在0~9和小数点间变化，选择需要的数字并按 ENTER 键确认，则光标会自动移动到第二位上。用同样的方法输入第二位及以后各位的数字。当输入完最后一位数字后按 ENTER 键，则系统会自动记录其吸光度值并转入2号标样浓度输入界面。

③ 此时将2号标样拉入光路，并参照1号标样的输入方法输入2号标样的浓度。

④ 重复上述步骤，直至最后一个标样的浓度输入完成。

第三步：绘制标准曲线。当最后一个标样的浓度输入完成并按 ENTER 键确认后，系统会自动显示所建立的标准曲线与曲线方程和相关系数 R。

第四步：进入浓度测试界面。在标准曲线显示界面下，按 START 键即可进入浓度测试界面。

第五步：未知样浓度测定。将参比溶液拉（推）入光路中，调 0.000A/100.0%T，再将未知浓度的样品拉（推）入光路中，按 START 键，显示器上便可显示相应样品的浓度。重复上述步骤，可以完成多个样品的浓度测试。

（3）打开曲线

所有建立的曲线都会被自动存储在系统里并按顺序自动编号。下次使用时可以直接调出曲线进行测试，无需重复建立。当想调用曲线时，在标准曲线法主界面下，用上下键选定"打开曲线"（打开曲线左边圆圈内有圆点表示选定），按 ENTER 键即可进入已建曲线选择界面。

系统共可存储50条标准曲线。进入曲线选择界面后，用上下键Ⓐ和Ⓨ将光标移动到需要的曲线方程上，按 ENTER 键确认，则系统会显示出曲线。再按 START 键即可用所选定的曲线对未知浓度样品进行测试。具体操作步骤同前所述。

6．系数法（F模式）

系数法是工作曲线法的简单应用，如果已知曲线方程，可以直接将方程的系数 K 和 B 输入仪器，并利用该方程进行未知浓度样品的测试。

（1）进入系数界面

在定量测量主界面下，按 MODE 键即可进入系数法测量主界面。

（2）设定系数 K

系统即进入 K 设定界面。K 值的设定方法与前面建立标准曲线中浓度的输入方法相同，在此不再赘述。需要指出的是在输入 K 值前，首先要对 K 值的正负进行选择。当 K 值的最后一位输入完成后，系统自动返回到上一级界面。

（3）设定系数 B

用上下键和将光标移动到"曲线参数 B"上，按 ENTER 键确认，系统即进入参数 B 设定界面。方法同 K 值设定。

（4）测试

B 值设定好并确认后，系统自动返回到上级界面。用上下键将光标移动到"测试"上，并按键确认，则系统进入到预测试界面，继续按 ENTER 键进入到数据记录界面。此时将参比液放入光路，按 ZERO 键调 100%T，然后把待测样品拉入光路，按 START 键进行测试，系统将测试结果自动存储。系统共可存储 200 组数据。

> **拓展阅读**
>
> **丙酮碘化反应的反应机理**
>
> 丙酮碘化反应是一个复杂反应，反应方程式为
>
> $$H_3C-\underset{\underset{O}{\|}}{C}-CH_3 + I_2 \xrightleftharpoons{H^+} H_3C-\underset{\underset{O}{\|}}{C}-CH_2I + I^- + H^+$$
>
> H^+ 是催化剂，由于反应本身能产生 H^+，所以，这是一个自动催化反应。一般认为该反应的反应机理包括下列两步：
>
> $$H_3C-\underset{\underset{O}{\|}}{C}-CH_3 + H^+ \underset{k_2}{\overset{k_1}{\rightleftharpoons}} H_3C-\underset{\underset{OH}{|}}{C}=CH_2 \qquad (\text{i})$$
>
> $$H_3C-\underset{\underset{OH}{|}}{C}=CH_2 + I_2 \xrightarrow{k_3} H_3C-\underset{\underset{O}{\|}}{C}-CH_2I + I^- \qquad (\text{ii})$$
>
> 这是一个连续反应，反应（i）是丙酮的烯醇化反应，反应可逆且进行得很慢。反应（ii）是烯醇的碘化反应，反应快速且能进行到底。由于反应（i）速率很慢，而反应（ii）的速率又很快，中间产物烯醇一旦生成又马上消耗掉了。根据连续反应的特点，丙酮碘化反应的总反应速率可认为是由反应（i）所决定，主要取决于丙酮及氢离子的浓度。

实验 19 　碘钟反应

【实验目的】

1. 了解浓度、温度及催化剂对化学反应速率的影响。

2. 用初速法测定 $(NH_4)_2S_2O_8$ 与 KI 反应的速率常数、反应级数、速率常数和反应的活化能。

【实验原理】

$(NH_4)_2S_2O_8$ 与 KI 在水溶液中发生如下反应

$$S_2O_8^{2-}(aq) + 3I^-(aq) \Longrightarrow 2SO_4^{2-}(aq) + I_3^-(aq) \tag{3-96}$$

这个反应的平均反应速率为

$$\bar{v}=-\frac{\Delta c(S_2O_8^{2-})}{\Delta t}=kc^{\alpha}(S_2O_8^{2-})c^{\beta}(I^-) \tag{3-97}$$

式中，$\bar{v}$ 为反应的平均反应速率；$\Delta c(S_2O_8^{2-})$ 为 Δt 时间内 $S_2O_8^{2-}$ 的浓度变化；$c(S_2O_8^{2-})$、$c(I^-)$ 为 $S_2O_8^{2-}$、I^- 的起始浓度；k 为该反应的速率常数；α、β 为反应物 $S_2O_8^{2-}$、I^- 的反应级数，$\alpha+\beta$ 为该反应的总级数。

为了测出在一定时间（Δt）内 $S_2O_8^{2-}$ 的浓度变化，在混合（NH_4）$_2S_2O_8$ 与 KI 溶液的同时，加入一定体积的已知浓度的 $Na_2S_2O_3$ 溶液和淀粉，这样在反应式(3-96)进行的同时，还有以下的反应发生

$$2S_2O_3^{2-}(aq)+I_3^-(aq)=\!\!=\!\!=S_4O_6^{2-}(aq)+3I^-(aq) \tag{3-98}$$

由于反应式(3-98)的速率比反应式(3-96)的大得多，由反应式(3-96)生成的 I_3^- 会立即与 $S_2O_3^{2-}$ 反应生成无色的 $S_4O_6^{2-}$ 和 I^-，这就是说，在反应开始的一段时间内，溶液呈无色，但一旦耗尽 $Na_2S_2O_3$，由反应式(3-96)生成的微量 I_3^- 就会立即与淀粉作用，使溶液呈蓝色。

由反应式(3-96)和式(3-98)的关系可以看出，每消耗 1mol $S_2O_8^{2-}$ 就要消耗 2mol 的 $S_2O_3^{2-}$，即

$$\Delta c(S_2O_8^{2-})=\frac{1}{2}\Delta c(S_2O_3^{2-})$$

由于在 Δt 时间内，$S_2O_3^{2-}$ 已全部耗尽，所以 $\Delta c(S_2O_3^{2-})$ 实际上就是反应开始时 $Na_2S_2O_3$ 的浓度，即

$$-\Delta c(S_2O_3^{2-})=c_0(S_2O_3^{2-})$$

这里的 $c_0(S_2O_3^{2-})$ 为 $Na_2S_2O_3$ 的起始浓度。在本实验中，由于每份混合液中 $Na_2S_2O_3$ 的起始浓度相同，因而 $\Delta c(S_2O_3^{2-})$ 也是相同的，即只要记下从反应开始到出现蓝色所需要的时间（Δt），就可以算出一定温度下该反应的平均反应速率

$$\bar{v}=-\frac{\Delta c(S_2O_8^{2-})}{\Delta t}=\frac{\Delta c(S_2O_3^{2-})}{2\Delta t}=\frac{c_0(S_2O_3^{2-})}{2\Delta t} \tag{3-99}$$

按照初始速率法，从不同浓度下测得的反应速率，即可求出该反应的反应级数 α 和 β，进而求得反应的总级数 $\alpha+\beta$，再由 $k=\dfrac{\bar{v}}{c^{\alpha}(S_2O_8^{2-})c^{\beta}(I^-)}$ 求出反应的速率常数 k。

由 Arrhenius 方程得

$$\lg\{k\}=A-\frac{E_a}{2.303RT} \tag{3-100}$$

式中，E_a 为反应的活化能；R 为摩尔气体常数，$R=8.314\text{J}\cdot\text{mol}^{-1}\cdot\text{K}^{-1}$；$T$ 为热力学温度。

求出不同温度时的 k 值后，以 $\lg\{k\}$ 对 $\dfrac{1}{T}$ 作图，可得一直线，由直线的斜率（$-\dfrac{E_a}{2.303R}$）可求得反应的活化能 E_a。

Cu^{2+} 可以加快（NH_4）$_2S_2O_8$ 与 KI 反应的速率，Cu^{2+} 的加入量不同，加快的反应速率也不同。

【实验器材及试剂】

1. 实验器材

恒温水浴一台，烧杯（50mL）5个，移液管（10mL）4支，移液管（5mL）2支，秒表1块，玻璃棒或电磁搅拌器。

2. 试剂

KI(0.2mol·L^{-1})，(NH$_4$)$_2$S$_2$O$_8$(0.2mol·L^{-1})，Na$_2$S$_2$O$_3$(0.05mol·L^{-1})，淀粉溶液(0.2%)，KNO$_3$(0.2mol·L^{-1})，Cu(NO$_3$)$_2$(0.02mol·L^{-1})，(NH$_4$)$_2$SO$_4$(0.2mol·L^{-1})。

【实验步骤】

1. 浓度对反应速率的影响，求反应级数、速率常数

在室温下，按表3-35所列各反应物用量，用移液管准确量取各种试剂，除0.2mol·L^{-1} (NH$_4$)$_2$S$_2$O$_8$溶液外，其余各试剂均可按用量混合在各编号烧杯中，当加入0.2mol·L^{-1} (NH$_4$)$_2$S$_2$O$_8$溶液时，立即计时，并把溶液混合均匀（用玻璃棒搅拌或把烧杯放在电磁搅拌器上搅拌），等溶液变蓝时停止计时，记下时间Δt和室温。计算每次实验的反应速率v，并填入表3-35中。

2. 温度对反应速率的影响，求活化能

按表3-35中实验编号1的试剂用量分别在高于室温5℃、10℃和15℃的温度下进行实验。这样就可测得这三个温度下的反应时间，并计算三个温度下的反应速率及速率系数，把数据和实验结果填入表3-36中。

3. 催化剂对反应速率的影响

在室温下，按表3-35中实验编号1的试剂用量，再分别加入1滴、5滴、10滴0.02mol·L^{-1} Cu(NO$_3$)$_2$溶液［为使总体积和离子强度一致，不足10滴的用0.2mol·L^{-1} (NH$_4$)$_2$SO$_4$溶液补充］，把数据和实验结果填入表3-37中。

【注意事项】

1. 加入K$_2$S$_2$O$_8$时要迅速。
2. 在反应过程中要注意恒温的控制以及温度的调节。
3. 实验温度不宜过高，否则速率太快，不易控制，实验误差大。
4. KI溶液不稳定，易被空气氧化，溶液由无色变成淡黄色。若溶液变黄，可滴加Na$_2$S，直至黄色褪去，即可继续使用。

【数据记录与处理】

1. 浓度对反应速率的影响，求反应级数、速率常数。

表3-35　浓度对反应速率的影响

室温：_____

	实验编号	1	2	3	4	5
试剂体积	V[(NH$_4$)$_2$S$_2$O$_8$]/mL	10	5	2.5	10	10
	V(KI)/mL	10	10	10	5	2.5
	V(Na$_2$S$_2$O$_3$)/mL	3	3	3	3	3
	V(KNO$_3$)/mL	0	0	0	5	7.5
	V[(NH$_4$)$_2$SO$_4$]/mL	0	5	7.5	0	0
	V(淀粉溶液)/mL	1	1	1	1	1

续表

实验编号		1	2	3	4	5
反应物的物质的量浓度	$c_0(S_2O_8^{2-})$/mol·L^{-1}					
	$c_0(I^-)$/mol·L^{-1}					
	$c_0(S_2O_3^{2-})$/mol·L^{-1}					
反应开始至溶液显蓝色时所需时间 Δt/s						
$\Delta c(S_2O_3^{2-})$/mol·L^{-1}						
反应的平均速率 $\bar{v}$/mol·L^{-1}·s^{-1}						
反应速率常数 k/(mol·L^{-1})$^{1-\alpha-\beta}$·s^{-1}						
α						
β						
$\alpha+\beta$						

用表 3-35 中实验编号 1、2、3 的数据，依据初始速率法求 α；用实验编号 1、4、5 的数据求出 β，再求出 $\alpha+\beta$；再由公式 $k=\dfrac{\bar{v}}{c^\alpha(S_2O_8^{2-})c^\beta(I^-)}$ 求出各次实验的 k，并把计算结果填入表 3-35 中。

2. 温度对反应速率的影响，求活化能

利用表 3-36 中各次实验的 k 和 T，作 $\lg\{k\}$-$1/T$ 图，求出直线的斜率，进而求出活化能 E_a。

表 3-36　温度对反应速率的影响

编号	T/K	Δt/s	$\bar{v}$/mol·L^{-1}·s^{-1}	k/(mol·L^{-1})$^{1-\alpha-\beta}$·s^{-1}	$\lg\{k\}$	$\dfrac{1}{T}$/K^{-1}
1						
6						
7						
8						

3. 催化剂对反应速率的影响

表 3-37　催化剂对反应速率的影响

实验编号	9	10	11
加入 Cu(NO$_3$)$_2$ 溶液(0.02 mol·L^{-1})的滴数	1	5	10
反应时间 Δt/s			
反应速率 $\bar{v}$/mol·L^{-1}·s^{-1}			

将表 3-37 中的反应速率与表 3-35 中的进行比较，你能得出什么结论？

【思考题】

1. 如用 I^-（或 I_3^-）的浓度变化来表示该反应的速率，则 $\bar{v}$ 和 k 是否和用 $S_2O_8^{2-}$ 的浓度变化表示的一样？

2. 实验中当蓝色出现后，反应是否就终止了？

【注释】

碘钟反应具有颜色振荡现象，是一种化学振荡反应，体现了化学动力学的原理。颜色振荡现象及化学振荡理论可应用于特殊元素检测、人体内酶作用以及物质循环等很多研究领域。

【附录】

过硫酸钾（potassium persulfate），化学式为 $K_2S_2O_8$，分子量 270.32，无色或白色结晶粉末。溶于水，水溶液呈酸性，0℃时溶解度为 $1.75g \cdot 100mL^{-1}$，20℃时溶解度为 $5.3g \cdot 100mL^{-1}$；不溶于醇。常用作引发剂、漂白剂、氧化剂等，与还原剂、硫、磷等混合可能引起爆炸。

其他几种常见的碘钟反应

1. 过氧化氢型碘钟

在硫酸酸化的过氧化氢溶液中加入碘酸钾、硫代硫酸钠和淀粉的混合溶液。反应方程式为

$$H_2O_2 + 3I^- + 2H^+ \longrightarrow I_3^- + 2H_2O$$

$$I_3^- + 2S_2O_3^{2-} \longrightarrow 3I^- + S_4O_6^{2-}$$

2. 碘酸盐型碘钟

向用硫酸酸化的碘酸盐中加入亚硫酸氢钠及少量淀粉溶液，发生的反应为

$$IO_3^- + 3HSO_3^- \longrightarrow I^- + 3HSO_4^-$$

$$IO_3^- + 5I^- + 6H^+ \longrightarrow 3I_2 + 3H_2O$$

$$I_2 + HSO_3^- + H_2O \longrightarrow 2I^- + HSO_4^- + 2H^+$$

3. 氯酸盐型碘钟

将 Lugols 碘液、氯酸钠和高氯酸混合，反应过程为

$$I_3^- \longrightarrow I^- + I_2$$

$$ClO_3^- + I^- + 2H^+ \longrightarrow HIO + HClO_2$$

$$ClO_3^- + HIO + H^+ \longrightarrow HIO_2 + HClO_2$$

$$ClO_3^- + HIO_2 \longrightarrow IO_3^- + HClO_2$$

实验 20　催化剂制备及其在过氧化氢分解反应中的应用

【实验目的】

1. 掌握固体催化剂的制备方法。
2. 掌握过氧化氢分解反应动力学研究的实验方法与实验数据处理方法。
3. 计算具有尖晶石结构 $Cu_{1.5}Fe_{1.5}O_4$ 的复合氧化物催化过氧化氢分解反应的速率常数与活化能。

【实验原理】

过氧化氢广泛用于化工、造纸、纺织、食品、医药、电子、航天、军工、建筑及环境保护等行业。在低温避光条件下，过氧化氢能够稳定存在，而光照或高温时其将会迅速分解。有些物质对过氧化氢分解反应具有催化作用，如 I^-、过渡金属离子及其配合物、某些过渡金属以及某些过渡金属氧化物。条件发生变化时，过氧化氢分解的机理可能不一样，但多数情况下其表观反应都具有一级反应特征，即

$$H_2O_2 \longrightarrow 1/2 O_2 + H_2O \tag{3-101}$$

其速率方程为

$$-\frac{dc_t}{dt} = kc_t \quad \text{或} \quad \ln\frac{c_t}{c_0} = -kt \tag{3-102}$$

式中，c_0 为 H_2O_2 的初始浓度；c_t 为 H_2O_2 在 t 时刻的浓度；k 为反应速率常数。

根据不同时刻系统中放出 O_2 的体积，即可算出相应的 H_2O_2 的浓度。设反应至 t 时刻 H_2O_2 放出 O_2 的体积为 V_t，H_2O_2 完全分解放出 O_2 的体积为 V_∞，在恒压条件下则有

$$\frac{c_t}{c_0} = \frac{V_\infty - V_t}{V_\infty} \tag{3-103}$$

将式(3-103)代入式(3-102)可得

$$\ln\frac{V_\infty - V_t}{V_\infty} = -kt \quad \text{或} \quad \ln(V_\infty - V_t) = -kt + \ln V_\infty \tag{3-104}$$

以 $\ln(V_\infty - V_t)$ 对 t 作图，根据直线斜率可求出 k。

分别在不同温度下测量反应放出的 O_2 体积，可求出不同温度下反应的速率常数，根据阿仑尼乌斯方程可求出反应的活化能 E_a。

$$\ln k = -\frac{E_a}{RT} + \ln A \quad \text{或} \quad E_a = \frac{T_1 T_2}{T_2 - T_1} R \ln\frac{k_2}{k_1} \tag{3-105}$$

不同的催化剂对 H_2O_2 分解反应的催化活性不一样，根据研究，具有尖晶石结构的 $Cu_{1.5}Fe_{1.5}O_4$ 的复合氧化物对 H_2O_2 的分解反应具有较高的催化活性。$Cu_{1.5}Fe_{1.5}O_4$ 可以通过以下反应来制备：

$$1.5CuCl_2 + 1.5FeCl_3 + 7.5NaOH \longrightarrow Cu_{1.5}Fe_{1.5}(OH)_{7.5} + 7.5NaCl$$

$$0.5O_2 + 4Cu_{1.5}Fe_{1.5}(OH)_{7.5} \longrightarrow 4Cu_{1.5}Fe_{1.5}O_4 + 15H_2O$$

实验装置如图 3-69 所示。

【实验器材及试剂】

1. 实验器材

恒温水浴装置 1 套；磁力加热搅拌器 1 台；100mL 三口烧瓶 1 支；催化剂托盘 1 个；10mL 微型分液漏斗 1 支；冷凝管 1 支；三通旋塞 1 个；二通旋塞 1 个；50mL 量气管 1 组；储水瓶 1 个。

2. 实验试剂

$FeCl_3 \cdot 6H_2O$；$CuCl_2 \cdot 6H_2O$；$5\text{mol} \cdot L^{-1}$ NaOH；$1\text{mol} \cdot L^{-1}$ KOH；2% H_2O_2；$0.04\text{mol} \cdot L^{-1}$ $KMnO_4$；$1\text{mol} \cdot L^{-1}$ H_2SO_4。

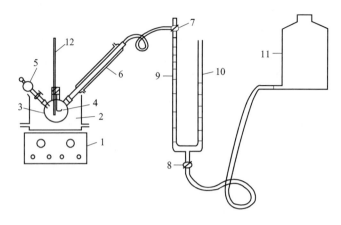

图 3-69 过氧化氢分解装置

1—磁力加热搅拌器；2—恒温水浴；3—反应器（三口烧瓶）；4—催化剂托盘；5—分液漏斗；6—冷凝管；
7—三通旋塞；8—二通旋塞；9，10—量气管；11—储水瓶；12—温度计

【实验步骤】

1. 催化剂的制备

称取 0.01mol（2.42g）$CuCl_2 \cdot 6H_2O$ 于 50mL 烧杯中，加 20mL 水溶解。称取 0.01mol（2.70g）$FeCl_3 \cdot 6H_2O$ 于另一 250mL 烧杯中，加 20mL 水溶解，然后边搅拌边缓慢加入氯化铜溶液，用 10mL 水分两次洗涤装氯化铜溶液的烧杯，并将洗涤液加入混合液中，然后边剧烈搅拌边缓慢加入 $5mol \cdot L^{-1}$ NaOH 溶液，直至有棕色沉淀生成，检查溶液 pH 值约为 12.5。用 100℃水浴加热保温 30min，然后在室温下静置 12h。过滤，蒸馏水洗涤沉淀，直至洗涤滤液接近中性。将沉淀物在烘箱中 100℃烘干，待冷至室温后将其研成细粉备用。

2. 催化分解速率的测定

(1) 按图 3-69 安装连接仪器，并检查系统的气密性。在三口烧瓶 3 中加入 50mL $1mol \cdot L^{-1}$ KOH 溶液，在分液漏斗 5 中装入 5.00mL 2%的 H_2O_2 溶液，在催化剂托盘 4 中装入 50mg 催化剂。再次检查系统的气密性。

(2) 转动三通旋塞 7 使反应器与大气相通；开启搅拌器和恒温水浴装置，开通冷凝水；待反应器内溶液达到指定温度后，转动三通旋塞 7 使量气管与大气相通，再打开二通旋塞 8，手持水位瓶使量气管两臂水位同时停在 0.00mL 处，关闭二通旋塞 8，水位瓶放在实验台上。再转动三通旋塞 7 使量气管 9 与反应系统连通，打开二通旋塞 8，使量气管 10 水位下降 6～8mL，然后关闭二通旋塞 8。

(3) 打开分液漏斗 5 的旋塞使 H_2O_2 溶液进入反应器，然后轻摇反应器，让反应液将催化剂全部冲入反应器中，并开始计时。当量气管 9 的液面与量气管 10 液面相平时，从量气管 9 读取气体体积，同时记下反应时间；再打开二通旋塞 8，使量气管 10 水位再下降 6～8mL，然后关闭二通旋塞 8；当量气管 9 的液面与量气管 10 液面相平时，再次从量气管 9 读取气体总体积，同时记下反应总时间（累计反应时间）。如此重复操作，直到获取足够多组的测量数据为止。反应至后期时，H_2O_2 溶液浓度变小，反应速率变慢，单位时间内生成的气体也减少，所以，每次打开二通旋塞 8，使量气管 10 水位再下降的数值可由 6～8mL 调整为 3～4mL。

(4) 改变反应温度，重复研究。

按上述步骤（1）重新装载试剂，调整使水浴温度升高10℃。按上述步骤（2）与（3）完成第二次测量。若时间允许，可多完成几个温度下的实验。

(5) 测定 5.00mL 2％ 的 H_2O_2 溶液完全分解放出 O_2 的总体积 V_∞。

由于等待反应完全要花很长的时间，这里改用测定 5.00mL 2％ 的 H_2O_2 溶液中 H_2O_2 的物质的量，再根据 H_2O_2 分解实验当天的室温和气压计算 H_2O_2 完全分解时应放出 O_2 的体积（即为 V_∞）。实验操作为：准确移取 5.00mL 2％ 的 H_2O_2 溶液放入锥形瓶中，加入 20mL $1mol \cdot L^{-1}$ 的 H_2SO_4 溶液，用 $0.04mol \cdot L^{-1}$ 的 $KMnO_4$ 标准溶液滴定至终点（溶液呈粉红色30s内不褪色），记录消耗 $KMnO_4$ 标准溶液的体积。重复滴定三次。

【注意事项】

1. 系统的气密性是准确测量气体体积的关键因素。
2. 装载催化剂的托盘要尽量靠近液面，以便能够完全冲下催化剂。
3. 为了得到恒定的反应速率要求水浴温度恒定，因此最好用带有循环水泵的恒温槽为水浴提供恒温水。

【数据记录与处理】

1. 数据记录

(1) 将实验当天的室温和气压，分解反应所用试剂的量记入表3-38中。

(2) 将 $KMnO_4$ 标准溶液的浓度以及滴定 5.00mL 2％ 的 H_2O_2 溶液消耗 $KMnO_4$ 标准溶液的体积记入表3-39中。

(3) 将 H_2O_2 分解实验测量的相关数据记入表3-40中。

表 3-38　H_2O_2 分解反应实验条件

室温/℃	气压/Pa	KOH		催化剂质量/mg	H_2O_2	
		$c/mol \cdot L^{-1}$	V_{KOH}/mL		含量/％	$V_{H_2O_2}/mL$

表 3-39　H_2O_2 初始量的测定

$KMnO_4$ 浓度/$mol \cdot L^{-1}$	平行滴定 H_2O_2 消耗 $KMnO_4$ 溶液的体积/mL			
	1	2	3	平均体积

表 3-40　H_2O_2 分解反应气体测量数据

分解温度：_____

反应时间 t/min	O_2 体积(V_t)/mL	反应时间 t/min	O_2 体积(V_t)/mL

2. 数据处理

(1) 根据滴定结果求出 H_2O_2 的初始量，并由理想气体状态方程计算 H_2O_2 完全分解放出 O_2 的体积（V_∞）。见表3-41。

表 3-41　H_2O_2 初始量及其完全分解放出 O_2 的体积（V_∞）

$KMnO_4$浓度/mol·L^{-1}	滴定 H_2O_2 消耗 $KMnO_4$ 溶液的体积/mL	H_2O_2 物质的量/mol	完全分解放出 O_2 的体积 V_∞/mL

（2）计算 $V_\infty - V_t$ 及 $\ln(V_\infty - V_t)$，以 $\ln(V_\infty - V_t)$ 为纵坐标，t 为横坐标作图，从所得直线的斜率求反应速率常数。见表 3-42。

表 3-42　不同时间 H_2O_2 分解反应数据

分解温度：_____

反应时间 t/min	O_2 体积(V_t)/mL	($V_\infty - V_t$)/mL	$\ln(V_\infty - V_t)$

（3）根据阿仑尼乌斯（Arrhenius S. A.）方程，由不同温度下的反应速率常数求出反应的活化能 E_a。

【思考题】

1. 催化剂的用量是否会影响反应的速率和速率常数？
2. 反应速率、反应速率常数和反应活化能这三者哪些会受到溶液 pH 值的影响？
3. 本实验需要测定 V_∞ 才能计算结果，想想看是否能找到一种处理方法，不需 V_∞ 也能计算结果。

【注释】

本实验是测定具有尖晶石结构 $Cu_{1.5}Fe_{1.5}O_4$ 的复合氧化物催化过氧化氢分解反应的速率常数与活化能。通过改变 $CuCl_2$、$FeCl_3$ 的投料比来制备不同的 $Cu_xFe_{3-x}O_4$，我们也可以研究不同 Cu/Fe 比例对 H_2O_2 分解反应的影响。

拓展阅读

航天工业上，过氧化氢可以作为推进剂的氧化剂使用。在过氧化氢推进系统中，过氧化氢的催化分解速率十分重要，要为推进系统及时提供足够的氧气，就要求其分解十分迅速。因此，必须为推进系统配备对过氧化氢分解有高活性、高稳定性的催化剂床。早期的推进系统装置中采用液态催化剂（如高锰酸盐溶液），后期则改用固相催化剂（如银网、铂网、过渡金属氧化物或复合氧化物等）。目前，颗粒状催化剂床存在的主要问题为：床载低、寿命短、启动性能差，而且易碎，破碎的催化剂会造成床流阻过大及流量降低，影响催化剂床性能。因此，催化剂的组成和结构对催化剂活性与稳定性的影响仍是当前研究的热点。

实验 21　黏度法测高分子化合物的分子量

【实验目的】

1. 测定多糖聚合物——右旋糖苷的平均分子量。

2. 掌握用乌贝路德（Ubbelohde）黏度计测定黏度的原理和方法。

【实验原理】

黏度是指液体对流动所表现的阻力，这种力反抗液体中邻接部分的相对移动，因此可看作是一种内摩擦。当相距为 ds 的两个液层以不同速度（v 和 $v+dv$）移动时，产生的流速梯度为 dv/ds。当建立平衡流动时，维持一定流速所需的力（即液体对流动的阻力）f' 与液层的接触面积 A 以及流速梯度 dv/ds 成正比，即

$$f' = \eta A \frac{dv}{ds} \tag{3-106}$$

若以 f 表示单位面积液体的黏滞阻力，$f = f'/A$，则

$$f = \eta \left(\frac{dv}{ds}\right) \tag{3-107}$$

式(3-107)称为牛顿黏度定律表示式，其比例常数 η 称为黏度系数，简称黏度，单位为 Pa·s。

高聚物在稀溶液中的黏度，主要反映了液体在流动时存在着内摩擦。其中因溶剂分子之间的内摩擦表现出来的黏度叫纯溶剂黏度，记作 η_0；此外还有高聚物分子相互之间的内摩擦，以及高分子与溶剂分子之间的内摩擦。三者之总和表现为溶液的黏度 η。在同一温度下，一般来说，$\eta > \eta_0$，相对于溶剂，其溶液黏度增加的分数，称为增比黏度，记作 η_{sp}，即

$$\eta_{sp} = \frac{\eta - \eta_0}{\eta_0} \tag{3-108}$$

而溶液黏度与纯溶剂黏度的比值称为相对黏度，记作 η_r，即

$$\eta_r = \frac{\eta}{\eta_0} \tag{3-109}$$

η_r 也是整个溶液的黏度行为，η_{sp} 则意味着已扣除了溶剂分子之间的内摩擦效应，两者关系为

$$\eta_{sp} = \frac{\eta}{\eta_0} - 1 = \eta_r - 1 \tag{3-110}$$

对于高分子溶液，增比黏度 η_{sp} 往往随溶液的浓度 c 的增加而增加。为了便于比较，将单位浓度下所显示出的增比浓度，即 η_{sp}/c 称为比浓黏度；而 $\ln\eta_r/c$ 称为比浓对数黏度。η_r 和 η_{sp} 都是无量纲的量。

为了进一步消除高聚物分子之间的内摩擦效应，必须将溶液浓度无限稀释，使得每个高聚物分子彼此相隔极远，其相互干扰可以忽略不计。这时溶液所呈现出的黏度行为基本上反映了高分子与溶剂分子之间的内摩擦。这一黏度的极限值记为

$$\lim_{c \to 0} \frac{\eta_{sp}}{c} = [\eta] \tag{3-111}$$

式中，$[\eta]$ 被称为特性黏度，其值与浓度无关。实验证明，当聚合物、溶剂和温度确定以后，$[\eta]$ 的数值只与高聚物平均分子量 M 有关，它们之间的半经验关系可用 Mark Houwink 方程式表示：

$$[\eta] = K \overline{M}^\alpha \tag{3-112}$$

式中，K 为比例常数；α 是与分子形状有关的经验常数。它们都与温度、聚合物、溶剂性质有关，在一定的分子量范围内与分子量无关。

α 只能通过其他绝对方法确定，例如渗透压法、光散射法等。黏度法只能测定 $[\eta]$，求算出 $\overline{M}$。

测定液体黏度的方法主要有三类：(1) 用毛细管黏度计测定液体在毛细管里的流出时间；(2) 用落球式黏度计测定圆球在液体里的下落速度；(3) 用旋转式黏度计测定液体与同心轴圆柱体相对转动的情况。

测定高分子的 $[\eta]$ 时，用毛细管黏度计最为方便。当液体在毛细管黏度计内因重力作用而流出时遵守泊肃叶（Poiseuille）定律：

$$\frac{\eta}{\rho} = \frac{\pi h g r^4 t}{8lV} - m\frac{V}{8\pi lt} \tag{3-113}$$

式中，ρ 为液体的密度；l 是毛细管长度；r 是毛细管半径；t 是流出时间；h 是流经毛细管液体的平均液柱高度；g 为重力加速度；V 是流经毛细管的液体体积；m 是与机器的几何形状有关的常数，在 $r/l \ll 1$ 时，可取 $m=1$。

对某一支指定的黏度计而言，令

$$\frac{\pi h g r^4}{8lV} = \alpha, \quad m\frac{V}{8\pi l} = \beta$$

则式(3-113)可改写为：

$$\frac{\eta}{\rho} = \alpha t - \frac{\beta}{t} \tag{3-114}$$

式中，$\beta < 1$，当 $t > 100\mathrm{s}$ 时，等式右边第二项可以忽略。设溶液的密度 ρ 与溶剂密度 ρ_0 近似相等。这样，通过测定溶液和溶剂的流出时间 t 和 t_0，就可求算 η_r：

$$\eta_r = \frac{\eta}{\eta_0} = \frac{t}{t_0} \tag{3-115}$$

进而可计算得到 η_{sp}、η_{sp}/c 和 $\ln\eta_r/c$ 值。配制一系列不同浓度的溶液分别进行测定，以 η_{sp}/c 和 $\ln\eta_r/c$ 为纵坐标，c 为横坐标作图，得两条直线，分别外推到 $c=0$ 处，其截距即为 $[\eta]$，代入式(3-112)，即可得到 $\overline{M}$。

【实验器材及试剂】

1. 实验器材

乌氏黏度计、移液管（2mL、5mL、10mL）、恒温水浴、秒表、烧杯、锥形瓶（100mL）、容量瓶（50mL）、铁架台。

2. 实验试剂

右旋糖苷（分析纯）。

【实验步骤】

1. 溶液配制

用分析天平准确称取 1g 右旋糖苷样品，倒入预先洗净的 50mL 烧杯中，加入约 30mL 蒸馏水，在水浴中加热溶解至溶液完全透明，取出自然冷却至室温，再将溶液移至 50mL 的容量瓶中,并用蒸馏水稀释至刻度。然后用预先洗净并烘干的 3 号砂芯漏斗过滤,装入 100mL 锥形瓶中备用。

2. 黏度计的洗涤

先将洗液灌入黏度计内,并使其反复流过毛细管部分。然后将洗液倒入专用瓶中,再顺次用自来水、蒸馏水洗涤干净。容量瓶、移液管也都应仔细洗净。

3. 溶剂流出时间 t_0 的测定

开启恒温水浴,并将黏度计垂直安装在恒温水浴中(G 球及以下部位均浸在水中,见图 3-70),用移液管吸 10mL 蒸馏水,从 A 管注入黏度计 F 球内,在 C 管和 B 管的上端均套上干燥清洁橡皮管,并用夹子夹住 C 管上的橡皮管下端,使其不通大气。在 B 管的橡皮管口用针筒将水从 F 球经 D 球、毛细管、E 球抽至 G 球中部,取下针筒,同时松开 C 管上夹子,使其通大气。此时溶液顺毛细管而流下,当液面流经刻度线 a 处时,立刻按下秒表开始计时,至 b 处则停止计时。记下液体流经 a、b 之间所需的时间。重复测定三次,偏差小于 0.2s,取其平均值,即为 t_0 值。

4. 溶液流出时间的测定

取出黏度计,倾去其中的水,连接到水泵上抽气,同时移液管吸取已预先恒温好的溶液 10mL,注入黏度计内,同上法,安装黏度计,测定溶液的流出时间 t。然后依次加入 2.00、3.00、5.00、7.00(mL)蒸馏水。每次稀释后都要将稀释液抽洗黏度计的 E 球,使黏度计内各处溶液的浓度相等,按同样方法进行测定。

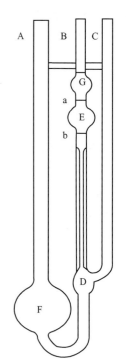

图 3-70 乌氏黏度计

【注意事项】

1. 实验时黏度计要保持垂直状态。
2. 实验过程中要保证计时的准确性,且三次测量的偏差应小于 0.2s。

【数据处理】

1. 根据实验对不同浓度的溶液测得相应流出时间计算 η_{sp}、η_r、η_{sp}/c 和 $\ln\eta_r/c$。
2. 用 η_{sp}/c 和 $\ln\eta_r/c$ 对 c 作图,得两直线,外推至 $c=0$ 处,求出 $[\eta]$。
3. 将 $[\eta]$ 值代入式(3-112)中,计算 $\overline{M}$。
4. 25℃时,右旋糖苷水溶液的参数 $K=9.22\times10^{-2} \text{cm}^3 \cdot \text{g}^{-1}$,$\alpha=0.5$。

【思考题】

1. 乌氏黏度计中的支管 C 有什么作用?除去支管 C 是否仍可以测黏度?
2. 评价黏度法测定高聚物分子量的优缺点,指出影响准确测定结果的因素。

【注释】

高聚物的分子量是统计的平均分子量。合成的和天然的高聚物,除少数蛋白质外,都是分子量不同、结构也不完全相同的同系混合物,即具有多分散性。因此其分子量都是平均分子量。由于统计方法的不同,一种高聚物可有多种不同的平均分子量。

(1)数均分子量,分子量按照分子数分布函数的统计平均。可用渗透压法、沸点升高法、冰点降低法或端基分析法测得。(2)重均分子量,分子量按照分子重量分布函数的统计平均。可用光散射法测得。(3) Z均分子量，分子量按照分子重量分数函数的统计平均。可用超离心法测得。(4) 黏均分子量，通常指用黏度法测得的平均分子量。四者的关系一般是：Z均分子量＞重均分子量＞黏均分子量＞数均分子量。

【附录】

化合物分子量的测定方法主要有以下几种：

1. 端基分析法。用化学分析的方法测特定的端基含量，从而推导出分子量，前提是须对高分子的结构有充分的了解，该法还可以用于支链数目的测定。使用这种方法要求分子量一般不能太大。

2. 沸点升高和冰点降低。这是利用稀溶液的依数性测定溶质分子量的方法，是经典的物理化学方法。溶剂中加入不挥发性的溶质后，溶液的蒸气压下降，导致溶液的沸点比纯溶剂的高，溶液的冰点比溶剂的低。对温差的测量精度要求很高。

3. 膜渗透压。用半透膜通过渗透压测定的方法，也应该是一种物理化学方法。

4. 气相渗透法（VPO）。利用纯溶剂与加入溶质的溶液饱和蒸气压不同来测定分子量。测出的是数均分子量。

5. 光散射/小角激光光散射（LALLS）。这两个方法只是仪器、数据处理和所用光源等方面有差异，原理是差不多的。这种方法比较常用，而且仪器现在也发展到了一定水平，是测试高分子绝对分子量最有效的方法。

6. 超速离心沉降。很复杂，最先用于蛋白质分子的测量。是一种相对方法。

7. 凝胶色谱法（GPC）。很常用，根据不同大小的分子在介质中的停留时间不同来测量分子量。是一种相对方法，须结合其他方法的配合。

8. 黏度法。利用玻璃黏度计（乌式黏度计，奥式黏度计）增比黏度，然后外推特性黏数，根据 Mark-Houwink 方程算出分子量，而且重现度很好。水溶性高分子一般都用这种方法测量分子量，也是一种相对方法。

拓展阅读

雷诺（Osborne Reynolds，1842—1912），英国力学家、物理学家、工程师。1867 年于剑桥大学王后学院毕业，1868 年任曼彻斯特欧文学院工程学教授，1877 年为皇家学会会员，1888 年获皇家勋章，1905 年因健康原因退休。

雷诺兴趣广泛，一生著述很多，近 70 篇论文都有很深远的影响。他在流体力学方面最重要的贡献是 1883 年发现液流两种流态：层流和紊流，提出以雷诺数判别流态。

雷诺

实验 22　$Fe(OH)_3$ 溶胶的制备及其电泳实验

【实验目的】

1. 了解 $Fe(OH)_3$ 溶胶的制备及纯化方法。

2. 观察溶胶电泳现象，测定电泳速度，掌握电泳法测定 ζ 电势的原理与技术，并测定 $Fe(OH)_3$ 溶胶的 ζ 电势。

3. 测定不同电解质溶液对溶胶的聚沉值，比较聚沉能力差别。

【实验原理】

难溶于水的固体微粒高度分散在水中所形成的胶体分散系统，简称"溶胶"，例如，AgI 溶胶、SiO_2 溶胶、金溶胶等。溶胶是一个多相体系，其分散相胶粒的大小在 1～100nm。溶胶的制备方法可分为分散法和凝聚法。分散法是用适当方法把较大的物质颗粒变为胶体大小的质点；凝聚法是先制成难溶物的分子（或离子）的过饱和溶液，再使之相互结合成胶体粒子而得到溶胶。$Fe(OH)_3$ 溶胶的制备就是采用的凝聚法即通过化学反应使生成物呈过饱和状态，然后粒子再结合成溶胶。制成的胶体体系中常有其他杂质存在，而影响其稳定性，因此必须纯化。常用的纯化方法是半透膜渗析法，半透膜孔径大小可允许电解质通过而胶粒通不过，达到提纯的目的。本实验用热水渗析是为了提高渗析效率，保证纯化效果。

在胶体分散体系中，由于胶体本身的电离或胶粒对某些离子的选择性吸附，使胶粒的表面带有一定的电荷。在外电场作用下，胶粒向异性电极定向泳动，这种胶粒向正极或负极移动的现象称为电泳。荷电的胶粒与分散介质间的电势差称为电动势，用符号 ζ 表示，电动势的大小直接影响胶粒在电场中的移动速度。原则上，任何一种胶体的电动现象（如电渗、电泳、流动电势、沉降电势）都可用来测定 ζ 电势，最方便的则是用电泳现象来进行测定。

电泳法又分为两类，即宏观法和微观法。宏观法原理是观察溶胶与另一不含胶粒的导电液体的界面在电场中的移动速度。微观法是直接观察单个胶粒在电场中的泳动速度。对高分散的溶胶，如 As_2S_3 溶胶或 Fe_2O_3 溶胶，或过浓的溶胶，不宜观察个别粒子的运动，只能用宏观法。对于颜色太浅或浓度过稀的溶胶，则适宜用微观法。本实验采用宏观法。也就是通过观察溶胶与另一种不含胶粒的导电液体（辅助液）的界面在电场中移动速度来测定电动势。界面移动法对辅助液的选择十分重要，因为 ζ 电势对辅助液成分十分敏感，最好是用该胶体的渗析液。一般可选用 KCl 溶液，因为 K^+ 与 Cl^- 的迁移速率基本相同。同时还要求辅助液的电导率与溶胶一致，避免因界面处电场强度的突变造成两臂界面移动速度不等产生界面模糊。

电动势 ζ 与胶粒的性质、介质成分及胶体的浓度有关。在指定条件下，ζ 的数值可根据亥姆霍兹方程式计算。即

$$\zeta = \frac{K\pi\eta U}{\varepsilon H} \times 300^2 \text{(V)} \tag{3-116}$$

式中，K 为与胶粒形状有关的常数（对于球形胶粒 $K=6$，棒形胶粒 $K=4$，本实验中均按棒形粒子看待）；η 为分散介质的黏度，单位 Pa·s，不同温度下水的黏度值请参阅附表；ε 为分散介质的相对介电常数，如果分散介质是水，应考虑温度校正，则 ε 可按 $\varepsilon = 81 - 0.4(t-20)$ 计算，式中 t 为水温（℃）；U 为电泳速度（cm/s），即迁移速度。

$$U = \frac{d}{t} \tag{3-117}$$

式中，d 为胶粒移动的距离，cm；t 为通电时间，s。

式(3-116) 中 H 为电位梯度（V/cm），即单位长度上的电位差。

$$H = \frac{E}{L} \tag{3-118}$$

式中，E 为外电场在两极间的电位差，V；L 为两极间的距离，cm。把式(3-118) 代入式(3-116) 得：

$$\zeta = \frac{4\pi\eta LU}{\varepsilon H} \times 300^2 \ (V) \tag{3-119}$$

由式(3-119) 知，对于一定溶胶而言，若固定 E 和 L，测得胶粒的电泳速度 U，就可以求算出 ζ 电势。ζ 电势是表征胶体特性的重要物理量之一，对解决胶体体系的稳定性具有很大的意义。在一般溶胶中，ζ 电势数值愈小，则其稳定性愈差，当 ζ 电势为零时，胶体的稳定性最差，此时可观察到胶体的聚沉。因此，无论是制备胶体或者是破坏胶体，都需要了解所研究胶体的 ζ 电势。

溶胶是高度分散的热力学不稳定体系，胶粒带有电荷，具有一定的稳定性。当加入电解质时，溶胶体系的反号离子浓度增大，压缩了扩散层，降低 ζ 电势，胶体的稳定性遭到破坏，引起溶胶发生沉降，这种作用称为电解质对溶胶的聚沉作用。使溶胶发生明显聚沉所需电解质的最低浓度称为"聚沉值"，聚沉值可表示为：

$$c(\text{mmol} \cdot L^{-1}) = \frac{c_{\text{电解质}} V_{\text{电解质}}}{V_{\text{溶胶}}} \tag{3-120}$$

聚沉值的大小表示了电解质对溶胶的聚沉能力，聚沉值越小，聚沉能力越大。

【实验器材及试剂】

1. 实验器材

直流稳压电源 1 台（0～100V）；万用电炉 1 台；U 形电泳管 1 支；电导率仪 1 台；秒表 1 块；铂电极 2 支；微量滴定管 2 支；锥形瓶（250mL）1 个；烧杯（800mL、250mL、100mL 各 1 个）；超级恒温槽 1 台；容量瓶（100mL）1 只；火棉胶。

2. 实验试剂

$FeCl_3$(10%) 溶液；KCNS(1%) 溶液；$AgNO_3$(1%) 溶液；0.02mol·L^{-1} KCl 溶液；2mol·L^{-1} NaCl 和 0.001mol·L^{-1} Na_2SO_4 溶液；成品透析袋 [乙醇＋乙醚混合溶剂（乙醇：乙醚＝1：3，体积比）]。

【实验步骤】

1. 半透膜的制备

火棉胶（硝化纤维）6 份，乙醇和乙醚混合溶剂 94 份，制得 6%火棉胶溶液。乙醇和乙醚比例不同制得的膜的孔径不同，根据需要配制。本实验采用细孔，即乙醇：乙醚＝1：3 体积比（1：1 为中孔，1：2 为粗孔）。在一个内壁洁净、干燥的 250mL 锥形瓶中，加入约 10mL 火棉胶液，小心转动锥形瓶，使火棉胶液附在锥形瓶内壁上形成均匀薄层，倾出多余的火棉胶于回收瓶中。此时锥形瓶仍需倒置，并不断旋转，待剩余的火棉胶流尽，使瓶中的乙醚蒸发至已闻不出气味为止（此时用手轻触火棉胶膜，已不粘手）。然后再往瓶中注满水，浸泡 10min。倒出瓶中的水，小心用手分开膜与瓶壁之间隙。慢慢注水于夹层中，使膜脱离瓶壁，轻轻取出，在膜袋中注入水，观察有无漏洞，如有小漏洞，可将此洞周围擦干，用玻璃棒蘸火棉胶补之。制好的半透膜不用时，要浸放在蒸馏水中（或用半透膜、透析袋）。

2. $Fe(OH)_3$ 溶胶制备

在250mL烧杯中，加入100mL蒸馏水，加热至沸，慢慢滴入5mL（10%）$FeCl_3$溶液，并不断搅拌，加完后继续保持沸腾5min，即可得到红棕色的$Fe(OH)_3$溶胶，其胶团结构式可表示为$\{[Fe(OH)_3]_m nFeO^+ (n-x)Cl^-\}^{x+} xCl^-$。在胶体体系中存在过量的$H^+$、$Cl^-$等离子，需要除去。

3. $Fe(OH)_3$溶胶的纯化

将制得的$Fe(OH)_3$溶胶注入半透膜内用线拴住袋口，置于1000mL的清洁烧杯中，杯中加蒸馏水约1000mL，常温下渗析16h以上。实验前1h再换一次蒸馏水，然后取出1mL渗析水，分别用1% $AgNO_3$及1% $KCNS$溶液检查是否存在Cl^-及Fe^{3+}，如果仍存在，应继续换水渗析，直到检查不出为止，将纯化过的$Fe(OH)_3$溶胶移入一清洁干燥的100mL小烧杯中待用。

4. KCl辅助液的配制

将渗析好的$Fe(OH)_3$溶胶冷至室温，用电导率仪测定$Fe(OH)_3$溶胶的电导率，然后用$0.02mol\cdot L^{-1}$ KCl溶液和蒸馏水配制与溶胶电导率相同的辅助液。

5. 电泳速度的测定

U形电泳管如图3-71所示。将电极浸入稀HNO_3溶液中数秒，然后用蒸馏水、稀KCl溶液依次洗净，滤纸拭干后备用（若使用预先洗净晾干的电泳管，则该步可省去）。

取出电泳管活塞，在活塞上涂上一层薄薄的凡士林，凡士林最好离孔远一些，以免弄脏溶液。

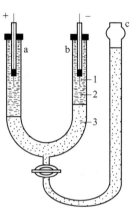

图3-71 U形电泳管
1—Pt电极；2—KCl辅助液；
3—$Fe(OH)_3$溶胶

关闭电泳管活塞，用烧杯将待测胶体溶液$Fe(OH)_3$从c端口加入电泳管至c管的1/3高度，将电泳管向a端口倾斜使$Fe(OH)_3$溶胶充满电泳管底部（若发现活塞下面有气泡，可以再次向a管倾斜电泳管使气泡从c管溢出），再继续加入$Fe(OH)_3$溶胶至离c管口约2cm处，然后将电泳管垂直固定到电泳架上，再从a端口加入适量辅助液，缓慢打开活塞，使溶胶进入a、b管，溶胶液面上升至适当高度（超过刻度线底部4～5cm），关闭活塞。然后轻轻将铂电极插入液面，左右深度相等，连接到高压数显稳压电源的输出线，记下溶胶界面的位置。打开电源开关，预热10min，将电源调至180V，按一下计时按钮，当溶胶液面移动至整刻度时，按一下计时按钮，记录初始时间及溶胶液面所处刻度，然后按一下计时按钮，待溶胶液面再次移动至整刻度时，快速暂停计时（按一下计时按钮），同时记录此时的输出电压、溶胶液面所处的刻度及计时时间，用同样的方法测量溶胶液面移动到下一整刻度时所需的电泳时间，两次所测数据取平均值。沿U形管量出两电极间的导电距离L，此数值测量3～4次，取平均值。

将电压调回0V。整理实验装置，关闭电源。将溶胶和辅助溶液导入废液瓶中。清洗电泳管及电极，然后取出电泳管活塞，晾干。

6. 聚沉值的测定

分别移取透析过的10mL溶胶于两个锥形瓶中，分别用$2mol\cdot L^{-1}$ NaCl和$0.001mol\cdot L^{-1}$ Na_2SO_4溶液分别进行滴定，每加一滴都要充分摇荡，至少1min内不出现浑浊再加第二滴，当$Fe(OH)_3$溶胶刚出现稍许浑浊时，即应停止滴定，记下所用电解质溶液的体积，每种电解质溶液重复滴定三次，取平均值。

【注意事项】

1. 本实验对仪器的干净程度要求很高，否则可能发生胶体凝聚，导致毛细管堵塞。故一定要将仪器清洗干净，以免其他离子干扰。

2. 制备 $Fe(OH)_3$ 溶胶时，一定要缓慢向沸水中逐滴加入 $FeCl_3$ 溶液，并不断搅拌，否则，得到的胶体颗粒太大，稳定性差。

3. 在制备半透膜时，加水的时间应适中，如加水过早，因胶膜中的溶剂还未完全挥发掉，胶膜呈乳白色，强度差不能用。如加水过迟，则胶膜变干、脆，不易取出且易破。

4. 渗析时应控制水温，经常搅动渗析液，勤换渗析液。这样制备得到的溶胶胶粒大小均匀，胶粒周围反离子分布趋于合理，基本形成热力学稳定态，所得的 ζ 电势准确，重复性好。

5. 渗析后的溶胶必须与辅助液在大致相同的温度（室温），以保证两者所测的电导率一致。

6. 灌装 KCl 溶液时要小心，勿搅动溶胶与 KCl 溶液的界面，不要引起界面模糊。必须做到 KCl 辅助液与溶胶液面有明显清晰的界面。

7. 注意胶体所带的电荷，不要将电极接错。观察界面移动时，应由同一个人观察，从而减小误差。量取两电极的距离时，要沿电泳管的中心线量取，电极间距离的测量须尽量精确。

【数据记录与处理】

1. 数据记录

见表 3-43。

表 3-43 解 $Fe(OH)_3$ 溶胶的制备及其电泳实验数据记录表

实验温度：_____ ℃

NaCl 溶液滴定消耗体积 V/mL				Na_2SO_4 溶液滴定消耗体积 V/mL			
V_1	V_2	V_3	平均 $\overline{V}$	V_1	V_2	V_3	平均 $\overline{V}$
聚沉值 $c=$				聚沉值 $c=$			
d/cm	t/s	L/cm	E/V	η/Pa·s	ε		

2. 数据处理

(1) 将实验数据 d、t 代入式(3-117)计算电泳速度 U。

(2) 将 U、E、L 和介质黏度 η 及介电常数 ε 代入式(3-119)求 ζ 电势。

(3) 根据胶粒电泳时的移动方向确定其带电符号。

(4) 由式(3-120)计算 NaCl 和 Na_2SO_4 两种电解质的聚沉值。

【思考题】

1. 电泳速度的快慢与哪些因素有关？

2. 胶粒带电的原因是什么？如何判断胶粒所带电荷的符号？

3. 何种因素能引起溶胶聚沉？

4. 当 Na_2SO_4 溶液中混有 NaCl 时，所测 $Fe(OH)_3$ 溶胶的聚沉值将有何种偏差，为什么？

5. 本实验为何要求辅助液与待测溶胶的电导率相同？

【注释】

电泳技术是发展较快、技术较新的实验手段，其不仅用于理论研究，还有广泛的实际应用，如陶瓷工业的黏土精选、电泳涂漆、电泳镀橡胶，生物化学和临床医学上蛋白质和病毒的分离等。

【附录】

（一）DYJ-3 电泳实验装置

该套装置含：WYJ-G 高压数显稳压电源、U 形电泳仪、铂电极。

(a) 正面图　　　　　　　　(b) 背面图

图 3-72　WYJ-G 高压数显稳压电源

1. 技术参数

（1）范围：0～600V，0～100mA 恒压可调。

（2）分辨率：0.1V，0.1mA。

（3）同时显示电压和电流。

（4）内置输出短路，过载保护电路。

（5）键控式粗调输出电压，有效防止带载开关机造成仪器的损坏。

2. 实验装置连接图（图 3-73）

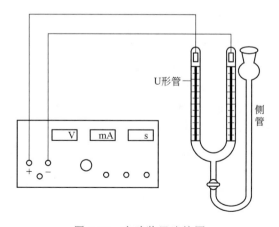

图 3-73　实验装置连接图

3. 注意事项

（1）高压危险，在使用过程中，必须接好负载后再打开电源。

(2) 在调节粗调旋钮时，一定要等电压、电流稳定后，再调节下一挡。

(3) 输出线插入接线柱应牢固、可靠，不得有松动，以免高压打火。

(4) 在调节过程中，若电压、电流不变化，是由于保护电路工作，形成死机，此时应关闭电源再重新按操作步骤操作。此状态一般不会出现。

(5) 不得将两输出线短接。

(6) 若负载需接大地，可将负载接地线与仪器面板黑接线柱（—）相连。

4. 使用条件

电源：～(220±10%)V，50Hz。

环境：温度 $-5\sim50$℃，湿度≤85%，无腐蚀性气体的场合。

(二) 水的黏度数据

水黏度数据见表3-44。

表3-44 水在不同温度下的黏度

温度 $T/℃$	黏度 $\eta/10^{-3}$Pa·s	温度 $T/℃$	黏度 $\eta/10^{-3}$Pa·s	温度 $T/℃$	黏度 $\eta/10^{-3}$Pa·s	温度 $T/℃$	黏度 $\eta/10^{-3}$Pa·s
0	1.787	18	1.053	28	0.8327	38	0.6783
5	1.519	19	1.027	29	0.8143	39	0.6654
10	1.307	20	1.002	30	0.7975	40	0.6529
11	1.271	21	0.9779	31	0.7808	45	0.5960
12	1.235	22	0.9543	32	0.7647	50	0.5468
13	1.202	23	0.9325	33	0.7491	60	0.4665
14	1.169	24	0.9111	34	0.7340	70	0.4042
15	1.139	25	0.8904	35	0.7194	80	0.3547
16	1.109	26	0.8705	36	0.7052	90	0.3147
17	1.081	27	0.8513	37	0.6915	100	0.2818

拓展阅读

带电颗粒在电场作用下，向着与其电性相反的电极移动，称为电泳（electrophoresis，EP）。利用带电粒子在电场中移动速度不同而达到分离的技术称为电泳技术。

1809年俄国物理学家 PeHce 首先发现了电泳现象，但直到1937年，瑞典学者 A.W.K. 蒂塞利乌斯设计制造了移动界面电泳仪，分离了马血清白蛋白的3种球蛋白，创建了电泳技术，电泳技术才开始得到应用。20世纪60～70年代，当滤纸、聚丙烯酰胺凝胶等介质相继引入电泳以来，电泳技术得以迅速发展。丰富多彩的电泳形式使其应用十分广泛。电泳技术除了用于小分子物质的分离分析外，最主要用于蛋白质、核酸、酶，甚至病毒与细胞的研究。由于某些电泳法设备简单，操作方便，具有高分辨率及选择性等特点，已成为医学检验中常用的技术。

实验 23　最大气泡压法测定溶液表面张力

【实验目的】
1. 掌握用最大泡压法测定表面张力的原理和技术。
2. 测定不同浓度正丁醇溶液的表面张力。

【实验原理】
液体表面分子在外侧方向没有其他分子的作用，因而液体表面分子比内部分子具有更高的平均位能，故液体表面有尽量缩小的倾向。从热力学观点看，液体表面缩小是一个自发过程，这是体系总的自由能减小的过程。如欲使液体产生新的表面 ΔA，则需要对其做功。功的大小应与 ΔA 成正比。

$$-W = \sigma \Delta A \tag{3-121}$$

式中，σ 为液体的表面自由能，亦称表面张力。它表示了液体表面自动缩小趋势的大小，其量值与液体的成分、溶质的浓度、温度及表面气氛等因素有关。

加入表面活性物质时，溶液的表面张力会下降，溶质在表面的浓度大于其在本体的浓度，此现象称为表面吸附现象；单位溶液表面积上溶质的过剩量称为表面吸附量 Γ，Γ 可用吉布斯吸附等温方程进行计算：

$$\Gamma = -[c/(RT)](\mathrm{d}\sigma/\mathrm{d}c)_T \tag{3-122}$$

式中，c 为溶液浓度；R 为摩尔气体常数；T 为热力学温度；σ 为表面张力。

对可形成单分子层吸附的表面活性物质，溶液的表面吸附量 Γ 与溶液本体浓度 c 之间的关系符合朗格缪尔吸附等温式：

$$\Gamma = \Gamma_\infty kc/(1+kc) \tag{3-123}$$

式中，Γ_∞ 为饱和吸附量；k 为吸附平衡常数。

朗格缪尔吸附等温式的线性形式为：

$$c/\Gamma = c/\Gamma_\infty + 1/(k\Gamma_\infty) \tag{3-124}$$

Γ_∞ 为饱和吸附时，单位溶液表面积上吸附的溶质的物质的量，则每个溶质分子在溶液表面上的吸附截面积为：

$$A_\mathrm{m} = 1/(N_A \Gamma_\infty) \tag{3-125}$$

测定表面张力的方法很多，本实验采用最大泡压法。

如图 3-74 所示将被测液体装于样品试管中，使毛细管端口与液面相切，液面即沿毛细管上升。打开滴液瓶活塞缓缓放水（抽气），则样品管中空气体积上升，压力逐渐减小，毛细管中压力（大气压力）就会将管中液体压至管口，并形成气泡，其曲率半径由大而小，直至恰好等于毛细管半径 r 时，气泡就从毛细管口逸出。这时能承受的压力差也最大，这一压力差可由精密数字压力计读出。

根据拉普拉斯公式有：

$$\Delta p_{\max} = p_0 - p_r = \frac{2\sigma}{r} \tag{3-126}$$

用同一根毛细管分别测定具有不同表面张力（σ_1 和 σ_2）的溶液时，可得下列关系：

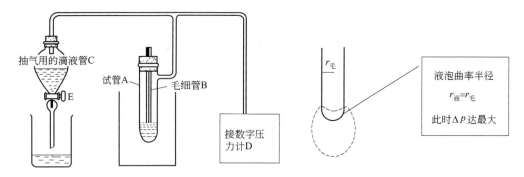

图 3-74　最大泡压法测定溶液表面张力装置

$$\sigma_1 = \frac{r}{2}\Delta p_1 ; \sigma_2 = \frac{r}{2}\Delta p_2 ; \frac{\sigma_1}{\sigma_2} = \frac{\Delta p_1}{\Delta p_2}$$

$$\sigma_1 = \sigma_2 \frac{\Delta p_1}{\Delta p_2} = k'\Delta p_1 \tag{3-127}$$

式中，k' 称为毛细管常数，可用已知表面张力的物质（本实验是用蒸馏水）来确定。

【实验器材及试剂】

1. 试验器材

表面张力测定装置 1 套、烧杯 1 个、滴管 2 支、碱式滴定管 1 支、容量瓶 11 个、刻度移液管 1 支。

2. 试验试剂

分析纯正丁醇。

【实验步骤】

1. 调节设定温度使水温上升至需要的温度。

2. 将蒸馏水装于样品管中，旋转毛细管调节螺栓，使毛细管的端面与液面相切，然后把样品管放入表面张力测定仪测定槽中。

3. 压力读数稳定后，按"采零"键采零。

4. 将玻璃导管插入。

5. 检漏。打开微压调压阀（向内旋为关闭，向外旋为打开），使压力计上显示的数值以 10 个字左右变化，当毛细管产生气泡时，关闭微压调节阀。由于内部存储包压力较高，压力通过毛细管不断出泡泄放压力直至毛细管不出泡为止，此时压力数值基本稳定，表示不漏气，可以进行实验。若数字有明显变化，则进行排查，各接口连接要牢靠。

6. 测量。微微打开微压调节阀，使压力计显示数值逐个增加，使气泡由毛细管尖端成单泡逸出，读取显示屏上显示的峰值，读取三次。

7. 配制 $0.50 \text{mol} \cdot \text{L}^{-1}$ 的正丁醇溶液 200mL，然后用此溶液配制 0.02、0.04、0.06、0.08、0.10、0.12、0.16、0.20、0.24 $\text{mol} \cdot \text{L}^{-1}$ 的稀溶液各 50mL，并分别装入各样品管。

8. 测定正丁醇溶液的表面张力。用同样的方法测定不同浓度的正丁醇溶液的最大压差，由稀到浓依次测定；每个浓度的溶液测量前，样品管和毛细管一起用该溶液荡洗 2～3 次。

【注意事项】

仪器系统不能漏气；测定用的毛细管一定要洗干净，否则气泡可能不能连续稳定流过，而使压差计读数不稳定，如发生此种现象，毛细管应重洗；毛细管端口一定要刚好垂直切入液面，不能离开液面，亦不可深插；在数字式微压差测量仪上，应读出气泡单个逸出时的最大压力差；正丁醇溶液要准确配制，使用过程防止挥发损失；从毛细管口脱出气泡每次应为一个，即间断脱出；表面张力和温度有关，因此应注意温度的影响；实验过程中保证搅拌。

【数据记录与处理】

1. 数据记录

数据记录参考格式见表 3-45（计算时注意单位换算）。

表 3-45　表面张力测定数据记录表

温度：_____；水的表面张力：_____；仪器常数 k'：_____

溶液浓度 /mol·L^{-1}	压力差 Δp/kPa				σ/N·m^{-1}	$(d\sigma/dc)_T$	Γ/mol·m^{-2}
	1	2	3	平均值			

2. 数据处理

（1）计算仪器常数；（2）计算各溶液的表面张力；（3）作表面张力-浓度图，曲线要求光滑，求得不同浓度的 $d\sigma/dc$ 值；（4）计算表面吸附量后，作表面吸附量随浓度的变化曲线图，并求饱和吸附量及正丁醇分子的横截面 A_m。

【思考题】

1. 为什么保持仪器和药品的清洁是本实验的关键？
2. 为什么毛细管尖端应平整光滑，安装时要垂直并刚好接触液面？
3. 不用抽气鼓泡，用压气鼓泡可以吗？
4. 从整个实验的精度来看，本实验配制溶液的方法是否合理？

【注释】

表面张力的测定方法有很多，吊环法、毛细管上升法、滴重法、表面波法、鼓泡法等，每一种测量方法都有优点和缺点，在具体测定时要根据被测对象合理选择。例如对发泡厉害的溶液不宜用鼓泡法；要求恒温下测定时，吊环法就不太方便；毛细管上升法要求溶液对玻璃的接触角为零，但长链胺、季铵类阳离子表面活性剂使多数表面变为憎水的；对于滴重计的毛细管顶端和吊环法的环也必须保持是亲水的。

表面张力测定有如下意义：（1）为研究液体表面结构提供信息，例如检测表面活性剂在溶液中是否形成胶束；（2）作为研究表面或界面吸附的一种间接手段；（3）验证表面分子相互作用理论；（4）研究表面活性剂的作用。

【附录】

DP-AW-Ⅱ型表面张力实验装置介绍

1. 简介

溶液表面可发生吸附作用，当溶液中溶有其他物质时，其表面张力即发生变化。本装置采用最大气泡法测定表面张力（即溶液的界面张力）。

2. DP-AW-Ⅱ表面张力实验装置的结构及使用方法

（1）前面板示意图（图3-75）

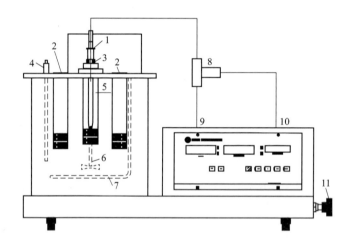

图3-75 前面板示意图

1—毛细管磨口；2—待测样品管；3—液面调节螺栓；4—温度传感器；5—样品管；6—搅拌器；
7—加热器；8—三通；9—压力传感器（面板后）；10—微压调节输出接嘴（面板后）；11—微压调节阀

（2）仪器实验连接示意图

三通连接示意图（图3-76）

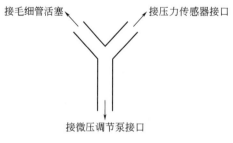

图3-76 三连通示意图

（3）后面板示意图（图3-77）

3. 使用方法详见实验步骤。

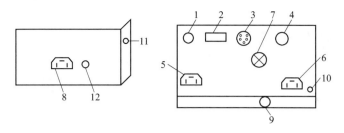

图 3-77 后面板示意图

1—电源开关；2—USB 接口：与计算机连接（选配件）；3—传感器插座：将温度传感器航空插头插入此插座；4—压力接口：被测压力的引入接口；5—电源插座带 10A 保险丝：与约 220V 电压压接；6—三芯插座：加热搅拌输出，与水浴罩三芯插座对接；7—风扇；8—水浴罩三芯插座；9—微压调节输出接嘴；10—风扇电源接口：与水浴罩风扇电源接口对接；11—加热强、弱开关；12—水浴罩风扇电源接口

> **拓展阅读**
>
> **皮埃尔-西蒙·拉普拉斯**（Pierre-Simon Laplace，1749—1827 年），法国数学家、天文学家，法国科学院院士。是天体力学的主要奠基人、天体演化学的创立者之一，他还是分析概率论的创始人，因此可以说他是应用数学的先驱。1784—1785 年，他求得天体对其外任一质点的引力分量可以用一个势函数来表示，这个势函数满足一个偏微分方程，即著名的拉普拉斯方程。1786 年他证明行星轨道的偏心率和倾角总保持很小和恒定，能自动调整，即摄动效应是守恒和周期性的，不会积累也不会消解。1787 年他发现月球的加速度同地球轨道的偏心率有关，从理论上解决了太阳系动态中观测到的最后一个反常问题。1796 年他
>
> 皮埃尔-西蒙·拉普拉斯
>
> 的著作《宇宙体系论》问世，书中提出了对后来有重大影响的关于行星起源的星云假说。1812 年出版了重要的《概率分析理论》一书，在该书中总结了当时整个概率论的研究，论述了概率在选举审判调查、气象等方面的应用，导入拉普拉斯变换等。他提出了拉普拉斯妖。他当了六个星期的拿破仑的内政部长，后被选为法兰西学院院长。拉普拉斯曾任拿破仑的老师。拉普拉斯在研究天体问题的过程中，创造和发展了许多数学的方法，以他的名字命名的拉普拉斯变换、拉普拉斯定理和拉普拉斯方程，在科学技术的各个领域有着广泛的应用。

实验 24　光化学反应

【实验目的】

1. 测定纳米 TiO_2 光催化降解甲基橙反应的催化活性。
2. 了解一种表观速率反应常数的计算方法。

【实验原理】

半导体上引发的光催化反应，由于可充分利用光能，所以在新物质合成及环境治理、新能源领域具有巨大发展前景。TiO_2 是多相光催化反应中最常用的半导体催化剂，具有无毒、稳定、可重复利用、无光腐蚀、无二次污染等优点，其作为光催化材料对于有机物的降解作用使得其在有机废水的净化处理过程得到了应用。

TiO_2 常见有锐钛矿型和金红石型。TiO_2 的晶形可用 X 射线粉末衍射（XRD）表征确定，锐钛矿型 TiO_2 的特征衍射峰位置在 $2\theta = 25.3°$，金红石型 TiO_2 特征衍射峰位置在 $2\theta = 27.5°$。锐钛矿型和金红石型两种晶型都是由两种相互连接的 TiO_6 八面体组成，其差别在于八面体的畸变程度和相互连接的方式不同。但是，结构上的差别导致了两种晶型有不同的密度和电子能带结构（锐钛矿型 E_g 为 3.2eV，金红石型的 E_g 为 3.0eV），进而导致光活性的差异，其中，金红石型具有较好的光学性能，锐钛矿型具有较高的光催化活性。催化剂晶粒大小，也是影响二氧化钛活性的重要因素。刚制备出来的样品，因晶粒较小而活性较差。经高温焙烧后，催化剂晶粒长大而变得完整，活性较高。

二氧化钛光催化的基本原理可用图 3-78 说明：在一定紫外光的照射下（紫外光的能量大于二氧化钛的禁带宽度，即 $E_{h\nu} > E_g$），TiO_2 价带电子跃迁至导带，这样在价带位置留下光生空穴（即带正电荷），而在导带位置上停留有光生电子（带负电荷），形成了电子-空穴对。空穴具有氧化能力，电子具有还原能力。在半导体电场的作用下，电子-空穴对开始向体相表面迁移，在迁移过程中，它们中一部分在催化剂内部和表面复合回到基态，以热的形式释放能量，另一部分则转至催化剂的表面通过与系统中催化剂周围的分子或离子发生氧化和还原反应。光激发产生的这些含氧小分子活性物种（如 ·OH、H_2O_2、O_2 等），能把催化剂表面的有机污染物（染料、含氯碳氢化合物、表面活性剂和农药等）氧化降解，直至完全矿化为 CO_2 和 H_2O。

$$O_2 + e_{c.b}^- \longrightarrow \cdot O_2^-$$
$$H_2O + h^+ \longrightarrow \cdot OH + H^+$$
$$\cdot OH + \cdot OH \longrightarrow H_2O_2$$
$$H_2O_2 + \cdot O_2^- \longrightarrow \cdot OH + OH^- + O_2$$

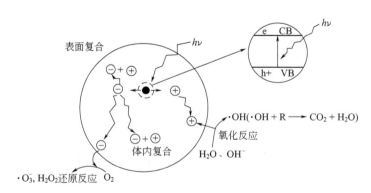

图 3-78　二氧化钛光催化反应机理图

本实验采用甲基橙降解为探针反应，研究 TiO_2 催化剂的光催化性能。

对于多相催化而言，反应物在催化剂表面反应也要经过扩散、吸附、表面反应及脱附等步骤，二氧化钛光催化反应也不例外。采用二氧化钛为固相催化剂的有机催化降解反应，扩散过程成为速率的控制步骤。在剧烈搅拌情况下可以认为消除了扩散的影响，如果反应物的吸附和产物的解吸都进行得非常快，则多相催化的总反应速率只有通过表面决定。假定反应速率 r 为

$$r = k\theta_A C^* \tag{3-128}$$

式中，k 为表面反应速率常数；θ_A 是有机分子 A 在 TiO_2 表面的覆盖度；C^* 是 TiO_2 的表面催化活性中心数目。

在一个恒定的系统中，C^* 可以认为不变，假定产物吸附很弱，则 θ_A 可以由 Langmuir 公式可得

$$\frac{1}{r} = \frac{1}{kK_A c_A} + \frac{1}{k} \tag{3-129}$$

式中，K_A 为 A 在 TiO_2 表面的吸附平衡常数；c_A 是 A 的浓度。该式即为 Langmuir-Hinshelwood 动力学方程，表明 $1/r$ 与 $1/c_A$ 之间服从直线关系。

分析上式可得：

① 当 A 的浓度很低时，$K_A c_A \ll 1$，此时 $-\dfrac{dc_A}{dt} = r = k' c_A$，经积分可得

$$\ln(c_{A0}/c_{At}) = k't \tag{3-130}$$

$\ln(c_{A0}/c_{At})$-t 为直线关系，表现为一级反应。

② 当 A 的浓度很高时，A 在催化剂表面的吸附达饱和状态，此时 $-\dfrac{dc_A}{dt} = r = k$，$c_{At} = c_{A0} - kt$，$c_{At}$-$t$ 为直线关系，表现为零级反应动力学。

③ 如果浓度适中，反应级数介于 0～1。

所以，L-H 方程意味着随反应物浓度的增加，光催化降解反应级数将由一级经过分数级而下降为零级。

【实验器材及试剂】

1. 试验器材

光催化反应器 1 台；紫外可见光光度计 1 台；离心机 1 台；移液管（10mL）5 支；容量瓶（25mL）5 只；容量瓶（500mL）3 只。

2. 试验试剂

$C_{14}H_{14}N_3NaO_3S$（甲基橙，AR）；纳米 TiO_2（自制）。

【试验步骤】

1. 分别配制浓度为 $2mg \cdot L^{-1}$、$5mg \cdot L^{-1}$、$10mg \cdot L^{-1}$、$15mg \cdot L^{-1}$、$20mg \cdot L^{-1}$ 的甲基橙溶液各 25mL，在甲基橙最大吸收波长（470nm）处测定其吸光度。

2. 另配浓度为 $20mg \cdot L^{-1}$ 的甲基橙溶液 500mL，加入光催化反应器中，打开冷却水，通入 N_2，开动磁力搅拌器，打开光催化反应器中紫外灯管的外接电源，开始计时，每 5min 用移液管取出约 10mL 溶液，测定其吸光度，30min 后停止实验。

3. 重新配浓度为 $20mg \cdot L^{-1}$ 的甲基橙溶液 500mL，加入光催化反应器中，加入 0.5g 纳米 TiO_2 催化剂。打开冷却水，通入 N_2，开动磁力搅拌器，开始计时，每 5min 用移液管

取出约 10mL 溶液于离心管中待用，30min 后停止实验。

4. 再重新配浓度为 20mg·L^{-1} 的甲基橙溶液 500mL，加入光催化反应器中，加入 0.5g 纳米 TiO$_2$ 催化剂。打开冷却水，通入 N$_2$，开动磁力搅拌器，打开光催化反应器中紫外灯管的外接电源，开始计时，每 5min 用移液管取出约 10mL 溶液于离心管中待用，30min 后停止实验。

5. 将上述所有待用溶液离心分离，取上层清液，分别在甲基橙最大吸收波长（470mm）处测定其吸光度。

【注意事项】

1. 在打开紫外灯管外接电源前，一定要打开冷却水，否则会使反应器温度升高，导致溶液过度挥发。

2. 在样品离心后，吸取溶液测定吸光度的时候，注意避免将沉淀物吸出，否则影响吸光度的结果。

【数据记录与处理】

1. 数据记录

（1）把不同浓度甲基橙溶液在最大吸收波长所测的吸光度填入下表 3-46。

表 3-46　浓度-吸光度关系

甲基橙溶液浓度/mg·L^{-1}	2	5	10	15	20
吸光度					

（2）把不同时刻所取溶液所测吸光度填入表 3-47。

表 3-47　3 种实验条件下溶液吸光度的测定

实验条件		时间/min					
		5	10	15	20	25	30
1	吸光度						
	甲基橙溶液浓度/mg·L^{-1}						
2	吸光度						
	甲基橙溶液浓度/mg·L^{-1}						
3	吸光度						
	甲基橙溶液浓度/mg·L^{-1}						

2. 数据处理

（1）根据表 3-46 做出甲基橙溶液的浓度-吸光度工作曲线。

（2）根据表 3-47 各反应溶液的吸光度数据，从工作曲线获得其浓度。

（3）计算三种实验条件下，反应 30min 后的甲基橙降解率。

（4）根据相关公式作图，由斜率计算光降解反应和光催化降解反应的表观速率常数，并进行比较。同时根据图解结果判断在选定实验条件下光催化反应的级数。求降解率及作一级反应处理时用吸光度数据即可。

【思考题】

1. 光催化反应与照射的光源有没有关系？为什么？
2. 如何计算出光催化的降解速率，以及如何判断光催化剂性能的好坏？

【注释】

1. 纳米 TiO_2 的制备。将 16mL $TiCl_4$ 缓慢滴加到置于冰水浴的 200mL 去离子水中，然后将浓度为 $2mol·L^{-1}$ 的氨水滴加到上述 $TiCl_4$ 溶液至溶液 pH＞9，所得沉淀经过滤、洗涤，120℃ 干燥 24h 和 500℃ 焙烧 3h，得锐钛矿纳米 TiO_2。

2. 光照射在物体上会发生反射、透过和吸收。在光化学中，只有被分子吸收的光才能引起光化学反应。因此，光化学反应的发生必须具备两个条件：一是光源，只有光源发出能为反应物分子所吸收的光，光化学反应才有可能进行；二是反应物分子必须对光敏感（与其分子的结构有关），即反应物分子能直接吸收光源发出的某种波长的光，被激发到较高的能级（激发态），从而进行光化学反应。例如：卤化银能吸收可见光谱里的短波辐射（绿光、紫光、紫外光）而发生分解：

$$2AgBr = 2Ag + Br_2$$

这个反应是照相技术的基础。但卤化银却不受长波辐射（红光）的影响。所以，暗室里可用红灯照明。由此也可看出，光化学反应的一个重要特点是它的选择性，反应物分子只有吸收了特定波长的光才能发生反应。需要注意的是，有些物质本身并不能直接吸收某种波长的光而进行光化学反应，即对光不敏感。但可以引入能吸收这种波长光的另外一种物质，使它变为激发态，然后再把光能传递给反应物，使反应物活化从而发生反应，这样的反应称为感光反应。能起这样作用的物质叫感光剂。例如，CO_2 和 H_2O 都不能吸收日光，但植物中的叶绿素却能吸收这样波长的光，并使 CO_2 和 H_2O 合成碳水化合物：

$$6CO_2 + 6H_2O \xrightarrow[\text{叶绿素}]{\text{光照}} C_6H_{12}O_6 + 6O_2$$

叶绿素就是植物光合作用的感光剂。

【附录】

DGY-1A 光化学反应实验仪的使用方法

1. 将冷却水进水用橡皮管接仪器的进水口，仪器出水口用橡皮管接反应器的冷却水循环入水口，其出水口导入水槽。

2. 将控制器与紫外灯管或氙灯用专用线接好，同时将仪器电源线接好。打开电源约 2min，仪器自检完成。

3. 根据实验要求向光催化反应管的 6 根样品管中加入反应液（或同时加入催化剂），打开搅拌。

4. 打开冷却水进水开关，打开灯丝开关，即可开始实验。打开气流控制器开关，即开始空气鼓泡搅拌。紫外等电流可从电流表指示读出。

5. 灯的功率连续可调：300～1000W。

6. 实验结束关闭紫外电源，然后关气流控制器开关和冷却水，最后拔下电源插头。

7. 注意事项：可根据实验要求配合氙灯即紫外灯；可根据实验要求改用空气以外的其他气体，从专用口进气；水管连接及电源连接确保无误后，才可打开冷却水。

> **拓展阅读**
>
> 1. 光催化用于能源化学领域
>
> 1972 年日本东京大学教授 Fujishima 和 Honda 首次发现 TiO_2 单晶电极在光的作用下可分解水生成 H_2 和 O_2，从此光催化水反应的研究成为能源化学研究的热点。目前，研究的主要方向是开发在可见光下具有高效光催化活性的催化材料，这将是光催化进一步走向实用化的必然趋势。由于 TiO_2 作为光催化材料具有很大的优越性，以 TiO_2 为基础物质的复合半导体材料对可见光相应的研究是当前可见光光催化剂研究的主要内容，如纯 TiO_2、Pt 掺杂、N 掺杂的 TiO_2 等。近来，新型可见光光催化剂特别是光催化分解水催化剂的研究也成为热点，包括 ZnO 光催化剂、层间复合材料 $CdS/K_4Nb_6O_{17}$、Bi_2MnNbO_7、$GaZnO_4$、$BaCr_2O_4$、$InMnO_4$、$BiTiO_{20}$、Bi_2InTaO_7 等。
>
> 2. 光催化应用于环境污染治理领域
>
> 由于 TiO_2 光催化剂能够在光照条件下生成氧化性很强的·OH 等物质，因此很快被应用到治理环境污染领域中。将纳米 TiO_2 涂覆在建筑玻璃门窗、厨卫设施、汽车挡风玻璃、玻璃幕墙和灯光罩上，来自太阳的紫外光或室内荧光灯光足以维持玻璃表面涂层的两亲性和催化活性，使得 TiO_2 玻璃表面上的亲油和亲水的污染物很容易被冲刷或分解掉，从而使 TiO_2 涂层玻璃具有自清洁、杀菌、清除空气污染物的特性。如果将纳米涂层材料用在公路和隧道上，还可以分解汽车尾气中的 NO_x，清除空气中的有毒烟雾。

实验 25 磁化率的测定

【实验目的】

1. 掌握古埃（Gouy）磁天平测定物质磁化率的实验原理和技术。
2. 测定物质的磁化率，推算中心离子的未成对电子数，判断分子配键的类型。

【实验原理】

磁化率的测定是一个经典的磁学测量方法。1889 年 Gouy 建立了在均匀磁场中测量磁化率的古埃法，1964 年 Mulay 设计了在非均匀磁场中测定磁化率的 Faraday 法。

1. 磁化与磁化率

在外磁场的作用下，物质会被磁化而产生附加磁场，其磁场强度与外磁场强度的和称为磁介质内部的磁场强度 B，即：

$$B = B_0 + B' = \mu_0 H + B' \tag{3-131}$$

式中，B_0 为外磁场的磁感应强度；B' 为物质磁化产生的附加磁感应强度；H 为外磁场强度；μ_0 为真空磁导率，其数值等于 $4p \times 10^{-7} N \cdot A^{-2}$。

物质的磁化可用磁化强度 I 来描述，I 也是矢量，它与磁场强度成正比：

$$I = \chi H \tag{3-132}$$

式中，χ 为物质的体积磁化率。

在化学上常用质量磁化率 χ_m 或摩尔磁化率 χ_M 表示物质的磁性质，它们的定义是：

$$\chi_m = \chi/\rho \tag{3-133}$$

$$\chi_M = M\chi/\rho \tag{3-134}$$

式中，ρ、M 分别为物质的密度和摩尔质量。χ_m 和 χ_M 的单位分别是 $m^3 \cdot kg^{-1}$ 和 $m^3 \cdot mol^{-1}$。

2. 分子磁矩与磁化率

物质的磁性与组成它的原子、离子或分子的微观结构有关，在反磁性物质中，由于电子自旋已配对，故无永久磁矩。但由于内部电子的轨道运动，在外磁场作用下会产生拉莫尔进动，感生出一个与外磁场方向相反的诱导磁矩，所以表示出反磁矩。其 χ_M 就等于反磁化率 $\chi_反$，且 $\chi_M < 0$。在顺磁性物质中，存在自旋未配对电子，所以具有永久磁性。在外磁场中，永久磁矩顺着外磁场方向排列，产生顺磁性。顺磁性物质的摩尔磁化率 χ_M 是摩尔顺磁化率与摩尔反磁化率之和，即

$$\chi_M = \chi_顺 + \chi_反 \tag{3-135}$$

通常 $\chi_顺 \gg |\chi_反|$，所以这类物质总表现出顺磁性，其 $\chi_M > 0$。

顺磁化率与分子永久磁矩的关系服从居里定律

$$\chi_顺 = \frac{N_A \mu_m^2 \mu_0}{3kT} \tag{3-136}$$

式中，N_A 为 Avogadro 常数；k 为 Boltzmann 常数；T 为热力学温度；μ_m 为分子永久磁矩。由此可得

$$\chi_M = \frac{N_A \mu_m^2 \mu_0}{3kT} + \chi_反 \tag{3-137}$$

由于 $\chi_反$ 不随温度变化（或变化极小），所以只要测定不同温度下的 χ_M 对 $1/T$ 作图，截距即为 $\chi_反$，由斜率可求 χ_M。由于 $\chi_反$ 比 $\chi_顺$ 小得多，所以在不很精确的测量中可忽略 $\chi_反$，做以下近似处理：

$$\chi_M = \chi_顺 = \frac{N_A \mu_m^2 \mu_0}{3kT} \tag{3-138}$$

顺磁性物质 μ_m 与未成对电子数 n 的关系为：

$$\mu_m = \mu_B \sqrt{n(n+2)} \tag{3-139}$$

式中，μ_B 为波尔磁子，其物理意义是单个自由电子自旋所产生的磁矩：

$$\mu_B = \frac{eh}{4\pi m_e} 9.274 \times 10^{-24} J \cdot T^{-1} \tag{3-140}$$

3. 磁化率与分子结构

式(3-137)将物质的宏观性质 χ_M 与微观性质 μ_m 联系起来。由实验测定物质的 χ_M，根据式(3-138)可求得 μ_m，进而计算未配对电子数 n。这些结果可用于研究原子或离子的电子结构，判断络合物分子的配键类型。

络合物分子分为电价络合物和共价络合物。电价络合物中心离子的电子结构不受配位体的影响，基本上保持自由离子的电子结构，靠静电库仑力与配位体结合，形成电价配键。在这类络合物中，含有较多的自旋平行电子，形成共价配键，这类络合物形成时，往往发生电子重排，自旋平行的电子相对减少，所以是低自旋配位化合物。例如 Co^{3+} 外层电子结构为 $3d^6$，在络离子 CoF_6^{3-} 中，形成电价配键，电子排布为：

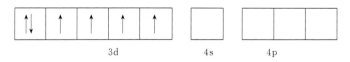

此时，未配对电子数 $n=4$，$\mu_m=4.9\mu_B$。Co^{3+} 以上面的结构与 6 个 F^- 以静电力相吸引形成电价络合物。而在 $[Co(CN)_6]^{3-}$ 中则形成共价配键，其电子排布为：

此时，$n=0$，$\mu_m=0$。Co^{3+} 将 6 个电子集中在 3 个 3d 轨道上，6 个 CN^- 的孤对电子进入 Co^{3+} 的 6 个轨道，形成共价络合物。

4. 古埃法测定磁化率

古埃磁天平如图 3-79 所示。将样品管悬挂在天平上，样品管底部处于磁场强度最大的区域（H），管顶端则位于场强最弱（甚至为零）的区域（H_0）。整个样品管处于不均匀磁场中。设圆柱形样品的截面积为 A，沿样品管长度方向上 dz 长度的体积 Adz 在非均匀磁场中受到的作用力 dF 为

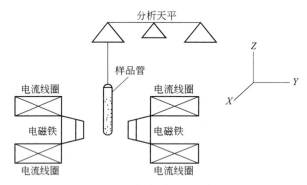

图 3-79 古埃磁天平示意图

$$dF = \chi\mu_0 AH \frac{dH}{dz}dz \tag{3-141}$$

式中，χ 为体积磁化率；H 为磁场强度；dH/dz 为磁场强度梯度，积分式(3-141) 得

$$F = \frac{1}{2}(\chi-\chi_0)\mu_0(H^2-H_0^2)A \tag{3-142}$$

式中，χ_0 为样品周围介质的体积磁化率（通常是空气，χ_0 值很小）。如果 χ_0 可以忽略，且 $H_0=0$，整个样品受到的力为：

$$F = \frac{1}{2}\chi\mu_0 H^2 A \tag{3-143}$$

在非均匀磁场中，顺磁性物质受力向下所以增重；而反磁性物质受力向上所以减重。设 ΔW 为施加磁场前后的质量差，则

$$F = \frac{1}{2}\chi\mu_0 H^2 A = g\Delta W \tag{3-144}$$

由于 $\chi = \dfrac{\chi_M \rho}{M}$，$\rho = \dfrac{W}{hA}$ 代入式(3-144) 得

$$\chi_M = \frac{2(\Delta W_{\text{空管+样品}} - \Delta W_{\text{空管}})ghM}{\mu_0 WH^2} \tag{3-145}$$

式中，$\Delta W_{\text{空管+样品}}$ 为样品管加样后在施加磁场前后的质量差；$\Delta W_{\text{空管}}$ 为空样品管在施加磁场前后的质量差；g 为重力加速度；h 为样品高度；M 为样品的摩尔质量；W 为样品的质量。

磁场强度 H 可用"特斯拉计"测量，或用已知磁化率的标准物质进行间接测量。例如用莫尔氏盐来标定磁场强度，它的质量磁化率 χ_M 与热力学温度 T 的关系为：

$$\chi_M (\text{m}^3 \cdot \text{kg}^{-1}) = \frac{9500}{T+1} \times 4\pi \times 10^{-9} \tag{3-146}$$

【实验器材及试剂】

1. 实验器材

古埃磁天平 1 台；特斯拉计 1 台；样品管 4 支；样品管架 1 个；直尺 1 把。

2. 实验试剂

莫尔氏盐 $(NH_4)_2SO_4 \cdot FeSO_4 \cdot 6H_2O$，分析纯；$FeSO_4 \cdot 7H_2O$，分析纯；$K_4Fe(CN)_6 \cdot 3H_2O$，分析纯。

【实验步骤】

1. 磁极中心磁场强度的测定

1）用特斯拉计测量

将特斯拉计探头放在磁铁的中心架上，套上保护套，按"采零"键使特斯拉计数字显示为"000.0"。除下保护套，把探头平面垂直于磁场两极中心。接通电源，调节"调压旋钮"使电流增大至特斯拉计上示值为 0.35T，记录此时电流值 I。以后每次测量都要控制在同一电流，使磁场强度相同。在关闭电源前应先将特斯拉计示值调为零。

2）用摩尔盐标定

取一支清洁干燥的空样品管悬挂在磁天平上，样品管应与磁极中心线平齐，注意样品管不要与磁极相触。准确称取空管的质量 $W_{\text{空管}}(H=0)$，重复称取三次取其平均值。接通电源，调节电流为 I，记录加磁场后空管的称量值 $W_{\text{空管}}(H=H)$，重复三次取其平均值。

取下样品管，将莫尔氏盐通过漏斗装入样品管，边装边在橡皮垫上碰击，使样品均匀填实，直至装满，继续碰击至样品高度不变为止，用直尺测量样品高度 h。按前述方法称取 $W_{\text{空管+样品}}(H=0)$ 和 $W_{\text{空管+样品}}(H=H)$，测量完毕将莫尔氏盐倒回试剂瓶中。

2. 测定未知样品的摩尔磁化率 χ_M

同法分别测定 $FeSO_4 \cdot 7H_2O$ 和 $K_4Fe(CN)_6 \cdot 3H_2O$ 的 $W_{\text{空管}}(H=0)$、$W_{\text{空管}}(H=H)$、$W_{\text{空管+样品}}(H=0)$ 和 $W_{\text{空管+样品}}(H=H)$。

【注意事项】

1. 所测样品应研细并保存在干燥器中。
2. 样品管一定要干燥洁净。如果空管在磁场中增重，表明样品管不干净，应更换。
3. 装样时尽量把样品紧密均匀填实，测量样品的装填高度应尽量一致。
4. 挂样品管的悬线及样品管不要与任何物体接触。

【数据记录与处理】

1. 数据记录

见表 3-48～表 3-51。

表 3-48　空管的测量结果

装样高度：_____ cm

磁场强度/mT	励磁电流/A	空管质量/g				$\Delta m_{空}$/g
		1	2	3	平均值	

表 3-49　样品（莫尔氏盐）的测量结果

装样高度：_____ cm

磁场强度/mT	励磁电流/A	空管+样本质量/g				Δm/g
		1	2	3	平均值	

表 3-50　样品（硫酸亚铁）的测量结果

装样高度：_____ cm

磁场强度/mT	励磁电流/A	空管+样本质量/g				Δm/g
		1	2	3	平均值	

表 3-51　样品（亚铁氰化钾）的测量结果

装样高度：_____ cm

磁场强度/mT	励磁电流/A	空管+样本质量/g				Δm/g
		1	2	3	平均值	

2. 数据处理

（1）根据实验数据计算外加磁场强度 H，并计算三个样品的摩尔磁化率 χ_M、永久磁矩 μ_M 和未配对电子数 n。

（2）根据 μ_M 和 n 讨论络合物中心离子最外层电子结构和配键类型。

【思考题】

1. 本实验在测定 χ_M 时做了哪些近似处理？

2. 为什么可用莫尔氏盐来标定磁场强度？

3. 样品的填充高度和密度以及在磁场中的位置有何要求？如果样品填充高度不够，对测量结果有何影响？

4. 被测样品是顺磁性物质还是反磁性物质？为什么？

【讨论】

1. 有机化合物绝大多数分子都是由反平行自旋电子对形成的价键，因此其总自旋磁矩等于零，是反磁性的。巴斯卡（Pascol）分析了大量有机化合物的摩尔磁化率的数据，总结得到分子的摩尔反磁化率具有加和性。此结论可以用于研究有机物分子的结构。

2. 对物质磁性的测量还可以得到一系列的其他信息。例如测定物质磁化率对温度和磁场强度的依赖性可以定性判断是顺磁性、反磁性还是铁磁性的；对合金磁化率的测定可以得到合金的组成；还可以根据磁性质研究生物体系中血液的成分等。

实验 26　偶极矩的测定

【实验目的】

1. 掌握溶液法测定偶极矩的原理和方法。
2. 了解偶极矩与分子电性质的关系。
3. 测定乙酸乙酯在环己烷溶剂中的介电常数和分子偶极矩。

【实验原理】

1. 偶极矩与极化度

分子结构可以近似地看成是由电子云和分子骨架（原子核及内层电子）所构成。由于空间构型的不同，其正负电荷中心可能重合，也可能不重合。前者称为非极性分子，后者称为极性分子。

1912 年，德拜提出"偶极矩"的概念来度量分子极性的大小（图 3-80），其定义是

$$\vec{\mu} = qd \tag{3-147}$$

式中，q 为正负电荷中心所带的电量；d 为正负电荷中心之间的距离；$\vec{\mu}$ 为一个向量，其方向规定为从正到负。因分子中原子间的距离的数量级为 10^{-10} m，电荷的数量级为 10^{-20} C，所以偶极矩的数量级是 10^{-30} C·m。

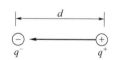

图 3-80　电偶极矩示意图

通过偶极矩的测定，可以了解分子结构中有关电子云的分布和分子的对称性，可以用来判别几何异构体和分子的立体结构等。

极性分子具有永久偶极矩，在没有外电场存在时，由于分子的热运动，偶极矩指向某个方向的机会均等。所以偶极矩的统计值等于零。

若将极性分子置于均匀的外电场 E 中，则偶极矩在电场的作用下会趋向电场方向排列，即分子会沿电场方向作定向运动，同时分子中的电子云对分子骨架会发生相对移动，分子骨架也会发生形变，这时就称分子极化。极化的程度可以用摩尔极化度 P 来衡量。分子因转向而产生的极化其极化程度用摩尔转向极化度 $P_{转向}$ 来衡量。分子因变形产生的极化，称为诱导极化或变形极化，用摩尔诱导极化度 $P_{诱导}$ 来衡量，无论是极性分子还是非极性分子都会发生变形极化。显然，$P_{诱导}$ 可分为两项，即电子极化度 $P_{电子}$ 和原子极化度 $P_{原子}$。因此

$$P = P_{转向} + P_{诱导} \tag{3-148}$$

$$P_{诱导} = P_{电子} + P_{原子} \tag{3-149}$$

$$P = P_{转向} + P_{电子} + P_{原子} \tag{3-150}$$

对于非极性分子，因 $\vec{\mu}=0$，其 $P_{转向}=0$，所以 $P=P_{诱导}=P_{电子}+P_{原子}$。

其中，$P_{转向}$ 与永久偶极矩 μ 的平方成正比，与热力学温度 T 成反比，其关系式为：

$$P_{转向} = \frac{4}{3}\pi N_A \frac{\mu^2}{3kT} = \frac{4}{9}\pi N_A \frac{\mu^2}{kT} \tag{3-151}$$

式中，k 为波兹曼常数；N_A 为阿弗加德罗常数；T 为热力学温度；μ 为分子的永久偶极矩。

如果外电场是交变电场，极性分子的极化情况则与交变场的频率有关。当处于频率小于 $10^{10}\,\text{s}^{-1}$ 的低频电场或静电场中，极性分子所产生的摩尔极化度 P 是转向极化、电子极化和原子极化的总和。

$$P = P_{转向} + P_{电子} + P_{原子} \tag{3-152}$$

当电场频率增加到 $10^{12} \sim 10^{14}\,\text{s}^{-1}$ 的中频电场下（红外光区），因为电场的交变周期小于分子偶极矩的松弛时间（偶极矩转向所需要的时间，称为松弛时间）。使得极性分子的转向运动跟不上电场的变化，即极性分子来不及沿电场方向定向，则 $P_{转向}=0$。此时分子的摩尔极化度

$$P = P_{诱导} = P_{原子} + P_{电子} \tag{3-153}$$

当交变电场的频率进一步增加到大于 $10^{15}\,\text{s}^{-1}$（即可见光和紫外光区），极性分子的定向运动和分子骨架变形都跟不上电场的变化，此时极性分子的摩尔极化度等于电子极化度，即 $P=P_{电子}$。

因此，原则上只要在低频电场下测得极性分子的摩尔极化度，在红外频率下测得极性分子的摩尔诱导极化度 $P_{诱导}$，两者相减得到极性分子的摩尔转向极化度 $P_{转向}$，带入式 (3-151)，即可算出其永久偶极矩 μ。

2. 摩尔极化度的测定

克劳休斯、莫索和德拜从电磁场理论得到了摩尔极化度 P 与介电常数 ε 之间的关系式

$$P = \frac{\varepsilon-1}{\varepsilon+2} \times \frac{M}{\rho} \tag{3-154}$$

式中，M 为被测物质的摩尔质量；ρ 为该物质的密度；ε 为介电常数，可以通过实验测定。

但式 (3-154) 是假定分子与分子间没有相互作用而推导得到的。所以它只适用于温度不太低的气相体系，然而测定气相的介电常数和密度，在实验上困难较大，某些物质甚至根本无法使其处于稳定的气相状态。因此后来提出了一种溶液法来解决这一困难。溶液法的基本想法是，在无限稀释的非极性溶剂中，溶质分子所处的状态和气相时相近，于是无限稀释溶液中的溶质的摩尔极化度可以看作是式 (3-154) 中的 P。

在稀溶液中，若不考虑极性分子间相互作用和溶剂化现象，溶剂和溶质的摩尔极化度等物理量可以被认为是具有可加性的。因此，式 (3-154) 可以写成：

$$P = P_1 X_1 + P_2 X_2 \tag{3-155}$$

式中，下标 1 表示溶剂；下标 2 表示溶质；X_1 表示溶剂的摩尔分数；X_2 表示溶质的摩尔分数；P_1 表示溶剂的摩尔极化度；P_2 表示溶质的摩尔极化度。所以溶质的摩尔极化度：

$$P_2 = \frac{1}{X_2}(P - P_1 X_1) \tag{3-156}$$

将式(3-154)代入,得

$$P_2 = \frac{1}{X_2}\left(\frac{\varepsilon_溶-1}{\varepsilon_溶+2}\times\frac{M_溶}{\rho_溶}-\frac{\varepsilon_1-1}{\varepsilon_1+2}\times\frac{M_1 X_1}{\rho_1}\right)$$

$$= \frac{1}{X_2}\left(\frac{\varepsilon_溶-1}{\varepsilon_溶+2}\times\frac{M_1 X_1+M_2 X_2}{\rho_溶}-\frac{\varepsilon_1-1}{\varepsilon_1+2}\times\frac{M_1 X_1}{\rho_1}\right) \quad (3\text{-}157)$$

式中,下标"溶"代表溶液。利用此式求出 P_2,作 P_2-X_2 图,外推到 $X_2=0$ 时的 P_2 值即为溶质的摩尔极化度,记为 $\overline{P_2^\infty}$,此值也可以用海德斯特兰提出的极限公式来计算:

$$P = P_2^\infty = \lim_{X_2\to 0}P_2 = \frac{3\alpha\varepsilon_1}{(\varepsilon_1+2)^2}\frac{M_1}{\rho_1}+\frac{\varepsilon_1-1}{\varepsilon_1+2}\frac{M_2-\beta M_1}{\rho_1} \quad (3\text{-}158)$$

式中,ε_1、ρ_1、M_1 分别是溶剂的介电常数、密度和摩尔质量;α、β 为常数,可由下面两个稀溶液的近似公式求出:

$$\varepsilon_溶 = \varepsilon_1(1+\alpha X_2) \quad (3\text{-}159\text{a})$$

$$\rho_溶 = \rho_1(1+\beta X_2) \quad (3\text{-}159\text{b})$$

式中,$\varepsilon_溶$、$\rho_溶$ 分别是溶液的介电常数和密度。

因此,测定纯溶剂的 ε_1 和 ρ_1 以及不同浓度(X_2)的溶液的 $\varepsilon_溶$、$\rho_溶$,分别作图 $\varepsilon_溶\sim X_2$、$\rho_溶\sim X_2$,由直线斜率求出 α、β,代入式(3-158)就可求出溶质分子的摩尔极化度。

3. 电子极化度的测定

上面已经提到,在红外频率的电场下,可以测得极性分子摩尔诱导极化度。 $P_诱导 = P_电子 + P_原子$。但是在实验上由于条件的限制,很难做到这一点。所以一般总是在高频电场下测定极性分子的电子极化度 $P_电子$。考虑到原子极化度通常只有电子极化度的 5%~10%,而且 $P_转向$ 又比 $P_电子$ 大得多,故常常忽略原子极化度。

根据光的电磁理论,在同一频率的高频电场作用下,透明物质的介电常数 ε 与折射率 n 的关系为:

$$\varepsilon = n^2 \quad (3\text{-}160)$$

常用摩尔折射度 R_2 来表示高频区测得的极化度。此时 $P_转向=0$,$P_原子=0$,把式(3-160)代入式(3-154)中,则

$$R_2 = P_电子 = \frac{n^2-1}{n^2+2}\frac{M}{\rho} \quad (3\text{-}161)$$

在稀溶液情况下,还存在近似公式:

$$n_溶 = n_1(1+\gamma X_2) \quad (3\text{-}162)$$

式中,$n_溶$ 为溶液的折射率;n_1 为溶剂的折射率;γ 为常数。
同样,从式(3-161)可以推导得无限稀释时,溶质的摩尔折射度的公式:

$$P_电 = R_2^\infty = \lim_{X_2\to 0}R_2 = \frac{n_1^2-1}{n_1^2+2}\frac{M_2-\beta M_1}{\rho_1}+\frac{6n_1^2 M_1\gamma}{(n_1^2+2)^2\rho_1} \quad (3\text{-}163)$$

根据测量得到的 n_1,ρ_1 以及溶液折射率 $n_溶$ 作图 $n_{溶-X_2}$,由斜率求出 γ,就可以按照式(3-163)计算出 $P_电$。

4. 偶极矩的测定

综上所述,可得

$$P_转向 = P_2^\infty - R_2^\infty = \frac{4}{9}\pi N_A\frac{\mu^2}{kT} \quad (3\text{-}164)$$

上式把物质分子的微观性质偶极矩和它的宏观性质介电常数、密度和折射率联系起来，分子的永久偶极矩就可用下面简化式计算

$$\mu = 0.0128\sqrt{(P_2^\infty - R_2^\infty)T}(D) = 0.04274 \times 10^{-30}\sqrt{(P_2^\infty - R_2^\infty)T}(C \cdot m) \quad (3\text{-}165)$$

在某种情况下，若需要考虑 $P_{原子}$ 影响时，只需对 R_2^∞ 作部分修正即可。

5. 介电常数的测定

介电常数是通过测定电容计算而得的。电容（Capacitance）亦称作"电容量"，是指在给定电位差下的电荷储藏量，记为 C，国际单位是法拉（F）。如果在电容器的两个板间充以某种电解质，电容器的电容量就会增大。如果维持极板上的电荷量不变，那么充电解质的电容器两板间电势差就会减少。设 C_0 为极板间处于真空时的电容量，C 为充以电解质时的电容量，则 C 与 C_0 的比值 ε 称为该电解质的介电常数：

$$\varepsilon = \frac{C}{C_0} \quad (3\text{-}166)$$

法拉第在 1837 年就解释了这一现象，认为这是由于电解质在电场中极化而引起的。极化作用形成一个反向电场，因而抵消了一部分外加电场。

本实验采用电桥法测电容。由于小电容测量仪测定电容时，除电容池两极间的电容 C_x 外，整个测试系统中还有分布电容 C_d 的存在，即

$$C'_x = C_x + C_d \quad (3\text{-}167)$$

其中 C'_x 为实验所测值，C_x 为真实的电容，随介质而异，但对于同一台仪器和同一电容池，在相同的实验条件下，C_d 基本上是定值，故可用一已知介电常数 $\varepsilon_{标}$ 的标准物质进行校正，以求得 C_d，计算如下

$$C'_{标} = C_{标} + C_d \quad (3\text{-}168)$$

在不放样品时电容 $C'_{空}$ 为

$$C'_{空} = C_{空} + C_d \quad (3\text{-}169)$$

式（3-168）减式（3-169）得

$$C'_{标} - C'_{空} = C_{标} - C_{空}$$

因为空气相对于真空的介电常数为 1.0006，与真空作介质的情况相差甚微，实验上通常以空气为介质时的电容为 C_0，即令 $C_{空} \approx C_0$，则

$$C'_{标} - C'_{空} = C_{标} - C_0 \quad (3\text{-}170)$$

$$\varepsilon_{标} = C_{标}/C_0 \quad (3\text{-}171)$$

$$C'_{标} - C'_{空} = C_{标} - C_{标}/\varepsilon_{标} \quad (3\text{-}172)$$

将式（3-172）代入式（3-168），就可求出 C_d

$$C_d = \frac{\varepsilon_{标} C'_{空} - C'_{标}}{\varepsilon_{标} - 1} \quad (3\text{-}173)$$

【实验器材及试剂】

1. 实验器材

PGM-Ⅱ介电常数实验装置，25mL 容量瓶，移液管，电子天平，阿贝折射仪，5mL 比重瓶，滴管，烧杯，洗耳球，干燥器等。

2. 实验试剂

乙酸乙酯（分析纯），环己烷（分析纯）。

【实验步骤】

1. 配制溶液

将 4 个干燥的 25mL 容量瓶编号,称量并记录空瓶重量。在空瓶内分别加入 0.5mL、1.0mL、1.5mL 和 2.0mL 的乙酸乙酯后再称重。然后加环己烷至刻度线,称重。溶液配好后应立即塞紧,注明浓度。

2. 折射率的测定

用阿贝折射仪测定环己烷及配制的四个溶液的折射率。

3. 密度的测定

(1) 烘干比重瓶,冷却至室温,称重 m_0。

(2) 将环己烷注入比重瓶,注意全充满,避免气泡出现,用滤纸吸干瓶外所沾环己烷,称其质量为 m_i。

(3) 加水至刻度线,称重 $m_水$,用以标定比重瓶体积。

环己烷的密度可用下式计算:

$$\rho = \frac{m_i - m_0}{m_水 - m_0} \rho_水 \tag{3-174}$$

4. 介电常数的测定

(1) C_d 的测定

本实验采用环己烷作为标准物质,其介电常数的温度公式为:

$$\varepsilon_环 = 2.023 - 0.0016(t - 20) \tag{3-175}$$

式中,t 为测定时的温度,℃。

① 打开介电常数实验装置开关,预热 5min。

② 用滤纸将电容池的样品室吸干,再用洗耳球将样品池吹干。

③ 采零。用配套测试线将数字小电容测试仪的"C2"插座与电容池的"C2"插座相连,将另一根测试线的一端插入数字小电容测试仪的"C1"插座,插入后顺时针旋转一下,以防脱落,另一端悬空。待显示稳定后,按一下"采零"键,以消除系统的零位漂移,显示器显示"00.00"。

④ 空气介质电容 $C'_空$ 的测量 将测试线悬空一端插入电容池"外电极 C1"插座,此时仪表显示值为空气介质的电容 $C'_空$。

⑤ 环己烷介质电容 $C'_标$ 的测量。拔出电容池"外电极 C1"插座一端的测试线。打开电容池上盖,用移液管往样品杯内加入环己烷至样品杯内的刻度线(注:每次加入的样品量必须严格相等),盖上上盖。待显示稳定后,按一下"采零"键,显示器显示"00.00"。将拔下的测试线的空头一端插入电容池"外电极 C1"插座,此时,显示器显示值即为环己烷的 $C'_标$。

(2) 溶液介质电容 C'_x 的测量

用吸管吸出电容池内样品,并用洗耳球将样品池吹干,电容池完全干后才加入溶液样品。同步骤⑤依次测量四个溶液的 C'_x 值。

注意:每次测量前都要测量一下空气的电容值,如果与第一次不一致,继续用洗耳球吹去残余气体,直至显示数值与前测量空气电容值相差无几(<0.05PF)。

实验完毕,关闭电源开关,回收废液。

【注意事项】

1. 所用试剂易挥发，配制溶液和操作时动作应迅速，以免影响浓度。
2. 本实验溶液中防止含有水分，所用玻璃仪器需干燥，溶液应透明不发生浑浊。
3. 测量电容时，注意样品不可多加，否则会腐蚀密封材料。

【数据记录与处理】

1. 将溶液配制数据填入表3-52，计算各溶液摩尔分数X_2和溶液的密度$\rho_溶$。

表3-52　溶液配制数据记录

项目	溶液1 （0.5mL）	溶液2 （1.0mL）	溶液3 （1.5mL）	溶液4 （2.0mL）
容量瓶空瓶质量/g				
容量瓶空瓶＋乙酸乙酯/g				
空瓶＋乙酸乙酯＋环己烷/g				
溶液中乙酸乙酯质量/g				
溶液中乙酸乙酯物质的量/mol				
溶液中环己烷质量/g				
溶液中环己烷物质的量/mol				
乙酸乙酯摩尔分数X_2				
溶液质量/g				
溶液密度$\rho_溶$/(g/mL)				

2. 环己烷密度的测量数据记录及处理

(1) 把数据记录在表3-53中，并计算环己烷的密度。

(2) 根据表3-52中溶液密度的数据，作$\rho_溶$-X_2图，由直线斜率求算β。

表3-53　环己烷密度的测量数据记录

项目	比重瓶质量/g	比重瓶＋水质量/g	比重瓶＋环己烷质量/g
质量			
密度			

3. 折射率的测定数据记录

(1) 把所测溶液折射率记录在表3-54中。

(2) 根据表3-54中的数据，作$n_溶$-X_2图，由直线斜率求算γ。

表3-54　折射率的测定数据记录

项目	环己烷	0.5mL	1.0mL	1.5mL	2.0mL
n					
X_2					

4. 电容的测定数据记录以及相关常数值、电容值的计算

(1) 把电容测定的相关数据记录在表3-55中。

表 3-55　电容的测定数据记录

$C'_\text{空}$：_____；$C'_\text{标}$：_____；C_d：_____；C_0：_____；温度：_____

项目	溶液 1 (0.5mL)	溶液 2 (1.0mL)	溶液 3 (1.5mL)	溶液 4 (2.0mL)
C'_x				
C_x				
$\varepsilon_\text{溶}$				

(2) 根据环己烷的介电常数温度公式(3-175)，求得环己烷的介电常数 $\varepsilon_\text{标}$。

(3) 根据式(3-173) 计算分布电容 C_d。

(4) 根据式(3-167) 计算各溶液 C_x，并记录在表格 3-55 中。

(5) 根据式(3-169) 计算 C_0（$C_\text{空} \approx C_0$），根据公式(3-166) 计算各溶液的介电常数 $\varepsilon_\text{溶}$。

(6) 作 $\varepsilon_\text{溶}$-X_2 图，由直线斜率求算 α。

(7) 根据式(3-158)，计算乙酸乙酯的摩尔极化度 $\overline{P_2^\infty}$。

(8) 根据式(3-163) 计算电子极化度 $P_\text{电}$。

(9) 根据式(3-165) 计算乙酸乙酯的偶极矩 μ。

【思考题】

1. 准确测定溶质摩尔极化度和摩尔折射度时，为什么要外推至无限稀释？
2. 电容池的使用应注意哪些问题？
3. 试分析实验中引起误差的因素，如何改进？

【注释】

1. 从偶极矩的数据可以了解分子的对称性，判别其几何异构体和分子的主体结构等问题。除溶液法外，测定偶极矩的方法还有很多种，如温度法、分子束法、分子光谱法及利用微波谱的斯诺克法等。

2. 溶液法测溶质偶极矩与气相测得的真实值间存在偏差。造成这种现象的原因是非极性溶剂与极性溶质分子相互间的作用——"溶剂化"作用。这种偏差现象称为溶剂法测量偶极矩的"溶剂效应"。Ross 和 Sack 等曾对溶剂效应开展了研究，并推导出校正公式。有兴趣的读者可阅读相关参考资料。

3. 测定电容的方法一般有电桥法、拍频法和谐振法，后两者为测定介电常数所常用，抗干扰性能好，精度高，但仪器价格昂贵。对气体和电导很小的液体以拍频法为好，有相当电导的液体用谐振法较为合适；对于有一定电导但不大的液体用电桥法较为理想。

【附录】

PGM-Ⅱ介电常数实验装置使用说明（图 3-81～图 3-83）

一、简介

PGM-Ⅱ型数字小电容测试仪可和电容池配套对溶液和溶剂的介电常数进行测定。

二、介电常数的测定方法

1. 准备

图 3-81　介电常数实验装置

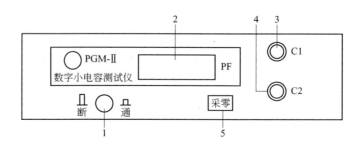

图 3-82　数字小电容测试仪面板示意图

1—电源开关；2—LED 显示窗口（显示所测介质的电容量）；3—"C1"插座（与电容池的外电极 C1 插座相连接）；4—"C2"插座（与电容池的内电极 C2 插座相连接）；5—采零键（按一下此键，消除系统的零位漂移）

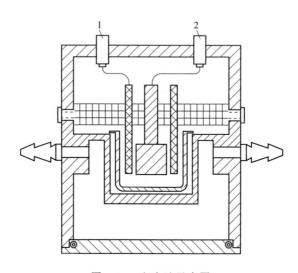

图 3-83　电容池示意图

1—外电极插座 C1（与数字小电容测试仪的"C1"插座连接）；2—内电极插座 C2（与数字小电容测试仪的"C2"插座连接）（接线插头一定要插到底）

① 用配套电源线将后面板的"电源插座"与 220V 电源连接，再打开前面板的电源开关，此时 LED 显示某一数值。预热 5min。

② 电容池使用前，应用丙酮或乙醚对内、外电极之间的间隙进行数次冲洗，并用电吹风吹干，才能注入样品溶液。

③ 用配套测试线将数字小电容测试仪的"C2"插座与电容池的"C2"插座相连，将另一根测试线的一端插入数字小电容测试仪的"C1"插座，插入后顺时针旋转一下，以防脱落，另一端悬空。

④ 采零：待显示稳定后，按一下"采零"键，以消除系统的零位漂移，显示器显示"00.00"。

2. 空气介质电容的测量

将测试线悬空一端插入电容池"外电极C1"插座，此时仪表显示值为空气介质的电容（$C_空$）与系统分布电容（$C_分$）之和。

3. 液体介质电容的测量

拔出电容池"外电极C1"插座一端的测试线。打开电容池上盖，用移液管往样品杯内加入待测样品至样品杯内的刻度线，盖上上盖。待显示稳定后，按一下采零键，显示器显示"00.00"。

4. 将拔下的测试线的空头一端插入电容池"外电极C1"插座，此时，显示器显示值即为待测样品电容（$C_液$）与分布电容之和（$C_分$）。

5. 吸管吸出电容池内样品，并用电吹风吹干电容池，电容池完全干后才能加入新样品。

6. 实验完毕，关闭电源开关，拔下电源线。

三、使用和维护注意事项

1. 测量空气介质电容或液体介质电容时，须首先拔下电容池"外电极C1"插座一端的测试线，再进行采零操作，以清除系统的零位漂移，保证测量的准确度。

2. 带电电容请勿在测试仪上进行测试，以免损坏仪表。

3. 测试易挥发的液体介质时，加入液体介质后，必须将盖子盖紧，以防液体挥发影响测试的准确度。

4. 仪表应放置在干燥、通风及无腐蚀性气体的场所。

5. 一般情况下，尽量不要拆卸电容池，以免因拆卸时不慎损坏密封件，造成漏气（液），而影响实验的顺利进行。

拓展阅读

德拜（1884—1966年）美籍物理化学家。德拜早期从事固体物理的研究工作。1912年他改进了爱因斯坦的固体比热容公式，得出在常温时服从杜隆-珀替定律，在温度$T \to 0$时和T^3成正比的正确比热容公式。他在导出这个公式时，引进了德拜温度θ的概念。每种固体都有自己的θ值。当$T < \theta$时，固体的热学性质量子效应显著；当$T > \theta$时，量子效应可以忽略（见德拜模型）。1916年德拜和谢乐一起发展了劳厄用X射线研究晶体结构的方法，采用粉末状的晶体代替较难制备的大块晶体。粉末状晶体样品经X射线照射后在照相底片上可得到同心圆环的衍射图样（德拜-谢乐环），它可用来鉴定样品的成分，并可决定晶胞大小。1926年德拜提出用顺磁盐绝热去磁致冷的方法，用这一方法可获得1K以下的低温（见超低温技术）。

德拜

德拜在盐溶液极化分子、分子偶极矩和分子结构理论方面也有重要的贡献。他定量研究了溶质与溶剂分子间的联系，解释了稠密溶液中的一些反常现象。他在分子极化方面的工作，使人们对分子中原子排列的认识有了飞跃。在溶液理论中他引入一个被称为德拜长度的特征长度，描述了一个正离子的电场所能影响到电子的最远距离。德拜长度现在已成为溶液理论和等离子体物理中的一个基本物理量。由于在X射线衍射和分子偶极矩理论方面的杰出贡献，德拜获得了1936年诺贝尔化学奖。其主要著作收入《德拜全集》(1954)中。

实验 27　Belousov-Zhabotinskii 振荡反应

【实验目的】

1. 了解 Belousov-Zhabotinskii 振荡反应（简称 B-Z 振荡反应）的基本原理。
2. 初步了解自然界中普遍存在的非平衡非线形问题。
3. 通过测定电位-时间曲线求得振荡反应的表观活化能。

【实验原理】

在一般的化学反应中，反应物和产物最终都能达到平衡状态（各组分浓度不随时间而变化）。而某些发生在远离平衡状态的化学反应体系中，在反应过程中的某些参数或某些组分的浓度会呈现周期性变化的非平衡非线性现象，称为"化学振荡"。

最早的化学振荡反应是别诺索夫（Belousov）于1959年首先观察发现，以金属铈离子作催化剂时柠檬酸被溴酸盐氧化可发生化学振荡现象，随后扎伯廷斯基（Zhabotinskii）继续了该反应的研究。为纪念他们最早期的研究成果，将后来发现大量的可呈现化学振荡的含溴酸盐的反应系统称为 B-Z 振荡反应。

对于以 B-Z 振荡反应为代表的化学振荡现象，大量的研究表明，发生该现象须满足以下三个条件：①是一个远离平衡态的敞开系统；在敞开系统中振荡可以长期持续，在封闭系统中振荡是衰减的；②都含有自催化步骤；③具有双稳态性，可以在两个稳态来回振荡。

目前被普遍认同的是由 Field、Koros 和 Noyes 三位学者提出的 FKN 机理。如具有代表性的振荡反应：将溴酸钾、硫酸、丙二酸与硝酸铈溶液混合，丙二酸在硫酸介质中及金属铈离子的催化作用下被溴酸氧化，由于 Ce^{4+} 呈黄色而 Ce^{3+} 无色，反应中可以观察到体系在黄色和无色之间作周期性的振荡。其总反应为：

$$2BrO_3^- + 2H^+ + 3CH_2(COOH)_2 \longrightarrow 2BrCH(COOH)_2 + 3CO_2 + 4H_2O \qquad (3-176)$$

根据 FKN 机理，该振荡涉及以下9个元反应：

过程1：当 $[Br^-]$ 较大时

(1) $BrO_3^- + Br^- + 2H^+ \longrightarrow HBrO_2 + HOBr$　　（慢）

(2) $HBrO_2 + Br^- + H^+ \longrightarrow 2HOBr$　　（快）

(3) $HOBr + Br^- + H^+ \longrightarrow Br_2 + H_2O$　　（快）

反应(1)为控制步骤，且反应(3)中生成的 Br_2 又进一步使丙二酸溴化：

(4) $Br_2 + CH_2(COOH)_2 \longrightarrow BrCH(COOH)_2 + H^+ + Br^-$

综上，该条件下丙二酸溴化的总反应为：
$$BrO_3^- + 3H^+ + 2Br^- + 3CH_2(COOH)_2 \longrightarrow 3BrCH(COOH)_2 + 3H_2O \tag{3-177}$$

过程2：当[Br^-]较小时，反应体系中的Ce^{3+}被氧化

(5) $BrO_3^- + H^+ + HBrO_2 \longrightarrow 2BrO_2 + H_2O$ （慢）

(6) $BrO_2 + H^+ + Ce^{3+} \longrightarrow HBrO_2 + Ce^{4+}$ （快）

(7) $2HBrO_2 \longrightarrow BrO_3^- + HOBr + H^+$

反应(5)～(7)的总反应为：
$$BrO_3^- + 5H^+ + 4Ce^{3+} \longrightarrow HOBr + 4Ce^{4+} + 2H_2O \tag{3-178}$$

过程3：溴离子的再生

(8) $4Ce^{4+} + BrCH(COOH)_2 + 2H_2O \longrightarrow Br^- + 4Ce^{3+} + HCOOH + 2CO_2 + 5H^+$

(9) $HOBr + HCOOH \longrightarrow Br^- + H^+ + CO_2 + H_2O$

上述两个反应的总反应为：
$$4Ce^{4+} + BrCH(COOH)_2 + H_2O + HOBr \longrightarrow 2Br^- + 4Ce^{3+} + 3CO_2 + 6H^+ \tag{3-179}$$

过程1～3共同组成反应系统中一个振荡周期，即反应(3-176)，可以看出，反应过程中的铈离子和溴离子，起到了催化作用。

从以上3个过程可以看出，该振荡反应体系中存在着两个受到溴离子浓度控制的过程。若体系中[Br^-]<[Br^-]$_{临界}$，[$HBrO_2$]通过自催化迅速增加，系统反应主要按照过程2进行，最后通过过程3使Br^-再生。而当[Br^-]>[Br^-]$_{临界}$时，反应按照过程1进行；随着溴离子浓度下降，反应切换到过程2，因此，溴离子在振荡反应中起到了转向开关的作用。

对于化学振荡现象，可以通过电化学法、离子选择性电极法、分光光度法等多种方法进行测定、研究。本实验中采用电化学法，测定在不同温度下[Ce^{4+}]/[Ce^{3+}]产生的电势随时间的变化曲线，由于反应中[Ce^{4+}]/[Ce^{3+}]随时间作周期性变化，通过B-Z振荡曲线(图3-84)，可以了解研究其反应。

在电势～时间振荡曲线中，由硫酸铈铵加入到振荡开始的时间，被称为诱导期t_u。诱导期t_u与振荡周期t_z均与反应速率成反比关系。当通过振荡曲线得到t_u和t_z后，根据阿伦尼乌斯方程可知：

$$\ln\left(\frac{1}{t_u}\right) \text{ 或 } \left(\frac{1}{t_z}\right) = -\frac{E}{RT} + \ln A \tag{3-180}$$

式中，E为表观活化能；A为经验常数。分别以$\ln(1/t_u)$和$\ln(1/t_z)$对$1/T$作图，由曲线斜率即可求出对应的表观活化能E_u和E_z。

【实验器材及试剂】

1. 实验器材

ZD-BZ振荡装置1套；超级恒温槽1台；铂电极1支；饱和甘汞电极1支。

2. 实验试剂

丙二酸；硫酸；溴酸钾；硫酸铈铵（均为分析纯）。

【实验步骤】

1. 配制0.45 mol·L^{-1}丙二酸250 mL、0.25 mol·L^{-1}溴酸钾250 mL、3.00 mol·L^{-1}

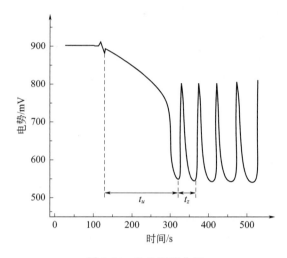

图 3-84　B-Z 振荡曲线

硫酸 250mL，并在 0.2mol·L^{-1} 硫酸介质中配制 $4×10^{-3}$mol·L^{-1} 的硫酸铈铵 250mL。

2. 按图 3-85 连接好仪器，将超级恒温槽的温度设置为 25.0℃，待温度稳定后接通循环水。

3. 在反应器中加入已配制好的丙二酸溶液、溴酸钾溶液、硫酸溶液各 15mL，进行恒温，同时将硫酸铈铵溶液也放入超级恒温槽中恒温。

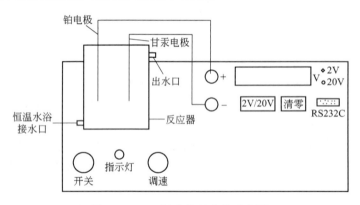

图 3-85　B-Z 振荡装置连接示意图

4. 打开电源开关，将磁力搅拌子放入到反应器中，调节"调速"旋钮至合适的搅拌速度。

5. 选择量程 2V 挡，用输入线将正负极插口短接，按"清零"键，消除系统测量误差。清零后将甘汞电极接负极，铂电极接正极。为了防止参比电极中离子对实验的干扰，以及溶液对参比电极的干扰，所用的饱和甘汞电极与溶液之间必须用 1mol·L^{-1}H$_2$SO$_4$ 盐桥隔离。

6. 打开实验软件程序，设置参数：
（1）"设置"→"寻找通讯口"；
（2）"设置"→"通讯口选择"→"COM3"；
（3）"设置"→"采样速率"→"1s"；
（4）填写"实验参数"中的温度、反应物名称、浓度等。

7. 溶液恒温 10min 后，点击实验软件菜单中的"数据通讯"→"开始通讯"，然后立即加入 15mL 硫酸铈铵溶液，观察溶液的颜色和曲线的变化。

8. 经过一段时间"诱导"后，振荡反应开始，电势曲线呈周期性变化。在至少 8 个振荡周期后，在程序中点击"数据通讯"→"停止通讯"，停止记录并保持实验数据。

9. 用上述方法将恒温槽的温度设置为 30℃、35℃、40℃、45℃、50℃，重复实验。

10. 实验结束后，关闭电源，将反应器清洗干净。

【注意事项】

1. 配制硫酸铈铵溶液时，一定在 0.2mol·L^{-1} 硫酸介质中配制，防止发生水解呈混浊。
2. 反应器应清洁干净，转子位置和速度都必须加以控制。
3. 电势测量一般取 0～2V 挡，若测量过程中超出量程，请切换量程到 20V。

【数据记录与处理】

1. 绘制不同温度下的振荡曲线，求出相应温度下的诱导期 t_u 和振荡周期 t_z。
2. 作 $\ln(1/t_u) \sim 1/T$ 和 $\ln(1/t_z) \sim 1/T$ 图，并计算诱导表观活化能 E_u、振荡诱导表观活化能 E_z。

【思考题】

1. 试述影响诱导期的主要因素。
2. 初步说明 B-Z 振荡反应的特征及本质。

【注释】

1. 化学振荡反应是具有非线性动力学微分速率方程，在开放系统中进行的远离平衡的一类反应。系统与外界环境交换物质和能量的同时，通过适当的有序结构状态耗散由环境传递来的物质和能量。
2. 测定、研究 B-Z 化学振荡反应可采用离子选择性电极法、分光光度法和电化学等方法。

【附录】

ZD-BZ 振荡实验装置使用说明

ZD-BZ 振荡实验装置是直流电压检测仪、磁力搅拌器集成的一体式仪器。具有体积小，重量轻，显示清晰直观，实验数据稳定、可靠等特点。

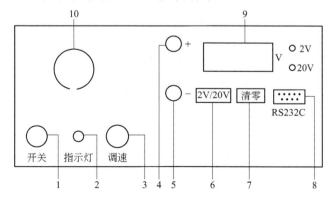

图 3-86　ZD-BZ 振荡实验装置面板

1—电源开关；2—电源指示灯；3—调速旋钮；4—正极插座；5—负极插座；6—量程转换键；
7—清零键；8—RS232C 串行口（计算机接口）；9—电压显示窗口；10—固定架

1. 使用条件

电源：AC（220±10%）V，50Hz。

环境：-5～50℃；相对湿度：≤85%。

无腐蚀性气体的场合。

2. 面板说明

见图 3-86。

1921年，加州大学伯克利分校（UCB）的 Bray 在用碘作催化剂使过氧化氢分解为水和氧气时，第一次发现了振荡式的化学反应。

1952年，英国数学家 Turing 通过数学计算的方法，在理论上预见了化学空间静态斑图（图灵斑图），表明远离平衡态结构出现的可能性。

1959年，俄国化学家 Belousov 和 Zhabotinskii 首次报道了以金属铈作催化剂，柠檬酸在酸性条件下被溴酸钾氧化时可呈现化学振荡现象。该反应即被称为 Belousov-Zhabotinskii 振荡反应，简称 B-Z 振荡反应。

1969年，著名物理化学家和理论物理学家 Prigogine 提出耗散结构理论，人们才清楚地认识到振荡反应产生的原因：当体系远离平衡态时，即在非平衡非线性区，无序的均匀态并不总是稳定的。在特定的动力学条件下，无序的均匀态可以失去稳定性，产生时空有序的状态，这种状态称为耗散结构。

1972年，Field、Koros 及 Noyes 三位科学家提出俄勒冈（FKN）模型，用来解释并描述 B-Z 振荡反应的很多性质。该模型包括 20 个基元反应步骤，其中三个有关的变量通过三个非线性微分方程组成的方程组联系起来。该模型如此复杂，以至 20 世纪的数学不能一般地解出这类问题，只能引入各种近似方法。

实验 28　偏摩尔体积的测定

【实验目的】

1. 掌握用比重瓶（图 3-87）测定溶液密度的方法。
2. 加深理解多组分系统中偏摩尔量的概念及物理意义。
3. 测定指定组成的乙醇-水溶液中各组分的偏摩尔体积。

【实验原理】

在一个均匀多组分系统中，系统的总广度量性往往并不是各纯组分广度量的简单加和。因此在研究均匀多组分系统时，引入偏摩尔量的概念，其定义为：

$$X_B = \left(\frac{\partial X}{\partial n_B}\right)_{T, p, n_C(C \neq B)} \tag{3-181}$$

式中，X_B 为系统中 B 组分的偏摩尔量。

则某二组分系统，如乙醇-水溶液，组分乙醇（A）和水（B）的偏摩尔体积分别为：

$$V_A = \left(\frac{\partial V}{\partial n_A}\right)_{T,p,n_B} \tag{3-182}$$

$$V_B = \left(\frac{\partial V}{\partial n_B}\right)_{T,p,n_A} \tag{3-183}$$

溶液的总体积为：

$$V = n_A V_A + n_B V_B \tag{3-184}$$

将式(3-184)，两边同除以溶液质量 m：

$$\frac{V}{m} = \frac{m_A}{M_A} \times \frac{V_A}{m} + \frac{m_B}{M_B} \times \frac{V_B}{m} \tag{3-185}$$

若令

$$\frac{V}{m} = \alpha, \quad \frac{V_A}{M_A} = \alpha_A, \quad \frac{V_B}{M_B} = \alpha_B \tag{3-186}$$

其中，α 为溶液的比体积（单位质量的某特定物质所占的体积，也称为比容）。

将式(3-186) 代入式(3-185)，可得：

$$\alpha = W_A \alpha_A + W_B \alpha_B = (1 - W_B)\alpha_A + W_B \alpha_B \tag{3-187}$$

其中 W_A、W_B 分别为组分 A 和 B 的质量分数。

将式(3-187) 对 W_B 微分，可得：

$$\alpha_B = \frac{\partial \alpha}{\partial W_B} + \alpha_A \tag{3-188}$$

将式(3-188) 代入式(3-187)，整理后得到：

$$\alpha = \alpha_A + W_B \times \frac{\partial \alpha}{\partial W_B} \tag{3-189}$$

$$\alpha = \alpha_B - W_A \times \frac{\partial \alpha}{\partial W_B} \tag{3-190}$$

通过实验，获得不同浓度溶液的比体积 α，以 α 对 W_B 作图，可得如图 3-88 所示的关系曲线。若求质量分数为 M 的溶液中各组分的偏摩尔体积，则通过 M 点作切线，此切线在左右两纵轴的截距 AB 和 $A'B'$ 即为 α_A 和 α_B，再由式(3-186) 求出 V_A 和 V_B。

图 3-87 比重瓶

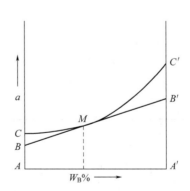

图 3-88 比体积-质量分数关系图

【实验器材及试剂】

1. 实验器材

恒温槽 1 台；分析天平 1 台；50mL 磨口锥形瓶 4 只；10mL 比重瓶 1 只。

2. 实验试剂

无水乙醇（分析纯）；蒸馏水。

【实验步骤】

1. 调节恒温槽温度为 25.0℃。

2. 溶液配制

以乙醇（A）及蒸馏水（B）配制乙醇质量分数分别为 20%，40%，60%，80%，100%的乙醇-水溶液，每份溶液的体积为 30mL。配制过程中详细记录所加入乙醇和蒸馏水的准确质量（参见表 3-56），配制好后盖好磨口塞，避免挥发。

3. 比重瓶体积的标定

用分析天平精确称量一个预先洗净、烘干的比重瓶，然后盛满蒸馏水并塞瓶塞（不可以有气泡存留）。在恒温槽中恒温 15min 后取出，用滤纸迅速擦去毛细管逸出的水滴，擦干外壁，迅速称重。根据水的密度值计算出比重瓶体积。

4. 溶液比体积的测定

将比重瓶中的蒸馏水倒出，用待测溶液润洗 2～3 次（包括毛细管），装入待测溶液，按照步骤 3 测定每份乙醇-水溶液的质量，然后求出比体积。

【注意事项】

1. 恒温时间不能少于 15min。
2. 称量操作要迅速，且不要抓瓶体，以免升温过高，液体由毛细管继续逸出。

【数据记录与处理】

1. 根据 25℃时水的密度（997.05kg·m^{-3}）和称重结果，计算比重瓶的体积。
2. 计算所配制乙醇-水溶液中的精确质量分数，填入表 3-56。

表 3-56　实验数据记录

溶液质量分数/%	0	20	40	60	80	100
空锥形瓶质量/g						
(水＋瓶)质量/g						
(水＋乙醇＋瓶)质量/g						
水的质量 m_B/g						0
乙醇的质量 m_A/g	0					
溶液总质量 m/g						
溶液的精确质量分数/%	0					100

3. 计算 25℃时各溶液的比体积。

4. 以比体积为纵坐标，乙醇的质量分数为横坐标作 $α\sim W_A$ 关系曲线。

5. 计算质量分数为 50% 的乙醇-水溶液中，各组分的偏摩尔体积及 100g 该溶液的总体积。

【思考题】

影响实验结果精度的主要因素是什么？

【注释】

1. 在温度、压力及除了组分 B 以外其余组分的物质的量均不变的条件下，广度量 X 随组分 B 的物质的量 n_B 的变化率 X_B 称为组分 B 的偏摩尔量 (partial molar quantity)。

2. 只有均相系统的广度量才有偏摩尔量；偏摩尔量本身是强度量，它与系统的温度、压力及各组分的组成有关，而与系统内物质的总量无关；对于纯物质的均相系统，偏摩尔量即为该物质的摩尔量。

> **拓展阅读**
>
> 相 (phase) 是热力学的基本概念，是指系统内部物理和化学性能均匀，有明显的边界，用机械方法可以分离出来的部分。均相系统 (homogeneous system) 是指系统内只含一个相。
>
> 1. 一个系统内含有两个及两个以上的相的，称为"多相系统""复相系统"或"非均相系统"。
>
> 2. 构成均相系统的物质可以由一个组分构成，也可以由几个组分构成。
>
> 3. 均相系统的存在，或均相和非均相间的转化不但和其本身组成有关，而且和周围环境条件有关。一杯清水是一个均相系统，当周围温度降至0℃以下，就会成为固、液两相。继续降温，整杯水都变成冰，又成为均匀的一相。
>
> 4. 均相系统和非均相系统间的变化可以是物理变化，也可以是化学变化，甚至伴随着新物质和新相的产生。
>
> 5. 均相系统和非均相系统之间的变化伴随着能量的变化。一杯均相系统的盐水，需要外部加热，使部分水蒸发，才会出现固体盐的析出，变成非均相。

实验 29　液-固界面接触角的测量

【实验目的】

1. 了解液体在固体表面的润湿过程以及接触角的含义与应用。
2. 掌握静滴接触角测量仪测定接触角的方法。

【实验原理】

润湿是自然界和生产过程中常见的现象。通常将固-气界面被固-液界面所取代的过程称为润湿。如水滴在干净玻璃板上可以产生铺展润湿。

当液体与固体接触后，体系的自由能降低。因此，液体在固体上润湿程度的大小可用这一过程自由能降低的多少来衡量。在恒温恒压下，当一液滴放置在固体平面上时，液滴能自动在固体表面铺展开来，或以与固体表面成一定接触角的液滴存在。

假定不同的界面间力可用作用在界面方向的界面张力来表示，则当液滴在固体平面上处于平衡位置时，这些界面张力在水平方向上的分力之和应等于零，这个平衡关系是由 Young 于 1805 年提出，称为杨氏方程，即

$$\gamma^s = \gamma^{sl} + \gamma^l \cos\theta \tag{3-191}$$

式中，γ^s、γ^{sl}、γ^l 分别为固-气、固-液和气-液界面张力；θ 为在固、气、液三相会合点，固-液界面于气-液界面之间的夹角，称为接触角（图 3-89），在 0°～180° 之间。接触角是表征液

体在固体表面润湿性的重要参数之一，由它可了解液体在一定固体表面的润湿程度。

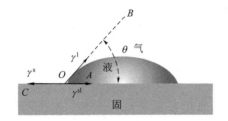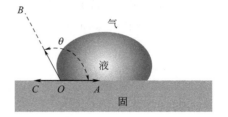

图 3-89　接触角

在恒温恒压下，黏附润湿、铺展润湿过程发生的热力学条件分别是：

黏附润湿　　　　　　　　$W_a = \gamma^s - \gamma^{sl} + \gamma^l \geqslant 0$ 　　　　　　　　(3-192)

铺展润湿　　　　　　　　$S = \gamma^s - \gamma^{sl} - \gamma^l \geqslant 0$ 　　　　　　　　(3-193)

式中，W_a、S 分别为黏附润湿、铺展润湿过程的黏附功、铺展系数。

将式(3-191)代入式(3-192)和式(3-193)，可得：

$$W_a = \gamma^s - \gamma^{sl} + \gamma^l = \gamma^l(1 + \cos\theta) \tag{3-194}$$

$$S = \gamma^s - \gamma^{sl} - \gamma^l = \gamma^l(\cos\theta - 1) \tag{3-195}$$

以上方程说明，只要测定了液体的表面张力和接触角，便可以计算出黏附功、铺展系数，进而可以据此来判断各种润湿现象。还可以看到，接触角的数据也能作为判别润湿情况的依据。通常把 $\theta = 90°$ 作为润湿与否的界限，当 $\theta > 90°$，称为不润湿，当 $\theta < 90°$ 时，称为润湿，θ 越小表明润湿性能越好；当 θ 等于零时，液体在固体表面上铺展，固体被完全润湿。

决定和影响润湿作用和接触角的因素很多。如，固体和液体的性质及杂质、添加物的影响，固体表面的粗糙程度、不均匀性的影响，表面污染等。原则上说，极性固体易为极性液体所润湿，而非极性固体易为非极性液体所润湿。玻璃是一种极性固体，故易为水所润湿。对于一定的固体表面，在液相中加入表面活性物质常可改善润湿性质，并且随着液体和固体表面接触时间的延长，接触角有逐渐变小趋于定值的趋势，这是由于表面活性物质在各界面上吸附的结果。

接触角的测定方法很多，根据直接测定的物理量分为四大类：角度测量法、长度测量法、力测量法、透射测量法。其中，液滴角度测量法是最常用的。它是滴一滴小液滴在平整的固体表面，直接测量接触角的大小。为此，可用低倍显微镜中装有的量角器测量，也可将液滴图像投影到屏幕上或拍摄图像再用量角器测量，这类方法的主要缺陷在于人为误差较大。本实验采用具有影像分析接触角测量仪器，可使用量角法、量高法两种方法测定接触角。

【实验器材及试剂】

1. 实验器材

接触角测量仪；微量注射器；容量瓶；镊子；玻璃载片；涤纶薄片；聚乙烯片；金属片（不锈钢、铜）；称量纸。

2. 实验试剂

蒸馏水；甲醇；乙醇；丙醇；异丙醇；正丁醇；十二烷基苯磺酸钠（质量分数为：0.01%、0.02%、0.03%、0.05%、0.10%、0.15%、0.20%、0.30%）。

【实验步骤】

1. 测量在玻璃载玻片上水滴大小与接触角数值之间的关系，选择测量所需的最佳液滴大小。

2. 测定水在不同固体表面的接触角。

3. 测定相同温度下醇类同系物（甲醇、乙醇、丙醇、异丙醇、正丁醇）在涤纶和玻璃表面的接触角。

4. 同一温度下，测定不同浓度表面活性剂溶液在固体表面的接触角。

【注意事项】

1. 量角法测定接触角时，注意使测量尺与液滴相切。
2. 注意控制滴出液滴的大小。

【数据记录与处理】

记录所得实验数据于表 3-57～表 3-59，并初步讨论所得实验结果的原因。

表 3-57　水在不同固体表面的接触角

固体表面	接触角 θ（量角法）(°)		
	左	右	平均
玻璃			
涤纶			
聚乙烯			
不锈钢			
铜			
称量纸			

表 3-58　醇类同系物在涤纶和玻璃表面的接触角

醇类	接触角 θ（量角法）(°)	
	涤纶	玻璃
甲醇		
乙醇		
丙醇		
异丙醇		
正丁醇		

表 3-59　不同浓度表面活性剂溶液在固体表面的接触角

浓度/%	接触角 θ（量角法）(°)		
	涤纶	玻璃	聚乙烯
0.01			
0.02			
0.03			

续表

浓度/%	接触角 θ(量角法)(°)		
	涤纶	玻璃	聚乙烯
0.05			
0.10			
0.15			
0.20			
0.30			

【思考题】

1. 液体在固体表面的接触角与哪些因素有关?
2. 在本实验中,滴到固体表面上的液滴的大小对所测接触角数值是否有影响?为什么?
3. 实验中滴到固体表面上的液滴的平衡时间对接触角读数是否有影响?

【注释】

1. 决定和影响润湿作用和接触角的因素有很多。如固体和液体的性质及杂质、添加物,固体表面的粗糙程度、不均匀性,表面污染等。

2. 通常情况下,金属与玻璃具有很大的表面自由能,所以水滴在这两种材料上的接触角值应该很小。但如果金属或玻璃的表面存在有机物质,即使有机物质非常少,液滴也会像是出了一个大接触角。

【附录】

JC2000C1 型接触角测量仪的使用说明

1. 开机

双击 JC2000C1 应用程序进入主界面,点击界面右上角的活动图像按钮,可看到摄像头拍摄到的载物台上的图像。

2. 调焦

将进样器或微量注射器固定在载物台上方,调整摄像头焦距倍数,然后旋转摄像头底座的旋钮,调节摄像头与载物台的距离,使得图象效果清晰。

3. 加入样品

一般用量 0.5~1.0μL,可以看到进样器下端出现一个清晰的小液滴。

4. 接样

旋转旋钮使得载物台缓慢上升,触碰到悬挂在进样器下端的液滴后下降。

5. 冻结图像

点击界面上的"冻结图像"按钮将画面固定,再将图像保存。

量角法:点击"量角法",进入测量界面,按"开始"键,打开保存的图像。图像上出现一个由两直线交叉组成的测量尺,调节测量尺的位置。先使测量尺与液滴边缘相切,然后下移测量尺使交叉点到液滴顶端,再旋转测量尺,使其与液滴左端相交,得到接触角的数值。

量高法:点击"量高法",进入测量界面,按"开始"键,打开保存的图像。顺次点击液滴的顶端和液滴的左、右两端与固体表面的交点,即可测出接触角的数值。

拓展阅读

托马斯·杨（Thomas Young，1773—1829 年）英国医生，物理学家，通识学家，光的波动说的奠基人之一。他不仅在物理学领域名享世界，而且涉猎甚广，在力学、数学、光学、声学、语言学、动物学、考古学等领域均有建树。2007年英国出版了一本关于托马斯·杨的书，题目即为"*The Last Man Who Knew Everything*（最后一个什么都懂的人）"。

托马斯·杨

托马斯·杨在物理学上作出的最大贡献是在光学领域，特别是光的波动性质的研究。1801年他进行了著名的杨氏双缝实验，发现了光的干涉性质，证明光以波动形式存在，而不是牛顿所想象的光颗粒。二十世纪初物理学家将杨的双缝实验结果和爱因斯坦的光量子假说结合起来，提出了光的波粒二象性，后来又被德布罗意利用量子力学引申到所有粒子上。

杨首次测量七种光的波长，并最先建立了三原色理论：指出一切色彩都可以由红、绿、蓝这三种原色叠加得到。1800年，托马斯·杨向皇家学会提出了《在声和光方面的实验与问题》的报告，首次提出了声波的叠加原理。

托马斯·杨还被誉为生理光学的创始人。他在1793年发现人类眼球的晶状体会自动调节以辨认所见物体的远近，他也是第一个研究散光的医生。

1804年，托马斯·杨根据表面张力原理发展了毛细管现象理论。1805年，拉普拉斯（Pierre-Simon Laplace）发现了月形装置的半径与毛细作用有关。高斯统一了这两位科学家的工作，推导出 Young-Laplace 方程。

托马斯·杨推导出一个方程，用来描述液滴在平面固体表面上的接触角与自由表面的能量、界面自由能和液体的表面张力之间的关系，后人称之为 Young 方程（杨氏方程）。

1807年，托马斯·杨提出"材料的弹性模量"，定义为"同一材料的一个柱体在其底部产生的压力与引起某一压缩度的重量之比等于该材料长度与长度缩短量之比"。这个定义就是现在通用的杨氏弹性模量。杨氏弹性模量的引入曾被英国力学家乐甫誉为科学史上的一个新纪元。

第4章

研究创新型实验

实验1　核磁共振波谱法测量过渡金属离子的磁矩

【实验背景介绍】

在核磁共振波谱中,质子共振谱线的化学位移取决于所研究介质的体积磁化率。若在某溶液中存在着顺磁性离子和不与此类离子发生作用的惰性物质,则该惰性物质的质子共振谱线由于顺磁离子的存在而导致的化学位移的改变在理论上可用下述方程来表示:

$$\frac{\Delta\nu}{\nu}=\frac{2}{3}(\chi_\nu-\chi_\nu^1) \tag{4-1}$$

式中,$\Delta\nu$(以 Hz 为单位)为溶液中含有和不含顺磁性物质时惰性参考物质 ^{1}H 核磁共振谱线位移的差别;ν 为所用的核磁共振频率(在本实验的情况下 $\nu=60\text{MHz}$);χ_ν 为含有顺磁性物质溶液的体积磁化率;χ_ν^1 为参考溶液的体积磁化率。

例如,在含有顺磁性物质的水溶液中加入一些惰性参考物质叔丁醇(保持其浓度为3%),将上述溶液装在一个底部封结的小玻璃管中,见图4-1。在 NMR 管2中,另配一份不含顺磁性物质的3%的叔丁醇水溶液,然后将1置于2中。在记录谱时我们会发现,正如式(4-1)所表达的那样,由于上述两种溶液的体积磁化率不同,因而我们在谱图上所得到的叔丁醇甲基质子的 NMR 谱线不是一条,而是分立的两条。

溶质的质量磁化率 χ 可用下式表示:

$$\chi=\frac{3\Delta\nu}{2\pi\nu_0 m}+\chi_0+\chi_0\frac{(\alpha_0-\alpha_s)}{m} \tag{4-2}$$

式中,$\Delta\nu$ 为两条谱线间的频差;ν_0 为质子的共振频率;m 为 1mL 溶液中所含顺磁性物质的质量;χ_0 为溶剂的质量磁化率(对于稀的叔丁醇水溶液来说,$\chi_0=-0.72\times10^{-6}\text{cm}^3$);$\alpha_0$ 为溶剂的密度;α_s 为溶液的密度。对于高顺磁性物质来说,最后一项常可忽略不计。而质量磁化率 χ 乘上顺磁性物质的分子量即可换算成摩尔磁化率 χ_m,可近似地认为由"自旋"组分所组成,其抗磁性贡献可以忽略不计,由摩尔磁化率 χ_m 与磁矩的关系可得到:

$$\chi_m=\frac{N_A\mu_B^2}{3KT}\mu^2 \tag{4-3}$$

式中,N_A 是 Avogadro 常数;μ_B 是玻尔磁子,其值为 $9.273\times10^{-21}\text{erg}\cdot\text{G}^{-1}$;$\mu$ 是磁矩(以玻尔磁子为单位);K 是 Boltzman 常数;T 是测量温度(本实验在 34.5℃ 下测量,

$T=307.5\text{K}$)。为了计算磁矩,可将式(4-3)改写为:

$$\mu=\sqrt{\frac{3KT}{N\mu_B^2}}\chi_m=\sqrt{\frac{3\times1.38\times10^{-16}\times307.7}{6.02\times10^{23}\times(9.273\times10^{-21})^2}}\chi_m$$
$$=\sqrt{2.46\times10^3\chi_m}(\mu_B) \qquad (4\text{-}4)$$

磁矩与未成对电子数 n 有如下关系:

$$\mu=\sqrt{n(n+2)}(\mu_B) \qquad (4\text{-}5)$$

由式(4-4)和式(4-5)即可求出过渡元素离子的未成对电子数 n。

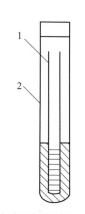

图 4-1 装有待测样品的核磁样品管示意
1—小玻璃管,内装含有顺磁性物质的叔丁醇水溶液;2—NMR 管,内装不含顺磁性物质的叔丁醇水溶液

【实验主要研究内容和目的】

1. 测定含有顺磁性物质的叔丁醇水溶液的质子谱线。
2. 了解核磁共振波谱仪的基本结构和操作方法,加深理解核磁共振波谱的原理。
3. 掌握用核磁共振波谱法测量过渡金属离子磁矩的原理,加深理解磁矩的概念。

【关键技术】

核磁共振波谱仪的原理及操作。

【实验要求】

1. 记录仪上的各控制旋钮不要随便乱动,特别是分辨率旋钮,以免影响信号强度。
2. 样品管及转子在放入"样品管插入口"之前,一定要将样品管外壁擦拭干净,以免有污物被带入"样品管插入口"中,影响样品管的旋转。
3. 从谱图上测量出各样品的 $\Delta\nu(\text{Hz})$ 值;然后计算出 χ_m、m、n。

【参考文献】

[1] 武汉大学化学与分子科学学院实验中心. 物理化学实验 [M]. 武汉:武汉大学出版社,2012.

[2] 高汉宾,张振芳. 核磁共振原理与实验方法 [M]. 武汉:武汉大学出版社,2008.

实验 2　超临界流体色谱分析番茄红素

【实验背景介绍】

超临界流体色谱(supercritical fluid chromatography,SFC)以超临界流体做流动相是依靠流动相的溶剂化能力来进行分离、分析的色谱过程,是 20 世纪 80 年代发展和完善起来的一种新技术。

超临界流体是物质在高于临界压力和临界温度时的一种状态,它具有气体和液体的某些性质,具有气体的低黏度、液体的高密度以及介于气、液之间较高的扩散系数等特征,SFC 是 GC 和 LC 的补充,SFC 可以解决气液色谱分析的难题,它可以分析气相色谱难气化的不挥发性样品,同时具有比高效液相色谱更高的效率,分析时间更短。

超临界流体色谱兼有气相色谱和液相色谱的特点。它既可分析气相色谱不适应的高沸点、低挥发性样品，又比高效液相色谱有更快的分析速度和条件。操作温度主要决定于所选用的流体，常用的有二氧化碳及氧化亚氮。超临界流体容易控制和调节，在进入检测器前可以转化为气体、液体或保持其超临界流体状态，因此可与现有任何液相或气相的检测器相连接，能与多种类型检测器相匹配，扩大了它的应用范围和分类能力，在定性、定量方面有较大的选择范围。还可以用多种梯度技术来优化色谱条件。并且比高效液相色谱法易达到更高的柱效率。

仪器主要由三部分构成，即高压泵、分析单元和控制系统。高压泵系统一般采用注射泵，以获得无脉冲、小流量的超临界流体的输送。分析单元主要由进样阀、分流器、色谱柱、阻力器、检测器构成。控制系统的作用是：控制泵区，以实现超临界流体的压力及密度线性或非线性程序变化；控制炉箱温度，以实现程序升温或程序降温；数据处理及显示等。

番茄红素属于类胡萝卜素的一种。广泛分布于番茄、西瓜、葡萄等各种植物体中。作为多烯芳香烃，番茄红素是很强的抗氧化剂，可以消除血管中的自由基，淬灭单线态氧，对于抑制癌症有一定的效果。近年来，对番茄红素的分析方法的研究也日益增多。常用的方法是 HPLC、TLC 和紫外分光光度法等。这些方法各有特点，HPLC 准确度较高，但有机溶剂耗费多，TLC 设备要求不高，但分析时间长、精密度差，紫外分光光度法比较简单，但由于 β-胡萝卜素等的干扰，容易产生较大的误差。

超临界流体具有高的扩散性和较强的溶解能力，有机溶剂用量少，操作温度低等优点。本实验通过考察色谱柱温度、超临界流体的压力、超临界流体的组成及携带剂浓度等因素对番茄红素分离的影响，为研究番茄红素建立一种有力的分析分离方法。

【实验主要研究内容和目的】

本实验以超临界 CO_2 作为流动相，选择最佳的压力、温度、携带剂，研究番茄红素及其氧化物在 C_{18} 色谱柱上的保留时间的变化规律，确定最佳的分离条件。

【实验关键技术】

1. 番茄红素的提取与净化。
2. 色谱条件的探索。

【实验要求】

1. 要求学生多查文献了解超临界流体色谱在分析天然有机物方面的研究情况及相关的实验方案、实验过程、实验条件等，为本实验提供参考。
2. 试剂的配制要准确。
3. 通过本实验了解仪器构造，掌握操作方法。

【参考文献】

[1] 刘汉兰，陈浩，文利柏. 基础化学实验 [M]. 北京：科学出版社，2009.
[2] 张怡评，洪专，方华，等. 超临界流体色谱分离技术应用研究进展 [J]. 中医药导报，2012，18（7）：89-91.

实验 3　纤维素气凝胶的制备及表征

【实验背景介绍】

气凝胶是诞生于 20 世纪的新技术产品，具有众多优良的性能，如热学性能、声学性能、力学性能、光学性能和电学性能等,其三维多孔网络结构特性赋予了气凝胶在吸附材料领域的价值,已被列为十大热门科学技术之一。国际上气凝胶的研究主要集中于无机、有机和无机-有机复合三类气凝胶,其应用涉及面较为宽广,从民用的建筑材料到航天实验室用的粒子收集器。气凝胶的制备方法不断更新,原料的选择范围也在逐渐在扩大。以纤维素为原料的纤维素气凝胶是最近几年才刚刚起步发展,但其前景受到了各界研究学者的关注,它不仅具备传统气凝胶的特性,同时还增加了可降解和生物相容性等特性。制备纤维素气凝胶的原料来源广泛,主要有天然纤维素、再生纤维素和纤维素衍生物等。相比传统气凝胶,纤维素气凝胶具有更加广阔的应用前景。

【实验主要研究内容和目的】

1. 实验主要研究内容

①纤维素的溶解;②纤维素水凝胶和气凝胶制备;③气凝胶结构和性能表征。

2. 实验目的

以天然纤维素为原料,制备纤维素气凝胶,并对其进行结构性能表征。

【实验关键技术】

1. 纤维素溶剂的选择。
2. 气凝胶制备技术。

【实验要求】

1. 成功获得高孔隙率、低密度的纤维素气凝胶。
2. 表征纤维素气凝胶结构特征。

【参考文献】

[1] 关倩. 木材纤维素气凝胶的制备与性能研究 [D]. 哈尔滨:东北林业大学,2012.

[2] 陶丹丹,白绘宇,刘石林,等. 纤维素气凝胶材料的研究进展 [J]. 纤维素科学与技术,2011,02.

[3] 张菁. 基于纤维素的高性能材料制备 [D]. 上海:复旦大学,2012.

[4] 耿红娟,苑再武,秦梦华,等. 纤维素的溶解及纤维素功能性材料的制备 [J]. 华东纸业,2013,5.

实验 4　二氧化硅气凝胶的制备及表征

【实验背景介绍】

二氧化硅气凝胶作为一种轻质、多孔的新型纳米材料,由于其结构的独特性,使其在高温隔热、吸附、催化等领域具有广阔的应用前景。但目前气凝胶存在制备成本高、力学性能差等问题,严重阻碍了气凝胶的应用发展。因此,研发成本低、工艺简单的制备方法并拓展新产品对二氧化硅气凝胶的应用开发具有重要意义。

【实验目的和主要研究内容】

实验目的:选择一种硅源,制备二氧化硅气凝胶,并对其进行结构性能表征。

主要研究内容:①硅源的水解;②二氧化硅气凝胶的制备;③气凝胶结构和性能表征。

【实验关键技术】
1. 二氧化硅气凝胶的制备方法。
2. 硅源的选择。
3. 水解催化剂的选择。

【实验要求】
获得具有良好力学性能的二氧化硅气凝胶。

【参考文献】
[1] 王妮, 任洪波. 不同硅源制备二氧化硅气凝胶的研究进展 [J]. 材料导报, 2014, 28 (01): 42-45, 58.
[2] 姚连增, 李小毛, 蔡维理, 等. SiO_2 气凝胶的制备与表征 [J]. 硅酸盐学报, 1998 (03): 3-5.

实验5 壳聚糖气凝胶对废水中重金属离子的吸附热力学和动力学研究

【实验背景介绍】
水是最基本的自然资源,然而人类赖以生存的水环境正遭受着各种各样的污染和破坏。采矿、冶炼、涂料等工业造成的含重金属离子废水严重威胁着海洋生物的生存及人类的健康,即使低浓度的重金属离子也能产生严重的污染和破坏。在水污染处理的诸多方法中,吸附法以简单方便、效率高等优点成为水污染处理的一种常用方法。壳聚糖作为吸附剂时不但对水体中的镉、铅、铜等重金属离子吸附效果显著,而且还可抑制细菌活性。气凝胶具有三维网络结构、高比表面积和大量连通的孔,能在吸附过程中将重金属离子固定在孔道内,是吸附剂的良好候选物。因此,以壳聚糖为原料制备具有高比表面积的多孔网络结构的壳聚糖气凝胶用于吸附重金属离子具有广阔的应用前景。

【实验主要研究内容和目的】
1. 实验主要研究内容
①壳聚糖气凝胶的制备;②评价壳聚糖气凝胶对废水中重金属离子的吸附性能;③研究壳聚糖气凝胶对废水中重金属离子的吸附热力学;④研究壳聚糖气凝胶对废水中重金属离子的吸附动力学。
2. 实验目的
以壳聚糖为原料,制备壳聚糖气凝胶,将其应用于废水中重金属离子的吸附,进行吸附热力学和吸附动力学研究。

【实验关键技术】
1. 壳聚糖气凝胶的制备方法。
2. 吸附热力学和吸附动力学研究方法。

【实验要求】
1. 制备出壳聚糖气凝胶。
2. 对壳聚糖气凝胶的重金属离子吸附性能进行评价。

3. 获得壳聚糖气凝胶对废水中重金属离子的吸附热力学规律。
4. 获得壳聚糖气凝胶对废水中重金属离子的吸附动力学规律。

【参考文献】

[1] 李昂. 壳聚糖基气凝胶的制备、改性及性能研究 [D]. 海口：海南大学，2016.

[2] 黄曼雯，刘敬勇，裴媛媛. 废水中重金属处理研究方法综述 [J]. 安徽农学通报，2011，17（14）：98-100.

实验6　椰壳活性炭对水中喹啉的吸附性能及动力学研究

【实验背景介绍】

活性炭是一类具有发达孔隙结构、高比表面积和强吸附能力的多孔碳素材料，在环境治理、食品卫生、医药化工等领域有着广泛应用。喹啉是焦化废水中的典型难降解有机物之一，喹啉类化合物贡献的总有机碳（TOC）占焦化废水总有机物的13.47%，经生化处理后，喹啉类占有机物总质量的5%左右。喹啉类作为内分泌干扰素，直接排放将对环境造成潜在的危害。用活性炭处理废水，设备简单，具有可重复利用、损失小、投资省等优点。

【实验主要研究内容和目的】

1. 实验主要研究内容

①以椰壳为原料制备活性炭；②测试椰壳活性炭在模拟喹啉废水中的吸附性能；③研究椰壳活性炭对水中喹啉的吸附动力学。

2. 实验目的

以海南岛上富产的椰壳为原料，制备具有良好吸附性能的活性炭，并将其应用于水中喹啉的吸附，测量其吸附性能，并进行吸附动力学研究。

【实验关键技术】

1. 椰壳活性炭的制备方法。
2. 利用紫外分光光度法测量溶液中喹啉浓度。

【实验要求】

1. 获得具有良好吸附性能的椰壳活性炭。
2. 获得椰壳活性炭对水中喹啉的吸附动力学方程。

【参考文献】

张培，张小平，方益民，等. 活性炭纤维对水中喹啉的吸附性能 [J]. 化工进展，2013（01）：209-213.

实验7　表面活性剂临界胶束浓度的测定

【实验背景介绍】

表面活性剂是少量加入即可以显著降低表面张力的物质。表面活性剂溶入水中，在低浓度时主要呈单分子状态，有的三三两两相互接触，憎水基团靠拢而分散在水中。当溶液浓度加大到一定程度时，溶液达到饱和状态，液面上出现一层定向排列的表面活性剂分子，在溶液中许多表面活性物质的分子立刻结合成很大的集团，形成"胶束"，如图 4-2 所示。

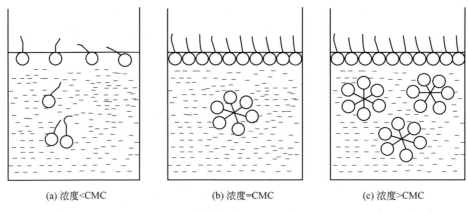

图 4-2　胶束形成过程示意图

表面活性物质在水中形成胶束所需的最低浓度称为临界胶束浓度（critical micelle concentration，CMC）。实验表明，CMC 不是一个确定的数值，而是一个很窄的浓度范围。在 CMC，由于溶液中表面活性剂的存在形式改变导致溶液的物理及化学性质（如表面张力、电导、渗透压、浊度、光学性质等）同浓度的关系曲线出现明显的转折，如图 4-3 所示。因此，CMC 可看作是表面活性剂在溶液的表面活性的一种量度，是表面活性剂的一个比较重要的指标。CMC 越小，则表示此种表面活性剂形成胶束所需浓度越低，达到表面饱和吸附的浓度越低，也就是说只要很少的表面活性剂就可起到乳化、润湿、增溶、起泡等作用。

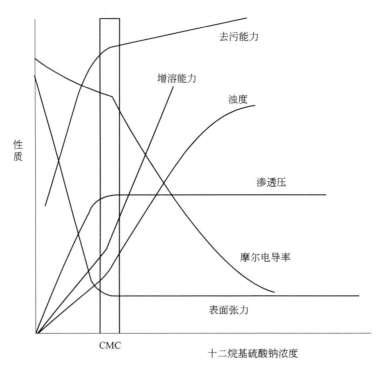

图 4-3　十二烷基硫酸钠水溶液的物理性质和浓度的关系

【实验主要研究内容和目的】

1. 实验主要研究内容

(1) 调研相关文献资料,深入了解表面活性剂临界胶束浓度的概念、在临界胶束浓度时溶液的性质变化特征和临界胶束浓度的测定方法。

(2) 设计以电导法测定表面活性剂(十二烷基硫酸钠)临界胶束浓度的实验方案并在实施过程中完善实验方案。

2. 实验目的

(1) 根据实验内容通过调研文献资料独立设计实验方案。

(2) 了解表面活性剂临界胶束浓度附近溶液的电导率变化特征。

(3) 掌握活性剂临界胶束浓度的测定原理及方法。

【实验关键技术】

1. 电导测定技术

本实验是采用电导法来测定表面活性剂的临界胶束浓度,如何准确测定不同浓度的溶液的电导率是顺利完成本实验的关键技术之一。因此,在实验方案中要详细描述电导测定操作步骤及其注意事项。

2. 温度控制测量技术

温度会影响物质的溶解及溶液的电导率,温度的稳定控制和准确测量也是本实验的关键技术之一。本实验应该设计几组实验温度,在实验方案中要详细描述实验过程温度的稳定控制和准确测量操作步骤及其注意事项。

【实验要求】

先调研相关文献资料,深入了解表面活性剂临界胶束浓度的概念;深入了解在临界胶束浓度时溶液的性质变化特征及原理;深入了解临界胶束浓度测定的各种方法,并进行比较。

在上述学习的基础上,设计以电导法测定表面活性剂(十二烷基硫酸钠)临界胶束浓度的实验方案,实验方案包括实验原理、所需仪器试剂、实验操作步骤及数据处理方法,实施该实验方案并在实施过程中调整和完善实验方案。

【参考文献】

肖衍繁,李文斌. 物理化学 [M]. 天津:天津大学出版社,2004.

实验 8 脯氨酸催化的不对称 Aldol 反应的动力学研究

【实验背景介绍】

Aldol 反应(Aldol reaction)即羟醛缩合反应,既可以在酸催化下反应,也可以在碱催化下反应。在酸催化下,羰基转变成烯醇式,然后烯醇对质子化的羰基进行亲核加成,得到质子化的 β-羟基化合物。在碱性催化剂下,首先生成烯醇负离子,然后烯醇负离子再对羰基发生亲核加成,加成产物再从溶剂中夺取一个质子生成 β-羟基化合物。

不对称羟醛缩合反应产物 β-羟基酮的特殊结构，使其在天然产物的合成中占有非常重要的地位。发展不对称羟醛缩合反应成为有机合成化学中的一项热门研究课题。

不对称羟醛缩合反应大体可以分成两类：一类是将底物酮或酯衍生为烯醇的形式进行反应；另一类是醛与酮之间的直接不对称羟醛缩合反应，如有机小分子的不对称催化反应。有机小分子的不对称催化反应因具有操作简单和原子经济性的显著优点而成为化学家们近年来的研究热点。

近年来，脯氨酸（proline）成为人们研究比较多的一个手性小分子催化剂，其催化的不对称 Aldol 反应在不对称合成中得到了广泛的应用，不仅在于它是廉价易得的原料，而且与其结构也有很大关系。它含有羧基、氨基双官能团，既能起酸催化剂又能起碱催化剂的作用，或者起协同作用，在这一点上类似于酶的作用。

如何定性定量分析不对称反应的进程及手性选择性，这需要应用到物理化学手段。本实验是想让大家根据题目及提示进行文献资料调研、实验方案设计、实施及调整，从头到尾进行一个相对较为完整的动力学研究尝试。

【实验主要研究内容和目的】

1. 实验主要研究内容

（1）调研相关文献资料，深入了解脯氨酸催化的不对称 Aldol 反应的原理、方法和旋光度的测定方法，了解对映异构体选择性的表示方法。

（2）设计脯氨酸催化的丙酮和异丁醛不对称 Aldol 的反应速率及不对称选择性和反应温度的关系的实验方案，并在实施过程中完善该实验方案。

2. 实验目的

（1）根据实验内容通过调研文献资料独立设计实验方案。
（2）了解对映异构体选择性的表示方法，了解不对称小分子催化合成的原理。
（3）掌握脯氨酸催化的不对称 Aldol 反应的方法。
（4）掌握用旋光度法来研究手性合成的方法。

【实验关键技术】

1. 旋光度测定技术

本实验是采用旋光度法来分析和判断反应的进度及非外消旋体纯度的，如何准确测定不同反应时间反应体系和反应产物的旋光度，是本实验的关键技术之一。

2. 反应体系总的旋光度和反应产物异构体纯度的关联技术

反应体系的旋光度是反应体系中所有物质的旋光度的总和，如果想通过测定反应体系总的旋光度来判断反应的进度及异构体纯度，就必须构建反应体系总的旋光度和反应产物异构体纯度的关联技术，在该技术里面还要增加哪些辅助手段？这也是本实验在方案设计时要解决的关键技术之一。

3. 温度控制和测量技术

温度会影响反应的速率和手性选择性，本实验应该设计多组实验温度，温度的稳定控制和准确测量也是本实验的关键技术之一。因此，在实验方案中也要详细描述实验过程温度的稳定控制和准确测量操作步骤及其注意事项。

【实验要求】

先进行相关文献资料调研，深入了解脯氨酸催化的不对称 Aldol 反应的方法；了解对映异构体选择性的表示方法；深入了解旋光度的测定方法及旋光度和反应产物异构体纯度的关联方法。

根据以上研究学习，设计脯氨酸催化的丙酮和异丁醛不对称 Aldol 的反应速率及不对称选择性和反应温度的关系的实验方案，实验方案要求包括实验原理、所需仪器试剂、实验操作步骤及数据处理方法。实施该实验方案并在实施过程中调整和完善实验方案。

另外，由于实验过程用到多种挥发性有机试剂，在实验方案中要将各试剂的危险性（毒性、易燃易爆性）做简单说明，并且要在各实验步骤中加入防护方法。

【参考文献】

柯桢，马楠，王筱平，等. 脯氨酸催化的不对称 Aldol 反应的研究进展 [J]. 化学研究，2006，17（4）：96-101.

实验 9　超临界技术萃取分离西芹化感物质的研究

【实验背景介绍】

超临界流体（supercritical fluid，SF）是物质处于稍高于临界温度（T_c）和临界压力（p_c）以上，介于气体和液体之间的一种高密度流体，它具有气体和液体的双重特性。SF 的密度与液体相近，黏度却与气体相近，而扩散系数比液体大得多。由于溶解过程包含分子间的相互作用和扩散作用，因此 SF 对许多物质有很强的溶解能力。这些特性使得超临界流体成为一种好的萃取剂，且在稍高于临界点的区域内，很小的压力变化可引起其密度的很大变化，从而引起溶解度的很大变化。人们利用超临界流体的这种性质，通过调节压力和温度改变超临界流体的溶解能力来提取分离混合物的某些物质，这种技术称为超临界流体萃取（SFE，简称超临界萃取）。操作时，将超临界流体与待分离的物质在萃取釜中充分接触，使其有选择性地依次把极性大小、沸点高低和相对分子质量大小的成分萃取出来。对应各压力范围所得到的萃取物不可能是单一的，但可以控制条件得到最佳比例的混合成分，然后借助减压、升温的方法使超临界流体变成普通气体，在分离釜中被萃取物质析出，从而达到分离提纯的目的。超临界萃取由于具有无毒、无污染、操作简单及能耗低等优点，正在得到越来越广泛的应用。

二氧化碳（CO_2）是最常用的超临界流体，这是因为：CO_2 是一种无毒、廉价的气体，在使用过程中稳定、安全、可避免产品的氧化，并且无有害溶剂的残留，其临界温度和临界压力低（$T_c=31.06℃$，$p_c=7.39MPa$），操作条件温和，对有效成分的破坏少，萃取效率高，特别适合于处理热敏性物质，可使高沸点、低挥发度、易热解的物质远在其沸点之下被萃取出来。局限性是对油溶性成分溶解能力较强而对水溶性成分溶解能力较弱。

在应用超临界萃取时，必须对影响萃取效率的各种因素加以考虑，影响因素主要有萃取压力、萃取温度、萃取颗粒大小、CO_2的流量、夹带剂的选择等，优化的操作条件才能使萃取处于最佳的状态。

化感作用是指植物或微生物的代谢分泌物对周围环境中其他植物或微生物的有利或有害的作用，其产生的化学物质称为化感物质（allelochemicals）。利用化感作用防治植物病害是当今植物保护的新途径。黄瓜枯萎病是世界性根际土传病害，发病率高，严重威胁和阻碍黄瓜生产，据研究，西芹鲜根及根际区物各浸提液对黄瓜枯萎病菌的生长具有化感作用，在一定浓度范围内对黄瓜枯萎病菌有明显的化感抑制作用，浓度越高，抑制作用越强。

研究者对西芹鲜根及根际区物不同浸提液二次色谱分离后化感效应最佳流分进行分离鉴定，得出：西芹鲜根与根际区物丙酮浸提液二次色谱分离后化感效应最佳流分的主要化感成分为 2-丙烯酸十五烷基酯；西芹鲜根与根际区物乙醇浸液二次色谱分离后化感效应最佳流分的主要化感成分均为 4-二甲氨基-2-甲基-1-苯基-2-丁-醇、8-十八烯酸甲酯、棕榈酸甲酯、十八烷二烯酸甲酯；西芹鲜根与根际区物蒸馏水浸液二次色谱分离后化感效应最佳流分的主要化感成分为十六烷基二甲基叔胺、14-甲基十五烷酸甲酯、六甲基环三硅氧烷、（E）-9-十八烯酸甲酯、蓖麻油酸甲酯、16-甲基十七烷酸甲酯。

现用超临界萃取技术分离西芹鲜根及根际区化感物质，改进化感物质的提取方法，以期促进西芹化感物质在农业生产上的应用。

【实验主要研究内容和目的】

1. 实验主要研究内容
用超临界萃取技术分离西芹鲜根及根际区物化感物质。
2. 实验目的
（1）掌握超临界萃取的实验技术。
（2）超临界萃取技术分离西芹鲜根及根际区物化感物质的工艺设计。

【实验关键技术】

（1）超临界 CO_2 萃取仪的使用方法。
（2）正确提取和保护西芹鲜根及根际区化感成分的实验方法。
（3）超临界萃取的影响因素控制。

【实验要求】

（1）查看相关说明书掌握仪器的使用方法。
（2）查阅相关文献资料，制定西芹鲜根及根际区化感成分浓缩液的制备方法。
（3）查阅相关文献资料，了解超临界萃取技术的实验方法。
（4）超临界萃取工艺设计，主要影响因素为压力、温度、萃取时间、萃取流量等。

【参考文献】

[1] 天津大学物理化学教研室. 物理化学. 6版上、下册 [M]. 北京：高等教育出版社，2017.

[2] 张四方. 化学创新实验 [M]. 北京：中国石化出版社，2000.

[3] 陈磊. 西芹根物质与挥发物对黄瓜枯萎病菌的化感作用、机理及化感物质分离纯化的研究 [D]. 呼和浩特：内蒙古农业大学，2012.

实验 10　不同食用油热值的测定

【实验背景介绍】

科学家伯斯路特在 1881 年发明了用氧弹量热计测定物质燃烧热的方法，该方法是把一定量的样品，放在充有高压纯氧的氧弹中完全燃烧，并使样品燃烧放出的热量通过弹筒传递给水及仪器系统，再根据水温的变化计算出样品的发热量。此法在实际生产和教学实践中都应用广泛，其不仅用于测定有机物的燃烧值，还扩展到其他反应热和能量的测定以及用于环境样品分析的前处理和无机材料的合成。

食用油的热值即它的热力学能，可作为人食用后体内生化反应释放热量的衡量依据。其热值也是开发油料作物的参考数据之一。高热值食品极易引起肥胖，并进一步诱发其他疾病，低热值食物能起到防肥瘦身、预防各种疾病和延年益寿的作用，故可将食用油热值与不饱和脂肪酸含量等指标结合起来作为选择食用油的依据。

测定食用油的热值实验可使学生掌握可燃但不易燃液体样品热值的测定方法，便于从营养学角度了解食用油的性质。

【实验主要研究内容和目的】

1. 实验主要研究内容

测定大豆油、花生油、调和油、菜籽油、花生油、橄榄油、茶油、猪油的热值，比较其热值的大小。

2. 实验目的

（1）进一步熟悉氧弹式量热计的使用方法。

（2）掌握用氧弹式量热计测定液体样品燃烧热的方法。

（3）比较不同食用油的热值。

【实验关键技术】

（1）氧弹式量热计的使用方法（使用方法见第 3 章实验 2）。

（2）确保样品燃烧完全是获得良好实验结果的前提。可燃液体样品容易挥发的，可采用医用胶囊作为装样容器，装好液体样品的胶囊一定要竖立放置在氧弹中，同时为防止胶囊在氧弹中破裂，在胶囊的顶部留有一针尖大小的孔，以保证胶囊在氧弹中内外压力相同，再置于引燃物上点燃测定。如液体的沸点高，挥发性小，可直接放于燃烧皿中测定。

（3）食用植物油燃点均很高，单靠细引燃丝燃烧产生的温度无法达其燃点，需在样品杯中加入具有合适燃点、与样品不混溶、密度不大于样品、挥发性又不是很强的液体可燃物作为助燃剂，如乙醇。

（4）掌握雷诺图解法校正温度的方法，具体参见第 3 章实验 2 燃烧热的测定。

【实验要求】

（1）用苯甲酸标定量热计的热容。

（2）依次测定大豆油、花生油、调和油、菜籽油、花生油、橄榄油、茶油、猪油的燃烧热，每次测定需要更换内筒的水并校正温度。

（3）用雷诺图解法校正各次测定的温度差，计算各食用油的恒容燃烧热，并进行比较和评价。

【参考文献】

[1] 刘志明，孙清瑞，张爱武，等．食品专业化学热力学创新实验教学［J］．实验室研究与探索，2011，30（1）：78-81.

[2] 田华玲，粟智，王英波．氧弹燃烧技术应用研究进展［J］．光谱实验室，2012，29（6）：3888-3893.

[3] 粟智，申重，刘丛．食用大豆油热值的测定［J］．大豆科学，2006，25（4）：458-459，30.

[4] 何广平，等．物理化学实验［M］．北京：化学工业出版社，2008.

实验 11　固相配位反应及配合物性质表征

【实验背景介绍】

近年来，金属配合物在催化、材料、生物活性等方面得到了广泛应用，因此该类化合物的研究引起了人们的广泛兴趣。南京大学新泉等在固相化学反应的合成及机理研究方面做了许多有意义的工作。为低热温度固相合成法最终走向应用做出了积极贡献。由于 8-羟基喹啉（Hoxine）的过渡金属配合物具有杀菌、灭虫等功能，因此，开展 8-羟基喹啉与过渡金属离子反应及其配合物合成的研究工作很有意义。但前人的工作大都局限于液相反应，根据文献报道，在室温下将 8-羟基喹啉与醋酸铜固相混合搅拌，可发生固相配位反应，用元素分析、红外光谱 IR、热重分析-热差分析 TG-DTA 等对配合物进行表征。科研工作者对这类化合物非常关注，其正被广泛应用于医学，其配合物的用途正在被研发。

【实验内容主要研究和目的】

1. 了解固相配位反应的基本特征。
2. 通过 8-羟基喹啉与醋酸铜固相配位反应合成配合物 $Cu(oxin)_2 \cdot H_2O$。
3. 用元素分析、IR、TG-DTA 等对配合物进行表征。
4. 用热分析法研究配合物的热分解动力学性质。

根据每个升温速率下分解过程的 DTG 峰温 T_p，用 Kissinger 方法，将不同升温速率 β 以及相应 DTG 曲线上峰温 T_p 代入公式：

$$\frac{d\ln\left(\frac{\beta}{T_p^2}\right)}{d(1/T_p)} = -\frac{E_a}{R}$$

即：$\ln(\beta/T_p^2) = -\frac{E_a}{R}\frac{1}{T_p} + C$，$\ln(\beta/T_p^2)$ 对 $1/T_p$ 作图，直线斜率即为 $-E_a/R$，因此可求得该热分解反应的活化能 E_a。

【实验关键技术】

用元素分析、IR、TG-DTA 等对配合物进行表征。

【实验要求】

1. 所有试剂使用前均需进行提纯和干燥，仪器和样品通氮气保护。
2. 合成配合物，计算产物的产率。
3. 根据产物各种元素的计算值和实验值进行比较，判断产物的纯度。
4. 列出产物红外光谱的主要吸收峰，并判断其归属。
5. 试比较二水醋酸铜（$CuAc_2 \cdot 2H_2O$）、8-羟基喹啉（8-Hoxine）和配合物 $Cu(oxin)_2 \cdot H_2O$ 之间的热分析图谱。
6. 用热分析法测定产物热分解反应的活化能。

【参考文献】

[1] 周益明，折新泉. 低热相合成化学 [J]. 无机化学学报，1999，15（3）：273-292.

[2] 贾殿赠，李昌雄，傅岩，等. 固相配位化学反应研究，一步法室温（准室温）固相化学反应合成 8-羟基喹啉的 Co(Ⅱ)、Ni(Ⅱ)、Cu(Ⅱ)、Zn(Ⅱ) 配合物 [J]. 化学学报，1993，51（4）：363-267.

[3] 武汉大学化学与分析科学学院实验中心. 物理化学实验 [M]. 武汉：武汉大学出版社，2004.

[4] Kisainger H E. *Anal Chem*，1957，29（11）：1702.

[5] 沂新泉，郑丽敏. 室温和低热温度一周相反应合成化学 [J]. 大学化学，1994，9（6）：1-7.

实验 12　稀土改性固体超强酸催化剂的合成及性质表征

【实验背景介绍】

化学工业中广泛应用多相催化反应，反应物与催化剂分属两个相，反应则在两相界面上进行，它与催化剂的表面特性密切相关，催化剂的表面是不均匀的，其中只有一小部分具有催化活性，通常称为活性中心。例如固体超强酸是乙酸/正丁醇酯化反应的催化剂，固相催化剂催化液相反应物，反应活性中心是 SO_4^{2-}。固体超强酸具有易与产品分离、无腐蚀性、对环境危害小、可重复利用等诸多优点，被广泛应用于烷基化异构化、酯化、酰基化、聚合以及氧化等反应过程中。其中 SO_4^{2-}/ZrO_2 催化剂因具有酸强度高、制备容易等优点而受到更广泛的关注。虽然 SO_4^{2-}/ZrO_2 固体超强酸催化剂从发现到现在已经有 20 多年了，且具有制备容易、酸性强、不怕水等优点，但是一直没有实现工业化。其原因主要是 SO_4^{2-}/ZrO_2 固体超强酸催化剂还存在一些缺点，比如热稳定性差，从而限制了它被应用于工业生产中。为解决 SO_4^{2-}/ZrO_2 固体超强酸研究过程中存在的问题（催化剂热稳定性差），可以通过引入稀土元素来改变 SO_4^{2-}/ZrO_2 催化剂的结构和性能，从而为这种高效环保的新型催化材料能够尽快应用于实际中做出探索性研究。

固体超强酸催化剂的主要表征技术：红外光谱仪、热重差热分析仪、紫外光谱仪、比表面吸附仪等催化剂表征技术。借助上述技术，对固体超强酸催化剂的结构、比表面积、表面酸类型、酸强度、酸性、酸性分布、晶型和晶类等进行定性或定量测定，并与探针反应机理、反应条件相关联，从而确定结构与固体超强酸性能的关系。

本实验主要研究通过加入一定量 La 元素对 SO_4^{2-}/ZrO_2 催化剂性质的影响。

【实验主要研究内容和目的】

1. 制备 SO_4^{2-}/ZrO_2 及 $SO_4^{2-}/La_xZr_{1-x}O_2$ 催化剂，熟悉固体超强酸催化剂的制备方法。
2. 学会红外光谱仪、热重差热分析仪、紫外光谱仪、比表面吸附仪等的使用。
3. 在酯化反应中评价催化性能。

【实验关键技术】

红外光谱仪、热重差热分析仪、紫外光谱仪、比表面吸附仪等催化剂表征技术。

【实验要求】

1. 在进行催化剂制备以前，一定要校准 pH 计。
2. 滴加稀氨水的过程要缓慢。
3. 反应过程中，不能走开，要经常观察分水器中水的量，并控制好分水器中水的量。
4. 采用 KOH-乙醇溶液滴定混合液时，混合液的最终颜色为淡粉红色，操作时要耐心。
5. 记下消耗的 KOH-乙醇溶液体积 V_0，计算酯化率。

【参考文献】

[1] 田部浩三，小野嘉夫，服部英，等．新固体酸和碱及其催化作用 [M]．郑标彬，王公慰，张盈珍，等译．北京：化学工业出版社，1991.

[2] 田都三．超强酸和超强碱 [M]．崔圣范，译．北京：化学工业出版社，1987.

[3] Ookawa M, Ninomiya'y, Taga M, et al. Book of Abstracts for third Tokyo conference on advanced catalytie science and technology [C]. Tokyo，1998.

附　　录

附录 1　国际单位制的基本单位

量的中文名称	量的英文名称	单位名称	单位符号
长度	distance	米	m
质量	weight	千克	kg
时间	time	秒	s
电流	current	安[培]	A
热力学温度	temperature	开[尔文]	K
发光强度		坎[德拉]	cd
物质的量	mole weight	摩[尔]	mol

注：去掉方括号及方括号中的字即为其名称的简称。以下各表用法相同。

附录 2　国际单位制中具有专用名称的导出单位

量的名称	单位名称	单位符号	其他表示方法
[平面]角	弧度	rad	
立体角	球面度	sr	
频率	赫[兹]	Hz	s^{-1}
力	牛[顿]	N	$m \cdot kg \cdot s^{-2}$
压强、压力、应力	帕[斯卡]	Pa	$N \cdot m^{-2}$
能[量]、功、热量	焦[耳]	J	$N \cdot m$
电荷[量]	库[仑]	C	$A \cdot s$
功率、辐[射能]通量	瓦[特]	W	$J \cdot s^{-1}$
电位[电势]、电压、电动势	伏[特]	V	$W \cdot A^{-1}$
电容	法[拉]	F	$C \cdot V^{-1}$
电阻	欧[姆]	Ω	$V \cdot A^{-1}$
电导	西[门子]	S	$Ω^{-1}$
磁通[量]	韦[伯]	Wb	$V \cdot s$
磁感应强度、磁通[量]密度	特[斯拉]	T	$Wb \cdot m^{-2}$
电感	亨[利]	H	$Wb \cdot A^{-1}$
摄氏温度	摄氏度	℃	
光通量	流[明]	lm	$cd \cdot sr$
[光]照度	勒[克斯]	lx	$lm \cdot m^{-2}$

续表

量的名称	单位名称	单位符号	其他表示方法
[放射性]活度	贝可[勒尔]	Bq	s^{-1}
吸收剂量、比授[予]能、比释动能	戈[瑞]	Gy	$J \cdot kg^{-1}$
剂量当量	希[沃特]	Sv	$J \cdot kg^{-1}$

附录3　常用物理化学常数

常数名称	符号	数值	单位
重力加速度	g	9.80665	$m \cdot s^{-2}$
真空中光速	c_0	2.99792458×10^8	$m \cdot s^{-1}$
普朗克常量	h	$6.6260755 \times 10^{-34}$	$J \cdot s$
玻尔兹曼常数	k	1.380658×10^{-23}	$J \cdot K^{-1}$
阿伏加德罗常数	L, N_A	6.0221367×10^{23}	mol^{-1}
法拉第常数	F	9.6485309×10^4	$C \cdot mol^{-1}$
元电荷	e	$1.60217733 \times 10^{-19}$	C
电子[静]质量	m_e	$1.6605402 \times 10^{-27}$	kg
质子[静]质量	m_p	$1.6605402 \times 10^{-27}$	kg
中子[静]质量	m_n	$1.6605402 \times 10^{-27}$	kg
玻尔半径	a_0	$5.29177249 \times 10^{-11}$	m
玻尔磁子	μ_B	$9.2740154 \times 10^{-24}$	$A \cdot m^2$
核磁子	μ_N	$5.0507866 \times 10^{-27}$	$A \cdot m^2$
理想气体摩尔体积 ($p=101.325kPa, t=0℃$)	$V_{m,0}$	22.41410×10^{-3}	$m^3 \cdot mol^{-1}$
摩尔气体常数	R	8.314510	$J \cdot mol^{-1} \cdot K^{-1}$
水的冰点		273.15	K
水的三相点		273.16	K
里德伯常量	R_∞	1.0973731534×10^7	m^{-1}
真空磁导率	μ_0	12.56637×10^{-7}	$H \cdot m^{-1}$
真空介电常数(真空电容率)	e_0	8.854188×10^{-12}	$F \cdot m^{-1}$
精细结构常数	a	$7.29735308 \times 10^{-3}$	

附录4　压力单位换算

帕斯卡 (Pa)	工程大气压 (at)	毫米水柱 (mmH_2O)	标准大气压 (atm)	毫米汞柱(0℃) (mmHg)	巴 (bar)
1	1.02×10^{-5}	0.102	9.86923×10^{-6}	0.0075	1×10^{-5}
98067	1	10^4	0.9678	735.6	0.980665
9.807	0.0001	1	0.9678×10^{-4}	0.0736	9.80665×10^{-5}
101325	1.033	10332	1	760	1.01325
133.322	0.00036	13.6	1.31579×10^{-3}	1	1.33322×10^{-3}
1×10^5	1.01972	10.1972×10^3	0.986923	750.061	1

注：以水柱表示压力时用4℃时纯水的密度为标准。

附录5 能量单位换算

焦耳(J)	千克力米(kgf·m)	千瓦时(kW·h)	千卡(kcal)	升大气压(L·atm)
1	0.102	277.8×10⁻⁹	239×10⁻⁶	9.869×10⁻³
9.807	1	2.724×10⁻⁶	2.342×10⁻³	9.679×10⁻³
3.6×10⁶	367.1×10³	1	859.845	3.553×10⁴
4186.8	426.935	1.163×10⁻³	1	41.29
101.3	10.33	2.814×10⁻⁵	0.024218	1

附录6 不同温度下水的饱和蒸气压

温度/℃	饱和蒸气压/Pa	温度/℃	饱和蒸气压/Pa	温度/℃	饱和蒸气压/Pa
0	611.29	15	1705.6	30	4245.5
1	657.31	16	1818.5	31	4495.3
2	705.31	17	1938.0	32	4757.8
3	758.64	18	2064.4	33	5033.5
4	813.31	19	2197.8	34	5322.9
5	872.60	20	2338.8	35	5626.7
6	934.64	21	2487.7	40	7381.4
7	1001.3	22	2644.7	45	9589.8
8	1073.3	23	2810.4	50	12344
9	1148.0	24	2985.0	60	19932
10	1228.1	25	3169.0	70	31176
11	1312.9	26	3362.9	80	47373
12	1402.7	27	3567.0	90	70117
13	1497.9	28	3781.8	100	101325
14	1598.8	29	4007.8		

附录7 不同温度下水的表面张力

温度/℃	0	5	10	11	12	13	14	15	16
表面张力/mN·m⁻¹	75.64	74.92	74.22	74.07	73.93	73.78	73.64	73.49	73.34
温度/℃	17	18	19	20	21	22	23	24	25
表面张力/mN·m⁻¹	73.19	73.05	72.90	72.75	72.59	72.44	72.28	72.13	71.97
温度/℃	26	27	28	29	30	35	40	45	
表面张力/mN·m⁻¹	71.82	71.66	71.50	71.35	71.18	70.38	69.56	68.74	

附录 8 不同温度下水和乙醇的折射率

温度/℃	$n_水$	$n_{99.8\%乙醇}$	温度/℃	$n_水$	$n_{99.8\%乙醇}$
0	1.33401		26	1.33241	1.35803
6	1.33385		27	1.33230	
10	1.33369		28	1.33219	1.35721
15	1.33341		29	1.33206	
16	1.33333	1.36210	30	1.33192	1.35639
17	1.33325		32	1.33164	1.35557
18	1.33317	1.36129	34	1.33136	1.35474
19	1.33308		36	1.330107	1.35390
20	1.33299	1.36048	38	1.33079	1.35306
21	1.33290		40	1.33051	1.35222
22	1.33281	1.35967	46	1.32959	1.34969
23	1.33272		50	1.32894	1.34800
24	1.33262	1.35885	54	1.32827	1.34629
25	1.33252				

注：相对于空气，钠光波长为 589.3nm。

附录 9 不同温度下液体的密度

单位：kg·m^{-3}

温度/℃	水	乙醇	环己烷	丁醇	乙酸乙酯
0	999.8395	806.25			924.4
5	999.9638	802.07		820.4	918.6
10	999.6996	797.88	786.9		912.7
11	999.6051	797.04			
12	999.4974	796.20	785.0		
13	999.3771	795.35			
14	999.2444	794.51		813.5	
15	999.0996	793.67			
16	998.9430	792.83			
17	998.7749	791.98			
18	998.5956	791.14	783.6		
19	998.4052	790.29	778.0		
20	998.2041	789.45			900.8

续表

温度/℃	水	乙醇	环己烷	丁醇	乙酸乙酯
21	998.9925	788.60			
22	997.7705	787.75		807.2	
23	997.5385	786.91	773.6		
24	997.2965	786.06			
25	997.0449	785.22			
26	996.7837	784.37			
27	996.5132	783.52			
28	996.2335	782.67			
29	995.9445	781.82			
30	995.6473	780.97	767.8	800.7	888.8
31	995.3410	780.12			
32	995.0262	774.27			
33	999.2030	778.41			
34	994.3715	777.56			
35	994.0319	776.71			
36	993.6842	775.85			
37	993.3287	775.20			
38	992.9653	774.14			
39	992.5943	773.29			
40	992.2158		759.7		876.5
41	991.8298				
42	991.4364				
43	991.0358				
44	990.6280				
45	990.2132				
46	989.7914				
47	989.3628				
48	988.9273				
49	988.4851				
50	988.0363		750.4		863.9
60	983.1989		740.8		851.1
70	977.7696		731.1		838.0
80	971.7978		721.2		824.6
90	965.3201		711.1		810.8
100	958.3637		700.7		796.6

附录10 常用液体的蒸气压

物质名称	分子式	温度范围/℃	A	B	C
水	H_2O	60～150	7.96681	1668.21	228
水	H_2O	0～60	8.10765	1750.286	235
丙酮	C_3H_6O	—	7.02447	1161	224
苯	C_6H_6	—	6.90565	1211.033	220.79
甲苯	C_7H_8	—	6.95464	1341.8	219.482
甲醇	CH_4O	−20～+140	7.87863	1473.11	230
甲醚	C_2H_6O	—	6.73669	791.184	230
甲酸	CH_2O_2	—	6.94459	1295.26	218
甲酸甲酯	$C_2H_4O_2$	—	7.13623	1111	229.2
甲酸乙酯	$C_3H_6O_2$	−30～+235	7.117	1176.6	223.4
乙酸甲酯	$C_3H_6O_2$	—	7.20211	1232.83	228
三氯甲烷	$CHCl_3$	−30～+150	6.90328	1163.03	227.4
三乙胺	$C_6H_{15}N$	0～130	6.8264	1161.4	205
四氯化碳	CCl_4	—	6.9339	1242.43	230
乙腈	C_2H_3N	—	7.11988	1314.4	230
乙醚	$C_4H_{10}O$	—	6.78574	994.195	210.2
乙醇	C_2H_6O	—	8.04494	1554.3	222.65
乙二醇	$C_2H_6O_2$	25～112	8.2621	2197	212
乙二醇	$C_2H_6O_2$	112～340	7.8808	1957	193.8
正丙醇	C_3H_8O	—	7.99733	1569.7	209.5
异丙醇	C_3H_8O	0～113	6.6604	813.055	132.93
异丁烷	C_4H_{10}	—	6.74808	882.8	240
异戊烷	C_5H_{12}	—	6.78967	1020.012	233.097
正丁烷	C_4H_{10}	—	6.83029	945.9	240
正戊烷	C_5H_{12}	—	6.85221	1064.63	232
正己烷	C_6H_{14}	—	6.87776	1171.53	224.366
环己烷	C_6H_{12}	−50～200	6.84498	1203.526	222.863
正庚烷	C_7H_{16}	—	6.9024	1268.115	216.9
正辛烷	C_8H_{18}	−20～+40	7.372	1587.81	230.07
正辛烷	C_8H_{18}	20～200	6.92374	1355.126	209.517

根据表中给出常数 A、B、C，采用 Antoine 公式计算不同物质在不同温度下蒸气压。Antoine 公式：

$$\lg p = A - B/(t+C)$$

式中　p——物质的蒸气压，mmHg，1mmHg＝0.133kPa；

t——温度，℃。

附录11 某些溶剂的摩尔凝固点降低常数

溶剂	化学式	凝固点 T_f/℃	摩尔凝固点降低常数 K_f/℃·kg·mol^{-1}
乙酸	$C_2H_4O_2$	16.66	3.9
四氯化碳	CCl_4	−22.95	29.8
1,4-二噁烷	$C_4H_8O_2$	11.8	4.63
1,4-二溴代苯	$C_6H_4Br_2$	87.3	12.5
苯	C_6H_6	5.533	5.12
环己烷	C_6H_{12}	6.54	20.0
萘	$C_{10}H_8$	80.290	6.94
樟脑	$C_{10}H_{16}O$	178.75	37.7
水	H_2O	0	1.86

附录12 标准电极电势（25℃）

电极	电对平衡式	标准电极电势 $E^\ominus$/V
Li^+/Li	$Li^+(aq)+e^- \rightleftharpoons Li(s)$	−3.040
K^+/K	$K^+(aq)+e^- \rightleftharpoons K(s)$	−2.931
Ca^{2+}/Ca	$Ca^{2+}(aq)+2e^- \rightleftharpoons Ca(s)$	−2.868
Mg^{2+}/Mg	$Mg^{2+}(aq)+2e^- \rightleftharpoons Mg(s)$	−2.372
Al^{3+}/Al	$Al^{3+}(aq)+3e^- \rightleftharpoons Al(s)$	−1.662
Zn^{2+}/Zn	$Zn^{2+}(aq)+2e^- \rightleftharpoons Zn(s)$	−0.7618
Cr^{3+}/Cr	$Cr^{3+}(aq)+3e^- \rightleftharpoons Cr(s)$	−0.744
$Fe(OH)_3/Fe(OH)_2$	$Fe(OH)_3(s)+e^- \rightleftharpoons Fe(OH)_2(s)+OH^-(aq)$	−0.56
Cd^{2+}/Cd	$Cd^{2+}(aq)+2e^- \rightleftharpoons Cd(s)$	−0.403
$PbSO_4/Pb$	$PbSO_4(s)+2e^- \rightleftharpoons Pb(s)+SO_4^{2-}(aq)$	−0.3588
Co^{2+}/Co	$Co^{2+}(aq)+2e^- \rightleftharpoons Co(s)$	−0.28
H_3PO_4/H_3PO_3	$H_3PO_4(aq)+2H^+(aq)+2e^- \rightleftharpoons H_3PO_3(aq)+H_2O(l)$	−0.276
Ni^{2+}/Ni	$Ni^{2+}(aq)+2e^- \rightleftharpoons Ni(s)$	−0.257
AgI/Ag	$AgI(s)+e^- \rightleftharpoons Ag(s)+I^-(aq)$	−0.1522
Hg_2Cl_2/Hg	$Hg_2Cl_2(s)+2e^- \rightleftharpoons 2Hg(l)+2Cl^-(aq)$	0.268
Cu^{2+}/Cu	$Cu^{2+}(aq)+2e^- \rightleftharpoons Cu(s)$	0.3419
O_2/OH^-	$O_2(g)+2H_2O(l)+4e^- \rightleftharpoons 4OH^-(aq)$	0.401
Cu^+/Cu	$Cu^+(aq)+e^- \rightleftharpoons Cu(s)$	0.521

续表

电极	电对平衡式	标准电极电势 $E^{\ominus}/V$
I_2/I^-	$I_2(s) + 2e^- \rightleftharpoons 2I^-(aq)$	0.5355
O_2/H_2O_2	$O_2(g) + 2H^+(aq) + 2e^- \rightleftharpoons H_2O_2(aq)$	0.695
Fe^{3+}/Fe^{2+}	$Fe^{3+}(aq) + e^- \rightleftharpoons Fe^{2+}(aq)$	0.771
Ag^+/Ag	$Ag^+(aq) + e^- \rightleftharpoons Ag(s)$	0.7996
ClO^-/Cl^-	$ClO^-(aq) + H_2O(l) + 2e^- \rightleftharpoons Cl^-(aq) + 2OH^-(aq)$	0.841
NO_3^-/NO	$NO_3^-(aq) + 4H^+(aq) + 3e^- \rightleftharpoons NO(g) + 2H_2O(l)$	0.957
Br_2/Br^-	$Br_2(l) + 2e^- \rightleftharpoons 2Br^-(aq)$	1.066
O_2/H_2O	$O_2(g) + 4H^+(aq) + 4e^- \rightleftharpoons 2H_2O(l)$	1.229
Cl_2/Cl^-	$Cl_2(g) + 2e^- \rightleftharpoons 2Cl^-(aq)$	1.358
PbO_2/Pb^{2+}	$PbO_2(s) + 4H^+(aq) + 2e^- \rightleftharpoons Pb^{2+}(aq) + 2H_2O(l)$	1.455
H_2O_2/H_2O	$H_2O_2(aq) + 2H^+(aq) + 2e^- \rightleftharpoons 2H_2O(l)$	1.776
O_3/H_2O	$O_3(g) + 2H^+(aq) + 2e^- \rightleftharpoons O_2(g) + H_2O(l)$	2.076
F_2/F^-	$F_2(g) + 2e^- \rightleftharpoons 2F^-(aq)$	2.866

附录13 一些电解质水溶液的摩尔电导率 Λ_m

温度：25℃　　　　　　　　　　　　　　　　　　　　　　　　　单位：$S \cdot cm^2 \cdot mol^{-1}$

电解质基本单元	$c/mol \cdot L^{-1}$							
	无限稀	0.0005	0.001	0.005	0.01	0.02	0.05	0.1
$AgNO_3$	133.29	131.29	130.45	127.14	124.70	121.35	115.18	109.09
$1/2BaCl_2$	139.91	135.89	134.27	127.96	123.88	119.03	111.42	105.14
HCl	425.95	422.53	421.15	415.59	411.80	407.04	398.89	391.13
KCl	149.79	147.74	146.88	143.48	141.20	138.27	133.30	128.90
$KClO_4$	139.97	138.69	137.80	134.09	131.39	127.86	121.56	115.14
$1/4K_4Fe(CN)_6$	184	—	167.16	146.02	134.76	122.76	107.65	97.82
KOH	217.5	—	234	230	228	—	219	213
$1/2MgCl_2$	129.34	125.55	124.15	118.25	114.49	109.99	103.03	97.05
NH_4Cl	149.6	—	146.7	134.4	141.21	138.25	133.22	128.69
$NaCl$	126.39	124.44	123.68	120.59	118.45	115.70	111.01	106.69
$NaOOCCH_3$	91.0	89.2	88.5	85.68	83.72	81.20	76.88	72.76
$NaOH$	247.7	245.5	244.6	240.7	237.9	—	—	—

附录14 不同温度下 KCl 溶液的电导率 κ

单位：$S \cdot cm^{-1}$

$t/℃$	$c/mol \cdot L^{-1}$			
	1.000	0.1000	0.0200	0.0100
0	0.06541	0.00715	0.001521	0.000776
5	0.07414	0.00822	0.001752	0.000896
10	0.08319	0.00933	0.001994	0.001020
15	0.09252	0.01048	0.002243	0.001147
20	0.10207	0.01167	0.002501	0.001278
21	0.10400	0.01191	0.002553	0.001305
22	0.10594	0.01215	0.002606	0.001332
23	0.10789	0.1239	0.002659	0.001359
24	0.10984	0.01264	0.002712	0.001386
25	0.11180	0.01288	0.002765	0.001413
26	0.11377	0.01313	0.002819	0.001441
27	0.11574	0.01337	0.002873	0.001468

附录15 水溶液中离子的极限摩尔电导率 Λ_m^∞

单位：$S \cdot cm^2 \cdot mol^{-1}$

离子	$t/℃$			
	0	18	25	50
H^+	225	315	349.8	464
K^+	40.7	63.9	73.5	114
Na^+	26.5	42.8	50.1	82
NH_4^+	40.2	63.9	73.5	115
Ag^+	33.1	53.5	61.9	101
$1/2 Ba^{2+}$	34.0	54.6	63.6	104
$1/2 Ca^{2+}$	31.2	50.7	59.8	96.2
OH^-	105	171	198.3	284
Cl^-	41.0	66.0	76.3	116
NO_3^-	40.0	62.3	71.5	104
CH_3COO^-	20.0	32.5	40.9	67
$1/2 SO_4^{2-}$	41	68.4	80.0	125
$1/4 [Fe(CN)_6]^{4-}$	58	95	110.5	173

附录16 强电解质的离子平均活度系数 $\gamma_\pm$ （25℃）

b/mol·kg^{-1}	0.001	0.005	0.01	0.05	0.10	0.50	1.0	2.0	4.0
HCl	0.965	0.928	0.904	0.830	0.796	0.757	0.809	1.009	1.762
NaCl	0.966	0.929	0.904	0.823	0.778	0.682	0.658	0.671	0.783
KCl	0.965	0.927	0.901	0.815	0.769	0.650	0.605	0.575	0.582
HNO$_3$	0.965	0.927	0.902	0.823	0.785	0.715	0.720	0.783	0.982
NaOH			0.899	0.818	0.766	0.693	0.679	0.700	0.890
CaCl$_2$	0.887	0.783	0.724	0.574	0.518	0.448	0.500	0.792	2.934
K$_2$SO$_4$	0.89	0.78	0.71	0.52	0.43				
H$_2$SO$_4$	0.830	0.639	0.544	0.340	0.265	0.154	0.130	0.124	0.171
CdCl$_2$	0.819	0.623	0.524	0.304	0.228	0.100	0.066	0.044	
BaCl$_2$	0.88	0.77	0.2	0.56	0.49	0.39	0.039		
CuSO$_4$	0.74	0.53	0.41	0.21	0.16	0.068	0.047		
ZnSO$_4$	0.734	0.477	0.387	0.202	0.148	0.063	0.043	0.035	

参 考 文 献

[1] 夏海涛. 物理化学实验 [M]. 2版. 哈尔滨：哈尔滨工业大学出版社，2004.
[2] 天津大学物理化学教研室. 物理化学 [M]. 4版. 北京：高等教育出版社，2001.
[3] 北京大学化学系物理化学教研室. 物理化学实验 [M]. 4版. 北京：北京大学出版社，2002.
[4] 何广平，等. 物理化学实验 [M]. 北京：化学工业出版社，2008.
[5] 陈大勇，等. 物理化学实验 [M]. 上海：华东理工大学出版社，2000.
[6] 杨仲年，等. 物理化学实验 [M]. 北京：化学工业出版社，2012.
[7] 罗鸣，等. 物理化学实验 [M]. 北京：化学工业出版社，2012.
[8] 复旦大学，等. 物理化学实验 [M]. 3版. 北京：高等教育出版社，2004.
[9] 陈斌，等. 物理化学实验 [M]. 北京：中国建筑工业出版社，2004.
[10] 庞素娟，吴洪达. 物理化学实验 [M]. 武汉：华中科技大学出版社，2009.
[11] 肖衍繁，李文斌. 物理化学 [M]. 2版. 天津：天津大学出版社，2004.
[12] 北京大学化学系分化学教研室. 基础分析化学实验 [M]. 北京：北京大学出版社，1993.
[13] 周益明. 物理化学实验 [M]. 南京：南京师范大学出版社，2004.
[14] 华南理工大学物理化学教研室. 物理化学实验 [M]. 广州：华南理工大学出版社，2006.
[15] 东北师范大学，等. 物理化学实验 [M]. 2版. 北京：高等教育出版社，1989.
[16] 蔡显鄂，等. 物理化学实验 [M]. 2版. 上海：复旦大学出版社，1993.
[17] 罗澄源，等. 物理化学实验 [M]. 3版. 北京：高等教育出版社，1991.
[18] 武汉大学化学与分子科学学院实验中心. 物理化学实验 [M]. 2版. 武汉：武汉大学出版社，2012.
[19] 臧瑾光. 物理化学实验 [M]. 北京：北京理工大学出版社，1995.
[20] 张师愚，杨慧森. 物理化学实验 [M]. 北京：科学出版社，2002.
[21] 傅献彩，等. 物理化学 [M]. 5版. 北京：高等教育出版社，2005.
[22] 上官荣昌. 物理化学实验 [M]. 2版. 北京：高等教育出版社，2003.
[23] 高丽华. 基础化学实验 [M]. 北京：化学工业出版社，2004.
[24] 李元高. 物理化学实验研究方法 [M]. 长沙：中南大学出版社，2003.
[25] 方能虎. 实验化学 [M]. 下册. 北京：科学出版社，2005.
[26] [美] 克罗克福特. 物理化学实验 [M]. 郝润蓉译. 北京：人民教育出版社，1980.
[27] Wiessderger A，Rossiter B W. Techniques of chemistry. Vol I. Part V，Chapter Ⅷ：Differ-enrial thernal analysis. York：John Wiley & Sons，1971.
[28] 牟维君. 凝固点降低法测摩尔质量实验的改进 [J]. 中国西部科技，2009，25：22-23.
[29] 王学文，陈启元，等. 改进的凝固点降低法测摩尔质量实验装置 [J]. 实验室研究与探索，2007，4：40，41，48.
[30] 梁宏. 电池发展史 [J]. 多媒体世界，2004：58-59.
[31] 赵麦群，雷阿丽. 金属的腐蚀与防护 [M]. 北京：国防工业出版社，2002.
[32] 宋江闯，赵会玲. 氨基甲酸铵分解平衡常数测定实验教学中存在的问题与改进建议 [J]. 化工高等教育，2012，2：63-65.
[33] Jones G，Kaplan B B. J. Am. Chem. Soc.，1928，50：1845.
[34] 肖厚贞，庚名槐. SAS在物理化学实验数据处理中的应用 [J]. 实验室研究与探索，2009，5：75-76.
[35] 李红霞. 计算机在物理化学实验数据处理中的作用 [J]. 实验室科学，2010，1：111，112.
[36] 李云雁. 实验设计与数据处理 [M]. 2版. 北京：化学工业出版社，2008.
[37] 邱卫宁，等. 测量数据处理理论与方法 [M]. 武汉：武汉大学出版社，2008.
[38] 费业泰. 误差理论与数据处理 [M]. 6版. 北京：机械工业出版社，2010.
[39] 范宪周，孟宪敏. 医学与生物学实验室安全技术管理 [M]. 2版. 北京：北京大学医学出版社，2013.
[40] 高汉宾，张振芳. 核磁共振原理与实验方法 [M]. 武汉：武汉大学出版社，2008.
[41] 刘汉兰，陈浩，文利柏. 基础化学实验 [M]. 北京：科学出版社，2009.
[42] 张怡评，洪专，方华，等. 超临界流体色谱分离技术应用研究进展 [J]. 中医药导报，2012，18（7）89-91.
[43] 关情. 木材纤维素气凝胶的制备与性能研究 [D]. 哈尔滨：东北林业大学；2012.
[44] 陶丹丹，白绘宇，刘石林，等. 纤维素气凝胶材料的研究进展 [J]. 纤维素科学与技术，2011，19（2）：65-75.

[45] 张菁. 基于纤维素的高性能材料制备 [D]. 上海：复旦大学，2012.
[46] 耿红娟，苑再武，秦梦华，等. 纤维素的溶解及纤维素功能性材料的制备 [J]. 华东纸业，2013，5：4-9.
[47] 张培，张小平，方益民，等. 活性炭纤维对水中喹啉的吸附性能 [J]. 化工进展，2013，1：209-213.
[48] 周夫涛，张含卓，张丽. 椰壳活性炭对水中 Au(Ⅲ) 的吸附性能 [J]. 河北师范大学学报（自然科学版），2011，1：79-82.
[49] 刘雪梅. 热解活化法制备椰壳活性炭的方法和机理研究 [D]. 北京：中国林业科学研究院，2012.
[50] 汪沙，姚伯元，张一凡，等. 微波辐射制备椰壳活性炭的研究 [J]. 广东化工，2012，2：16-17.
[51] 柯桢，马楠，王筱平，等. 脯氨酸催化的不对称 Aldol 反应的研究进展 [J]. 化学研究，2006，17（4）：96-101.
[52] 刘红. 化学创新实验 [M]. 北京：中国石化出版社，2012.
[53] 陈磊. 西芹根物质与挥发物质对黄瓜枯萎病菌的化感作用、机理及化感物质分离纯化的研究 [D]. 呼和浩特：内蒙古农业大学，2012.
[54] 刘志明，孙清瑞，张爱武，等. 食品专业化学热力学创新实验教学 [J]. 实验研究与探索，2011，30（1）：78-81.
[55] 田华玲，粟智，王英波. 氧弹燃烧技术应用研究进展 [J]. 光谱实验室，2012，29（6）：3888-3893.
[56] 粟智，申重，刘丛. 食用大豆油热值的测定 [J]. 大豆科学，2006，25（4）：458-459.
[57] 何广平，等. 物理化学实验 [M]. 北京：化学工业出版社，2008.
[58] 朱万春，张国艳，李克昌，等. 基础化学实验 [M]. 北京：高等教育出版社，2019.
[59] 北京大学化学学院物理化学实验教学组. 物理化学实验 [M]. 北京：北京大学出版社，2002.
[60] 张玉军，闫向阳. 物理化学实验 [M]. 北京：化学工业出版社，2014.
[61] 陈佑宁. 物理化学实验 [M]. 西安：西安交通大学出版社，2020.